# 信息技术
# 基础与实践

## Foundation and Practice
## of Information Technology

组　编◎上海市教育委员会

总主编◎高建华
主　编◎陈志云　白　玥

内附
微课视频

U0397617

华东师范大学出版社
·上海·

**图书在版编目（CIP）数据**

信息技术基础与实践/陈志云，白玥主编. —上海：华东师范大学出版社，2022

大学计算机系列教材

ISBN 978 - 7 - 5760 - 2882 - 9

Ⅰ.①信…　Ⅱ.①陈…②白…　Ⅲ.①电子计算机－高等学校－教材　Ⅳ.①TP3

中国版本图书馆 CIP 数据核字（2022）第 143629 号

## 信息技术基础与实践

| | |
|---|---|
| 主　　编 | 陈志云　白　玥 |
| 责任编辑 | 蒋梦婷 |
| 责任校对 | 刘凯旆　时东明 |
| 装帧设计 | 俞　越 |

出版发行　华东师范大学出版社
社　　址　上海市中山北路 3663 号　邮编 200062
网　　址　www. ecnupress. com. cn
电　　话　021 - 60821666　行政传真 021 - 62572105
客服电话　021 - 62865537　门市（邮购）电话 021 - 62869887
地　　址　上海市中山北路 3663 号华东师范大学校内先锋路口
网　　店　http://hdsdcbs.tmall.com

印 刷 者　上海龙腾印务有限公司
开　　本　787 毫米×1092 毫米　1/16
印　　张　18.75
字　　数　472 千字
版　　次　2023 年 2 月第 1 版
印　　次　2024 年 7 月第 3 次
书　　号　ISBN 978 - 7 - 5760 - 2882 - 9
定　　价　49.00 元

出 版 人　王　焰

（如发现本版图书有印订质量问题，请寄回本社客服中心调换或电话 021 - 62865537 联系）

# 序

XU

　　教材是育人育才的重要依托，是解决培养什么人、怎样培养人、为谁培养人这一根本问题的重要载体，是国家意志在教育领域的直接体现。大学计算机课程面向全体在校大学生，是大学公共基础课程教学体系的重要组成部分，在高校人才培养中发挥着越来越重要的作用。

　　为了显著提升大学生信息素养、强化大学生计算思维以及培养大学生运用信息技术解决学科问题的能力，《上海市教育委员会关于进一步推动大学计算机课程教学改革的通知》在近期发布。教学改革离不开教材改革，教材改革是教育新思想、教育新观念的重要实现载体。"大学计算机系列教材"(含《大学信息技术》、《数字媒体基础与实践》、《数据分析与可视化实践》、《人工智能基础》和《信息技术基础与实践》)聚焦新时代和信息社会对人才培养的新需求，强化以能力为先的人才培养理念，引入互联网＋、云计算、移动应用、大数据、人工智能等新一代信息技术，体现了上海高校计算机基础教学的新理念和新思想。

　　本套教材的编写者来自上海市众多高校，他们长期从事计算机基础教学和研究，坚守在教学第一线，经常举行全市性的教学研讨会，研讨计算机基础教学改革与发展，研讨计算机基础教育应如何为新时代高校创新人才培养发挥重要作用。在本套教材的编写过程中，编写者结合信息技术的快速发展及学科特点，遵循学生的认知规律，注重教材编写的设计理念、内容选材、编排体系和呈现形式。学生通过对本套教材的学习，可以掌握信息技术的基本知识，增强信息意识，提高信息价值判断力，养成良好的信息道德修养；能够促进自身的计算思维、数据思维、智能思维的养成，并能通过恰当的数字媒体形式合理表达思维内容；可以深化信息技术与各专业学科融合，提升创新能力，获得运用信息技术解决学科问题及生活问题的能力。

　　从 1992 年版的《计算机应用初步》到现在的"大学计算机系列教材"，本套教材对上海市高校计算机基础教学改革起到了非常重要的推进作用，之后还将不断改进、完善和提高。我们诚恳希望广大师生在使用教材的过程中多提宝贵的意见和建议，为教材建设、为上海高校计算机基础教学水平的不断提升而共同努力。

上海市教育委员会副主任　毛丽娟

2023 年 1 月

移动互联网、物联网、云计算、大数据、人工智能、区块链等新一代信息技术的不断涌现,给整个社会进步与人类生活带来了颠覆性变化。各领域与信息技术的融合发展,产生了极大的融合效应与发展空间,这对高校的计算机基础教育提出了新的需求。如何更好地适应这些变化和需求,构建大学计算机基础教学框架,深化大学计算机基础课程改革,以达到全面提升大学生信息素养的目的,是新时代大学计算机基础教育面临的挑战和使命。

为了显著提升大学生信息素养、强化大学生计算思维以及培养大学生运用信息技术解决学科问题的能力,适应新时代和信息社会对人才培养的新需求,在上海市教育委员会高等教育处和上海市高等学校信息技术水平考试委员会的指导下,我们组织编写了"大学计算机系列教材"(含《大学信息技术》、《数字媒体基础与实践》、《数据分析与可视化实践》、《人工智能基础》和《信息技术基础与实践》),从2019年秋季起开始使用。

在本套教材的编写过程中,我们结合信息技术的快速发展及学科特点,遵循学生的认知规律,注重教材编写的设计理念、内容选材、编排体系和呈现形式。学生通过对本套教材的学习,可以掌握信息技术的知识与技能,增强信息意识,提高信息价值判断力,养成良好的信息道德修养,同时能够促进自身的计算思维、数据思维、智能思维与各专业思维的融合,提升创新能力,获得运用信息技术解决学科问题及生活问题的能力。

本套教材的总主编为高建华;《大学信息技术》的主编为徐方勤和朱敏;《数字媒体基础与实践》的主编为陈志云,副主编为顾振宇;《数据分析与可视化实践》的主编为朱敏,副主编为白玥;《人工智能基础》的主编为刘垚,副主编为宋沂鹏、费媛;《信息技术基础与实践》的主编为陈志云、白玥,副主编为詹宏、胡文心。本套教材可作为普通高等院校和高职高专院校的计算机应用基础教学用书。

在编写过程中,编委会组织了集体统稿、定稿,得到了上海市教育委员会及上海市教育考试院的各级领导、专家的大力支持,同时得到了华东师范大学、华东政法大学、复旦大学、上海大学、上海建桥学院、上海师范大学、上海对外经贸大学、上海商学院、上海体育学院、上海杉达学院、上海立信会计金融学院、上海理工大学、上海应用技术大学、上海第二工业大学、上海海关学院、上海电力大学、上海出版印刷高等专科学校、上海思博职业技术学院、上海农林职业技术学院、上海东海职业技术学院、上海中侨职业技术大学、上海震旦职业学院等校有关老师的帮助,在此一并致谢。由于信息技术发展迅猛,加之编者水平有限,本套教材难免还存在疏漏与不妥之处,竭诚欢迎广大读者批评指正。

高建华　陈志云　白　玥

2023年1月

# 前言

QIAN YAN

党的二十大报告进一步凸显了教育、科技、人才在现代化建设全局中的战略定位,进一步彰显了党中央对于教育、科技、人才事业的高度重视。实现第二个百年奋斗目标,要求我们必须深入实施科教兴国战略、人才强国战略、创新驱动发展战略,在科技自立自强上取得更大进展,不断提升我国发展独立性、自主性、安全性,催生更多新技术新产业,不断塑造发展新动能新优势,以科技的主动赢得国家发展的主动。大数据、人工智能、云计算、物联网和区块链等新一代信息技术的发展,已经给世界经济、社会形势带来深刻影响。国家把科技创新摆在核心位置,推动实施信息技术发展战略。高等院校是培养储备人才的重要基地,而在通识教育阶段,与大数据、人工智能领域最密切相关的就是计算机基础教育。九层之台,起于累土,本教材就是学生学习和掌握信息的获取、处理方法,判断和分析信息的有效、合法性,严守信息道德规范,塑造正确信息价值观的起点。

本教材共分 4 个主题。主题 1 介绍信息技术的基本概念和计算机软、硬件系统的构成,以及信息技术的最新发展;主题 2 介绍操作系统的基本概念、基本功能,重点介绍文件系统、环境设置、资源管理、系统设置等内容;主题 3 是信息的表达、处理和展示,详细说明了如何利用现代化软件完成文档编辑、数据处理和信息展示;主题 4 是计算机网络及应用,介绍了数据通讯技术基础、网络技术基础和应用以及物联网和网络安全等重要知识。

教材包含丰富的教学和实验案例,内容积极面向上海市高等学校信息技术水平考试(一级),并提供全真试题和讲解,可作为普通高等院校和高职高专院校的信息技术基础课程教学用书。

本教材由陈志云、白玥主编,詹宏、胡文心副主编,主题 1 由陈志云编写,主题 2 由刘艳编写,主题 3 由白玥、张凌立和唐伟宏编写,主题 4 由王肃编写。

本教材在筹备和编写阶段,全国职业院校教学名师詹宏教授给予了很多宝贵建议。编写过程中还得到了华东师范大学数据科学与工程学院和其他兄弟院校同仁的帮助,在此表示诚挚感谢。由于时间仓促和水平有限,书中错误在所难免,竭诚欢迎广大读者批评指正。

编者
2023 年 1 月

# 第一部分

第一部分

# 主题 1　信息技术基础

本主题围绕信息技术的基本含义、发展历史及未来、计算思维及信息素养、计算机硬件系统、计算机软件基础以及新一代信息技术各个方面展开了介绍，为后续课程内容的学习打下基础。

## ＜学习目标＞

通过本主题的学习，要求达到以下目标：

1. 理解信息技术发展历程、现代信息技术内涵和计算机的发展及趋势，知道信息技术的发展趋势，理解信息社会的道德伦理要求，理解信息素养。

2. 理解计算机系统，包括通用计算机系统、嵌入式系统、智能手机系统；理解信息在计算机中进行表示和存储；理解软件和软件系统。

3. 理解计算思维，包括计算思维概述、计算思维本质、计算思维与计算机的关系；知道计算思维的应用领域。

4. 知道新一代信息技术，包括云计算、大数据、人工智能、数字媒体、物联网、5G、区块链。

# 1.1 信息技术概述

通过本小节的学习,应理解信息技术发展历程、现代信息技术内涵和计算机的发展及趋势;知道信息技术的发展趋势;理解信息社会的道德伦理要求;理解信息素养。还应理解计算思维,包括计算思维概述、计算思维本质、计算思维与计算机的关系;知道计算思维的应用领域。

## 1.1.1 信息技术的发展

信息技术是人类获取、整理、加工、传递和应用信息的各种手段和方法,是人类各种感官及大脑功能的延伸。其发展经历了古代、近代、现代三个不同的发展阶段,经历了语言的利用、文字的出现、印刷术的发明、电信革命,以及计算机技术的发明和利用五次重大的变革。

### 1. 古代信息技术

自从有人类活动以来,到 1837 年电报出现之前,信息的传递基本上是以声、光、文字、图形等方式进行的,在这一时期,信息技术的发展经历了语言的利用、文字的出现、印刷术的发明三次重大的变革,如图 1-1-1 所示。

图 1-1-1　古代文字的出现与造纸术的发明

图 1-1-2　围绕电的相关发明

### 2. 近代信息技术

近代信息技术的特点是围绕电为主角的信息传输技术,其发展过程就是信息技术的第 4 次重大变革——电信革命的过程。图 1-1-2 所示分别为莫尔斯电报、电话、传真、收音机、电视机。表 1-1-1 中按时间顺序罗列了近代信息技术发展历程中标志性的发明和技术发展历程。

表 1-1-1 近代电信革命中的标志性发明

| 年份 | 发明者 | 发 明 内 容 |
|---|---|---|
| 1837 | 美国科学家莫尔斯 | 有线电报、莫尔斯电码 |
| 1843 | 英国物理学家亚历山大·贝恩 | 传真机 |
| 1876 | 贝尔 | 电磁式电话 |
| 1878 | 爱迪生 | 炭精电话 |
| 1895 | 意大利发明家马可尼 | 间隔 3 公里两地间的无线电通信 |
| 1895 | 俄罗斯军官波波夫 | 无线电收发报机 |
| 1906 | 美国物理学家费森 | 无线电广播实验 |
| 1925 | 贝尔实验室 | 商用传真机 |
| 1927 | 英国广播公司 | 播放贝尔德实现的圆盘电视节目 |
| 1933 | | 调频广播 |
| 1939 | 美国 | 全电子电视 |
| 1945 | 英国军官阿瑟·克拉克 | 在《无线电世界》杂志发表论文《地球外的接力通信》，提出利用通信卫星进行远距离卫星通信的科学设想 |
| 1951 | 美国 | 彩色电视节目开播 |
| 1962 | AT&T | 世界上第一颗同步卫星升空，实现跨洋通信和电视转播 |
| 1966 | | 立体声广播 |

## 3. 现代信息技术

20 世纪 40 年代，电子计算机的诞生，是人类社会进入现代信息技术发展阶段的标志。表 1-1-2 罗列了计算机诞生历史中重要的发明。

表 1-1-2 进入现代信息技术的标志性发明

| 时间 | 发明人 | 发明 | 特点 | 贡献 |
|---|---|---|---|---|
| 1941 年 | 美国衣阿华州立大学教授阿塔纳索夫和他的研究生贝瑞 | 阿塔纳索夫-贝瑞计算机 ( Atanasoff-Berry Computer) | 300 个真空电子管用于执行数字和逻辑运算，用电容器进行数字存储，打孔读卡输入，用二进制 | 世界上第一台电子计算机，但发明人没有意识到，因为战争发明者参军，电子管被拆了作为战备用品 |
| 1946 年 2 月 | 美国宾夕法尼亚大学的科学家和工程师 | 电子数字积分计算机(ENIAC) | 使用了 18 800 个真空电子管，占地 1 500 平方英尺，每秒做 5 000 次加法 | 运行了 9 年多 |

在理论上对计算机的发展作出重要贡献的是英国科学家阿伦·图灵和美国科学家冯·诺依曼,他们的简介见表 1-1-3。

表 1-1-3　理论上对计算机发展起重要作用的人物

| 姓名 | 时代 | 身份 | 贡　献 |
|---|---|---|---|
| 阿伦·图灵 | 1912—1954 年 | 英国科学家 | 1. 建立了图灵机,奠定了可计算理论基础<br>2. 提出了图灵测试,奠定了人工智能基础 |
| 冯·诺依曼 | 1903—1957 年 | 美国科学家 | 提出了二进制、程序存储和程序控制、计算机的五大组成部分(运算器、控制器、存储器、输入设备、输出设备) |

## 1.1.2　现代信息技术及其发展

### 1. 现代信息技术的内涵

现代信息技术是以(微)电子技术为基础、计算机技术为核心、通信技术为支柱、信息应用技术为目标的科学技术群。

**数据获取技术**:核心是传感技术,用于获取需要的数据到信息处理设备中。

**数据传输技术**:核心是数据通信技术(communication),以便信息能在更大范围内进行准确、有效的传递,方便多人共享。

**数据处理技术**:核心是计算机技术,是对数据进行识别、转换和加工,以确保数据能被安全可靠地存储、传输,能被方便地检索和利用,从中提炼知识、发现规律、产生信息。

**数据控制技术**:利用信息传递和信息反馈,来实现对目标系统控制的技术,反馈用于修正数据的输入,或者改变信息加工过程。

**信息存储技术**:将信息存储起来的技术,可以分为直接连接存储(如硬盘)、移动存储和网络存储。

**信息展示技术**:包括文字、声音、图形、图像、视频等信息如何展示,在设备上小到智能手机,大到巨幅屏幕的内容展示。

由于目前的信息设备主要由超大规模集成电路芯片组成,因此微电子技术是信息技术发展的基础。

所谓集成电路,是把电子元器件和线路做得非常小,能够集中到芯片中,业界著名的摩尔定律指出:集成电路芯片的集成度(单个芯片中集成的电子元器件数)每 18 个月翻一番,而价格保持不变甚至下降。目前微处理器芯片已做到 7 纳米工艺,运行的时钟频率超过 3 GHz,集成度达到了上百亿个晶体管。

### 2. 计算机的发展

计算机的发展历史可以根据其元器件的发展变化来衡量,具体见表 1-1-4。

表 1-1-4　计算机的发展

| 顺序 | 时间 | 名称 | 特点 | 贡献 |
|------|------|------|------|------|
| 第一代 | 1946—1958 年 | 电子管计算机 | 电子管元器件为主,磁芯、磁带存储,机器、汇编软件,体积大、耗电多,可靠性差 | 科学计算 |
| 第二代 | 1958—1964 年 | 晶体管计算机 | 晶体管元器件为主,体积缩小,耗电减少,高级语言,编译,批处理操作系统出现 | 科学计算事物处理工业控制 |
| 第三代 | 1964—1971 年 | 集成电路计算机 | 小、中规模集成电路元器件(SSL、MSI),体积更小、性能更高、耗电更少、可靠性更高,软件更完善,分时操作系统出现 | 应用日益扩大 |
| 第四代 | 1971 年以后 | 大规模/超大规模集成电路计算机 | 大规模集成电路(LSI)和超大规模集成电路(VLSI)为主要元器件。微型化、耗电极少,可靠性很高 | 使军事工业、空间技术、原子能技术得到发展 |

　　未来,计算机的发展朝着微型化、高性能化、智能化方向发展,新型计算机也在研究之中,如纳米计算机、光子计算机、生物计算机、量子计算机。表 1-1-5 所示为超级计算机发展过程中的典型案例。目前,我国已在上海、天津、深圳、长沙、济南、广州、无锡等地建立了超级计算中心。成立于 2000 年 12 月的上海超级计算中心,拥有曙光和魔方等多台运算速度超过每秒百万亿次的超级计算机,配备了丰富的科学和工程计算软件,为国家科技进步和企业创新提供高端计算服务。

表 1-1-5　超级计算机的发展案例

| 时间 | 国家及公司 | 名称 | 运算速度 |
|------|------------|------|----------|
| 2008 年 | 美国国防部与 IBM | 走鹃(Roadrunner) | 1042 万亿次/秒 |
| 2009 年 | 中国国防科大 | 天河一号 | 1206 万亿次/秒 |
| 2013 年 | 中国 | 天河二号 | 3.39 亿亿次/秒(峰值 5.49 亿亿次/秒) |
| 2016 年 | 中国 | 神威·太湖之光 | 9.3 亿亿次/秒(峰值 12.5 亿亿次/秒) |
| 2018 年 | 美国能源部橡树岭国家实验室 | 顶点(Summit) | 12.23 亿亿次/秒(峰值 18.77 亿亿次/秒) |

　　全球前十大超级计算机中,中国的天河 1 号、天河 2 号都是世界领先的水平,但是它们使用的却是美国的 Intel X86 架构芯片,中国超级计算机使用英特尔的芯片超越了美国的超级计算机,所以最后美国直接禁止 Intel 向中国出口“超级计算机芯片”。随后我国就研发了“太湖之光”的超算芯片,这一芯片一经问世就创造了最巅峰的战绩,2016 年中国自主研发的“神威·太湖之光”超级计算机累计使用了 4 万多颗“申威 26010”芯片,如此多的芯片让“神威·太湖之光”超级计算机的运算速度达到了每秒 12.5 亿亿次的峰值计算能力,同时它还以每秒

图 1-1-3 神威·太湖之光

9.3亿亿次的持续计算能力,在当时直接成了"世界超算第一名"。图1-1-3所示为神威·太湖之光。

### 3. 信息技术的发展趋势

随着计算机技术的发展,云计算、大数据、互联网+、物联网、区块链、人工智能等新一代信息技术已经渗透到经济生活各个领域,信息技术的关键技术在不断向纵深化发展,信息技术产业本身、信息技术与传统产业在不断向融合化方向发展;信息处理则随着云计算和数据中心技术的成熟,表现为更高层次的泛在化和云集化方向发展;信息服务则向个性化和共性化辩证统一地发展。

## 1.1.3 信息技术对人类的影响

### 1. 计算思维

作为计算工具的一种,电子计算机的出现和发展,是人类在计算领域不断探索、创新的结果,而计算思维则来源于人类对计算的思考与探索。那么什么是计算思维呢?各种计算工具都是人类的发明与创造,电子计算机也不例外,这样一种复杂的计算设备,在设计过程中会遇到许多难题,而计算机发明之后,利用计算机来解决人类的各种计算问题时,也会遇到各种意想不到的难题,因此,美国卡内基梅隆大学计算机科学教授周以真提出:计算思维(computational thinking)是运用计算机科学的基础概念进行问题求解、系统设计,以及人类行为理解等涵盖计算机科学之广度的一系列思维活动。计算思维与逻辑思维、实验思维一起,构成人类科学研究的重要思维方式。

计算思维的本质是抽象(abstract)和自动化(automation),通过抽象可以超越物理的时空观,用符号来表述,并可以把复杂的问题抽象成多个层次,从而简化其解决方案,便于自动化的实施;而自动化则是让计算机将抽象化的问题自动解决的途径。由于抽象的基础是构建在数学之上的,而通过计算机要解决的又是能够与实际世界互动的问题,因此,计算思维是数学与工程思维的互补与融合。计算思维概念的提出与计算机科学的发展有着密不可分的关系,在当今时代,计算思维已经像读、写、算一样,成为每个人的基本技能,其应用也已经渗透到社会经济生活的方方面面。

### 2. 信息素养

物质、能源和信息是人类社会赖以生存、发展的三大重要资源。信息素养是信息化社会中人对信息化社会的适应能力,是信息获取、加工处理、传递和创造展示的综合能力,是融合新一代信息技术解决专业问题的能力,也是一个人在信息化环境中协同工作与合作的能力,在信息应用中遵循法律和道德的能力,是信息化社会成员必须具备的基本素养之一。信息素养与计算思维能力有着密切的关系,与创新能力也有着密切的关系,因此信息素养的核心是终身学习,只有学会学习,养成终身学习的习惯,才能不断提高自己的信息素养,保持创新能力。

### 3. 信息社会的伦理道德要求

信息社会的伦理道德,是指在信息的采集、加工、存贮、传播和利用等信息活动各个环节中,用来规范其间产生的各种社会关系的道德意识、道德规范和道德行为的总和。它通过社会舆论、传统习俗等,使人们形成一定的信念、价值观和习惯,从而使人们自觉地通过自己的判断规范自己的信息行为。

常见的信息社会道德问题包括:道德意识模糊、道德行为失范、道德情感变异、道德观念混乱。这些信息社会道德伦理问题的出现,除了有技术、经济和文化这些外在原因之外,还有以下这些网络信息行为主体的内在原因:(1)信息行为主体的平等导致了自我自由的过度膨胀;(2)信息行为主体的隐身性造成道德意识的暂时缺失;(3)信息行为主体的自我中心性导致伦理关系的单极化。

因此,为了净化网络空间,规范网络行为,需要通过完善技术监控、加强法律和道德规范建设(如表 1-1-6 所示)、加强信息道德教育、加强网络监管,构建网络伦理,使得网络信息行为主体树立正确的信息价值观,而网络信息行为主体则更应加强自身道德修养,具有一定的道德意识,自觉维护网络信息伦理和道德规范。

表 1-1-6　信息道德伦理建设中的相关法律和条约

| 发布者 | 发布和实施时间 | 内容 |
| --- | --- | --- |
| 全国人民代表大会常务委员会 | 2016 年 11 月 7 日发布<br>2017 年 6 月 1 日起实施 | 《中华人民共和国网络安全法》 |
| 中国互联网协会 | 2006 年 4 月 19 日发布 | 《文明上网自律公约》 |

## 1.1.4　习题

1. 单选题

(1) 现代信息技术最基础的部分是_____。

A. 通信电缆　　　　B. 芯片　　　　C. 显示设备　　　　D. 输入设备

(2) 现代信息技术的内容包括数据获取技术、数据传输技术、_____、数据控制技术、数据存储技术和信息展示技术。

A. 信息交易技术　　B. 信息推广技术　　C. 数据处理技术　　D. 信息增值技术

(3) 现代信息技术是以(微)电子技术为基础和核心、通信技术为支柱、信息应用技术为目标的科学技术群。

A. 能源技术　　　　B. 计算机技术　　C. 多媒体技术　　　D. 材料技术

(4) 信息资源的开发和利用已经成为独立的产业,即_____。

A. 第一产业　　　　B. 第二产业　　　C. 新能源产业　　　D. 信息产业

(5) 计算思维的本质是_____。

A. 抽象和自动化　　　　　　　　　B. 问题求解和系统设计

C. 建立模型和设计算法　　　　　　D. 理解问题和编程实现

2. 是非题

（1）图灵在计算机科学方面的主要贡献是建立了图灵机和提出了图灵测试。

（2）信息素养的核心是伦理道德。

（3）信息社会中，网络匿名容易导致自律意识减弱，这主要是因为网络信息行为主体的隐身性造成法律意识的暂时缺失。

（4）计算思维被认为是逻辑思维、实验思维后的第三种科学研究的思维方式，它的本质是抽象和自动化。

（5）物质、能源和数据是人类社会赖以生存和发展的三大重要资源。

# 1.2　计算机系统简介

通过本小节的学习，应掌握通用计算机系统的基本组成和二进制编码；理解通用计算机系统中的程序和数据的存储、指令系统及其执行、存储器及其管理，以及总线、外设和接口；理解嵌入式系统、智能手机系统。

## 1.2.1　计算机系统

计算机系统是指由硬件系统和软件系统组成，能根据预先编制的程序，完成人们指定的任务的系统，可以分为通用计算机系统、嵌入式系统、智能手机系统。硬件指的是计算机系统中物理装置的总称，而软件指的则是计算机运行所需的各种程序及其有关资料。图 1-2-1 展示了计算机系统所包含的内容，具体内容将在后文中展开介绍。

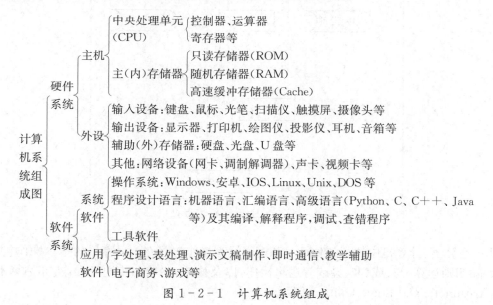

图 1-2-1　计算机系统组成

通用计算机系统是依据美籍匈牙利科学家冯·诺依曼在 20 世纪 40 年代后期提出的设计思想设计的，如二进制、程序存储和程序控制、五大组成部分等，到目前为止现代计算机的体系结构和工作原理主要还是基于这些设计思想，所以这类计算机又称为"冯·诺依曼计算机"。

## 1.2.2　计算机硬件

### 1. 通用计算机硬件

无论是台式计算机还是笔记本电脑，都属于通用计算机，其硬件主要由控制器、运算器、存储器、输入设备和输出设备五大部分构成。在集成电路出现以后,把运算器和控制器制作在同一个芯片中,称为"中央处理器"(CPU, Central Processing Unit),所以也可以认为计算机硬件由中央处理器、存储器、输入设备、输出设备四部分构成其主要组成部分。

运算器、输入设备、输出设备、存储器的操作以及它们之间的联系都受控制器的控制。早期的计算机以控制器、运算器为机器的中心,但这使得快速的运算器不得不等待低速的输入/输出设备,即快速的中央处理器等待慢速的外围设备。又由于所有部件的操作都要由控制器集中控制,使控制器的负担过重,从而严重影响机器速度和设备利用率的提高。因此,很快设计者就将计算机改成以主存储器为中心,让系统的输入/输出与 CPU 的运算并行,多种输入和输出并行。因此,可以看到如图 1-2-2 所示的计算机基本结构图。

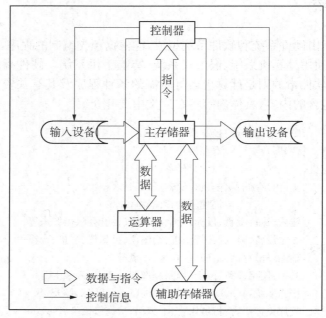

图 1-2-2　计算机的基本结构

(1) 运算器:计算机中执行各种算术和逻辑运算操作的部件。运算器的基本操作包括加、减、乘、除四则运算,与、或、非、异或等逻辑操作,以及移位、比较和传送等操作,亦称算术逻辑部件(Arithmetic and Logic Unit, ALU)。

(2) 控制器:由程序计数器、指令寄存器、指令译码器、时序产生器和操作控制器组成,它是发布命令的"决策机构",即完成协调和指挥整个计算机系统的操作。运算器和控制器统称中央处理器,即 CPU。中央处理器可以看作计算机设备的心脏。

(3) 存储器:计算机中的存储器包含在 CPU 内部的各种寄存器、高速缓冲存储器 Cache、内存(也叫主存)、外存(也叫辅助存储器),包括硬盘、U 盘等,如果再往外扩充,则可以使用网盘作为存储。这些存储器之间存在着图 1-2-3 所示层次。

其中寄存器位于 CPU 内部,Cache 在 CPU 内部的称为一级缓存,缓存的作用是解决高速的 CPU 与低速的内存之间的矛盾,这种机制在目前的计算机中应用比较普遍,如访问网页时,硬盘上的临时文件,也可以看作是一种缓存的机制。

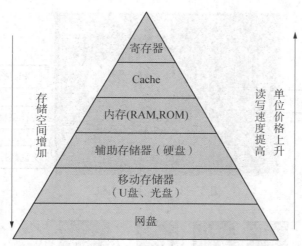

图1-2-3　计算机存储器的层次关系

内存,是计算机重要的记忆部件,用于存放计算机运行中的原始数据、中间结果以及指示其工作的程序。内存又分为RAM(随机存储器)和ROM(只读存储器),顾名思义RAM可以随时读写,但断电后存储的信息会丢失;而ROM则只能读取事先所存的数据,ROM中的内容是计算机出厂时已经写入的启动计算机所必须的程序和数据,断电后信息也不会丢失,如BIOS数据作为计算机基本的输入输出程序数据,存储在ROM中,以便计算机启动时可以读取并运行,进行系统硬件的自我检查。

计算机基本结构图中的主存储器是指内存。而外存,也称为外存储器,就像笔记本一样,用来存放一些需要长期保存的程序或数据,从CPU的角度来看,外存既可以读出,也可以写入,写入的信息断电后也不会丢失,属于输入输出的外部设备之一。虽然外存的容量比较大,但存取速度相对内存较慢。当计算机要执行外存里的程序,处理外存中的数据时,需要先把外存里的数据读入内存,然后CPU才能进行处理。

(4)输入设备:输入设备是向计算机输入数据和信息的设备,是计算机与用户或其他设备通信的桥梁。输入设备是用户和计算机系统之间进行信息交换的主要装置之一。键盘、鼠标、摄像头、扫描仪、光笔等都属于输入设备。

(5)输出设备:是计算机硬件系统的终端设备,用于接收计算机数据的输出显示、打印、声音播放、对其他外围设备的控制操作等;也是把各种计算结果信息以数字、字符、图像、声音等形式表现出来的设备。常见的输出设备有显示器、打印机、耳机或音箱等。

常见的台式计算机或笔记本电脑的CPU、内存都安装在主板(也称为底板)上,如图1-2-4所示,通过各种通用总线,CPU可以与存储器、各种输入、输出设备相连接,如图1-2-5所示。图中A/D表示模拟/数字转换接口,D/A表示数字/模拟转换接口。

图1-2-4中的PCI(Peripheral Component Interconnet,外围部件互连)总线系统,于1993年推出,目前仍广泛使用,32位数据传输速率为132 Mb/s,64位数据传输速率可达到264 Mb/s,可以与PCI接口的扩展板卡的外围设备相连接。

台式个人计算机的主机底板上目前比较常用的外设接口是通用串行总线USB(Universal Serial Bus),其特点是支持热插拔、传输速率高,USB2.0的数据传输速率为480 Mb/s,USB3.0的数据传输速率可达5.0 Gb/s。另外,部分计算机上还有IEEE1394的串行接口,其

图 1-2-4　主机底板

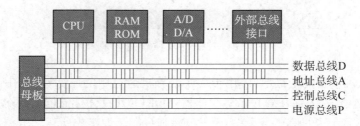

图 1-2-5　计算机的总线结构

数据传输速率一般可达 400 Mb/s,最高可达 3.2 Gb/s,常用于链接数字摄像机用于传输大容量视频数据。

## 2. 嵌入式系统

嵌入式系统是以应用为中心,以计算机技术为基础,软硬件可裁减,适用于应用系统对功能、可靠性、成本、体积、功耗等有严格要求的专用计算机。

嵌入式系统起源于 20 世纪 70 年代出现的单片机应用系统,其核心部分称为微处理器(Micro-Processor Unit, MPU),其关键元件是集成电路芯片(Integrated Circuit, IC),简称芯片。通过有选择地将计算机技术微型化,融入各行各业的应用中,如智能家居、车辆导航、环境监测、工业控制等,极大地提高了性能和效益,降低了成本。

嵌入式系统硬件包含嵌入式微处理器、存储器、通用设备接口、I/O 接口、人机交互接口。嵌入式的微处理器对应着通用计算机的 CPU,但它将 CPU 的多个板卡任务、I/O 电路都集成在芯片内部,从而满足体积小、功耗低的要求。

与通用计算机相类似,嵌入式系统硬件的存储器也分为四级:寄存器组、高速缓存、内存和外存。它们在存取速度上依次递减,在存储容量上逐级递增。

## 3. 智能手机系统

智能手机如同个人电脑,具有独立、开放的操作系统,可扩充硬件与软件,支持第三方服务商提供的程序,并可以通过移动通信网络实现无线网络接入。其硬件主要由通信子系统、电源管理子系统和应用子系统组成。

### 1.2.3　计算机工作原理

#### 1. 二进制编码

由于电子元器件的特点,两种状态的切换比较容易实现,计算机都是用二进制的形式进行存储和计算的。以大家熟悉的十进制数来看,其基数为 10,10 的次方数称为权,如个位用 $10^0$ 表示,十位用 $10^1$ 表示,百位用 $10^2$ 表示,其他进位制数也是一样的。表 1-2-1 中给出了二进制、十进制,以及计算机领域常用的十六进制的特征对比。

表 1-2-1　二进制、十进制、十六进制特征

| 进位制 | 数符 | 基数 | 权 | 区分标志 | 加法规则 | 举例 |
|---|---|---|---|---|---|---|
| 二进制 | 0—1 | 2 | $2^n$ | B | 逢二进一 | $1011B = 1 \times 2^3 + 0 \times 2^2 + 1 \times 2^1 + 1 \times 2^0 = 11$ |
| 十进制 | 0—9 | 10 | $10^n$ | D | 逢十进一 | $257D = 2 \times 10^2 + 5 \times 10^1 + 7 \times 2^0$ |
| 十六进制 | 0—9,A—F | 16 | $16^n$ | H | 逢十六进一 | $5CEH = 5 \times 16^2 + 12 \times 16^1 + 14 \times 16^0 = 1486$ |

从表 1-2-1 中的例子可以看出,通过乘法和加法,各种进位制数都可以转换成十进制,而十进制通过除基取余,倒序读数的方法,可以转换成其他数制形式,如十进制 11D 转换为二进制 1011B 的过程如图 1-2-6 所示,十进制 1486D 转换为十六进制 5DEH 的过程如图 1-2-7 所示。

$11/2 = 5 \cdots 1$　　　　$1486/16 = 92 \cdots 14$,对应 E

$5/2 = 2 \cdots 1$　　　　$92/16 = 5 \cdots 12$,对应 D

$2/2 = 1 \cdots 0$　　　　$5/16 = 0 \cdots 5$

$1/2 = 0 \cdots 1$

$11D = 1011B$

图 1-2-6　二进制转换为十进制示例　　　图 1-2-7　十六进制转换为十进制示例

由于各种进制数与十进制之间的转换需要用到乘法和除法,计算比较繁琐,而十六进制有着类似于十进制表达比较简短的特点,且十六进制与二进制之间的转换可以通过一位对应四位的方式直接转换,如表 1-2-2 所示,因此,在计算机领域会经常用十六进制数来表达计算机内的二进制数据。

表 1-2-2　三种数制的对应关系

| 十进制 | 十六进制 | 二进制 | 十进制 | 十六进制 | 二进制 | 十进制 | 十六进制 | 二进制 |
|---|---|---|---|---|---|---|---|---|
| 0 | 0 | 0000 | 2 | 2 | 0010 | 4 | 4 | 0100 |
| 1 | 1 | 0001 | 3 | 3 | 0011 | 5 | 5 | 0101 |

续表

| 十进制 | 十六进制 | 二进制 | 十进制 | 十六进制 | 二进制 | 十进制 | 十六进制 | 二进制 |
|---|---|---|---|---|---|---|---|---|
| 6 | 6 | 0110 | 10 | A | 1010 | 14 | E | 1110 |
| 7 | 7 | 0111 | 11 | B | 1011 | 15 | F | 1111 |
| 8 | 8 | 1000 | 12 | C | 1100 | 16 | 10 | 10000 |
| 9 | 9 | 1001 | 13 | D | 1101 | 17 | 11 | 10001 |

根据表1-2-2的对应关系，十六进制数5DEH转换成二进制10111011110B可以通过图1-2-8左侧所示的方式。如果二进制数转换成十六进制数，则可以从小数点两边分别向左、向右4位分组，最前面和最后面的分组不足4位可以在前面或后面添0，再进行转换，如1101001101.011B，转换为34D.6H如图1-2-8右侧所示。

在实际应用中，可以使用Windows自带的计算器，用程序员模式完成数制的基本转换，如图1-2-9所示。计算器上除了十进制(DEC)、二进制(BIN)、十六进制(HEX)外，还有八进制(OCT)。

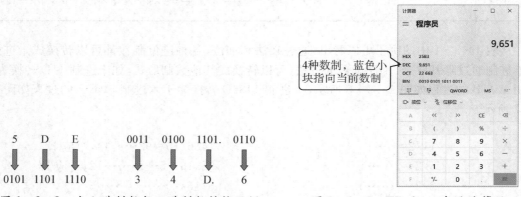

图1-2-8　十六进制数与二进制数转换示例　　图1-2-9　Windows中的计算器

## 2. 程序和数据的存储

冯·诺依曼计算机的工作原理就是程序存储和程序运行。程序以指令的形式被CPU执行，执行之前，都需要先存储到内存中，内存中的RAM用于存储程序指令和数据，其最基本的空间大小为字节，1个字节(Byte,B)可以存储8位(bit)二进制数，计算机中内存容量除了内存本身空间大小外，还取决于CPU的寻址能力，即CPU与RAM之间的地址总线宽度。如地址总线宽度为10，则CPU可以寻址的内存范围为0—$2^{10}$，即0—1023个地址，如果每个地址1个字节，则可以存储的容量为1024字节。

计算机中表示容量大小的单位除了B外，还有KB、MB、GB、TB、PB、EB、ZB等，它们之间的换算关系为$2^{10}$，即1024，如1MB=1024KB，1KB=1024B。

## 3. 指令及其执行

计算机程序在计算机中以指令的形式指挥和协调各种软硬件完成任务。指令由操作码和操作数两部分组成,操作码指示要进行什么操作(如加减乘除和移位等),操作数指出操作对象的内容或所在地址,大多数情况为地址码,操作码和操作数都是二进制形式,称为机器码。

指令的初始地址存储在程序计数器中,指令按地址顺序存储在存储器中,CPU 从第一条指令所在地址(称为起始地址)开始,顺序地从存储器中取出一条指令并执行,其具体步骤又细分为:取指令、指令译码、执行指令、存操作结果。这 4 个步骤被称为一个指令周期,指令周期越短,指令执行得越快,决定指令周期的最重要的参数是时钟频率(又称主频)。除非有跳转指令,默认情况下,在每一条指令执行完成后,CPU 内的程序计数器会自动将指令地址加 1,从而可以按顺序取到下一地址中的指令,这就是指令的按序执行。

### 4. 计算机的主要性能指标

计算机系统的主要性能指标包括:运算速度、主频、字长、存取周期、存取容量。

(1) 运算速度:运算速度是衡量计算机性能的一项重要指标。通常所说的计算机运算速度(平均运算速度),是指每秒钟所能执行的指令条数,一般用"百万条指令/秒"(MIPS,Million Instruction Per Second)来描述。微型计算机一般采用主频来描述运算速度,一般来说,主频越高,运算速度就越快。

(2) 主频:计算机的时钟频率,即 CPU 在单位时间(每秒钟)发出的脉冲数。通常以赫兹(Hz)表示,该指标很大程度上决定了计算机的运算速度。

(3) 字长:计算机在同一时间内处理的一组二进制数称为一个计算机的"字",而这组二进制数的位数就是"字长",也即计算机可以直接处理的二进制数据的位数。该指标会直接影响计算机的计算精度、速度和功能。在其他指标相同时,字长越大计算机运算精度越高,同时处理数据的速度也越快。计算机的字长都是 2 的若干次方,如 32、64 等。目前大多数电脑都支持 64 位了。

(4) 存取周期:对存储器进行连续存取操作所允许的最短时间间隔,即从发出一条读写指令到能够发出下一条读写指令所需的最短时间。存取周期越短,存取速度越快。

(5) 存储容量:一般指内存的容量,是 CPU 可以直接访问的存储器容量。由于需要执行的程序与需要处理的数据都需要存放在内存中,内存容量的大小反映了计算机即时存储信息的能力。随着操作系统的升级,应用软件的不断丰富及其功能的不断扩展,人们对计算机内存容量的需求也不断提高。比如,使用 Windows10 32 位操作系统至少需要 2G 内存容量;而 64 位的 Windows 操作系统则最好有 4G 内存容量;Linux 操作系统至少也需要提供 1G 内存容量;openEuler 操作系统需要提供至少 4G 内存容量。内存容量越大,系统功能就越强大,能处理的数据量就越庞大,程序运行的速度就越快。

(6) 其他指标:计算机设备的性能还涉及其他的一些衡量指标,比如外存储器的容量、输入输出(Input/Output,简称 I/O)速度、显存(显示内存存在于显卡上,用于存储需要显示到显示器的内容)等。其中外存储器通常是指硬盘容量,而 I/O 速度主要取决于 I/O 总线的设计,这一点对于慢速设备(例如键盘、打印机)关系不大,但对于高速设备(例如硬盘)则影响十分明显。至于显存则由容量和带宽决定,容量的大小决定了能缓存多少数据,带宽则可以理解为显存与核心交换数据的通道,带宽越大,数据交换越快。

## 1.2.4 习题

1. 单选题

(1) 下面有关数制的说法中,不正确的是_____。

A. 二进制数制仅含数符 0 和 1

B. 十进制 16 等于十六进制 10H

C. 一个数字串的某数符可能为 0,但是任一位上的"权"值不可能是 0

D. 常用计算机内部一切数据都是以十进制为运算单位的

(2) 计算机硬件由_____组成。

A. 中央处理器、存储器和输入/输出设备

B. 中央处理器、存储器和底板

C. 中央处理器、存储器和机箱

D. 中央处理器、输入/输出设备和底板

(3) 计算机主存一般由半导体存储器组成,按读写特性可以分为_____。

A. Cache 和 RAM    B. RAM 和 BIOS    C. ROM 和 RAM    D. 高速和低速

(4) 总线是计算机内部各个模块相互交换信息的公共通道,从功能上看可分为地址总线、数据总线和_____。

A. 内存总线      B. 控制总线      C. ISA 总线      D. PCI 总线

(5) 主板上最重要的部件是_____。

A. 插槽      B. 接口      C. 芯片组      D. 架构

2. 是非题

(1) 在微型机中,信息的基本存储单位是字节,每个字节内含 8 个二进制位。

(2) 存储容量 2GB,可存储 2 000MB。

(3) 二进制数 101110010111B 转换为十进制数是 987D。

(4) 计算机断电或重新启动后,RAM 存储器中的信息丢失。

(5) 储存在计算机或传送在计算机之间的数据都是采用十六进制数字的形式予以表达的。

# 1.3  计算机软件系统

通过本小节的学习,应理解信息是如何在计算机中进行表示和存储的;理解计算机软件。

## 1.3.1  信息及其表示

任何信息在计算机中都是用二进制来表示的,但数值、字符、图像、音频、视频等信息又具有各自不同的特点。

### 1. 数值的表示

(1) 无符号数与有符号数。

由于电路实现的原因,计算机中的信息都是以二进制形式来表示的。但数值在表示时,可能会涉及正负号、小数点,而且数的精度能达到怎样的程度,都是需要考虑的问题。

如果用二进制表示的数不涉及正负号,称为无符号数,也称为机器数。涉及正负号,被称为(有)符号数,需要用二进制来编码正负号。带有正负号的数称为真值。

通常规定,一个有符号数的最高位代表符号,该位为 0 表示正号,1 表示负号。例如:+0110101 在计算机中表示为 00110101,即十进制数 +53;−0110101 在计算机中表示为 10110101,即十进制数 −53。

(2) 无符号数的运算。

加减法口诀:逢二进一,借一当二

$0+0=0,\ 0+1=1,\ 1+0=1,\ 1+1=10$

$1-1=0,\ 1-0=1,\ 0-0=0,\ 10-1=1$

【例 1-3-1】 两个二进制数 10110010 和 01101010,用竖式求它们的和与差。

```
   1 0 1 1 0 0 1 0        1 0 1 1 0 0 1 0
 +   0 1 1 0 1 0 1 0      − 0 1 1 0 1 0 1 0
 ─────────────────       ─────────────────
   1 0 0 0 1 1 1 0 0        1 0 0 1 0 0 0
```

乘法:$1 \times 1 = 1$,任何数乘以 0 都等于 0,用竖式计算 $1010 \times 101$:

```
          1 0 1 0
      ×     1 0 1
      ─────────────
          1 0 1 0
        0 0 0 0
      1 0 1 0
      ─────────────
      1 1 0 0 1 0
```

观察以上竖式,乘数 $101 = 2^2 + 2^0$,被乘数 $1010 \times 2^0$ 时不变,$1010 \times 2^2$ 时则向左移动 2 位,后面补 2 个 0,因此在计算机中乘法可以通过向左移位和加法来实现,每乘以 2,就向左移动一位。

除法是乘法的逆运算,1÷1＝1,0÷1＝0,除数不能为0,可以通过二进制数的右移来实现除法运算,每除以2,就右移一位。如:1010÷10＝101。

（3）原码、反码和补码。

在计算机系统中一个带符号数有三种表示方法:原码、反码和补码。它们都由符号位和数值部分组成,而且符号位有相同的表示方法,即0表示正号,1表示负号。三种表示方法中,原码和反码主要用来引出补码的表示方法,而补码表示则是为了简化计算机的硬件设计,使得加、减法运算都可以使用加法器来实现。为了便于讲解,以下例子都采用8位二进制编码。

原码:真值X的原码记为[X]原。在原码表示法中,无论数的正负,数值部分均保持原真值不变。

**【例1-3-2】** 已知真值X＝+38,Y＝-38,求[X]原和[Y]原。

解:因为(+38)$_{10}$＝+0100110B,(-38)$_{10}$＝-0100110B,根据原码表示法,有

[X]原＝0 0100110

[Y]原＝1 0100110

思考:在原码表示法中,+0和-0怎样表示呢？二者相同吗？

原码表示法的优点是简单、易于理解,与真值之间的转换较为方便;缺点则是进行加减运算时比较麻烦,不仅要考虑是做加法还是做减法,而且要考虑数的符号和绝对值的大小,特别是0的表示不唯一,使得运算器的设计较为复杂,并降低了运算器的运算速度。

反码:真值X的反码记为[X]反。正数的反码与原码表示方法相同,负数的反码的表示方法是:将数值部分按位取反。

**【例1-3-3】** 已知真值X＝+38,Y＝-38,求[X]反和[Y]反。

解:因为(+38)$_{10}$＝+0100110B,(-38)$_{10}$＝-0100110B,根据反码表示法,有

[X]反＝0 0100110

[Y]反＝1 1011001

思考:在反码表示法中,+0和-0怎样表示呢？二者相同吗？

补码:真值X的补码记为[X]补。正数的补码与原码表示方法相同,负数的补码的表示方法是:将数值部分按位取反加1,即该数的反码加1。

**【例1-3-4】** 已知真值X＝+38,Y＝-38,求[X]补和[Y]补。

解:因为(+38)$_{10}$＝+0100110B,(-38)$_{10}$＝-0100110B,根据补码表示法,有

[X]补＝0 0100110

[Y]反＝1 1011001

因为1011001+1＝1011010,所以[Y]补＝1 1011010

观察和比较负数的原码与补码,可以发现如下的简易求负数补码的方法:符号位为1,数值位从右往左扫描,找到第一个1为止,该1以及其右边的位保持不变,左边的各位都变反。

思考:在补码表示法中,+0和-0怎样表示呢？二者相同吗？

不同于原码和反码,数0的补码表示是唯一的。由补码的定义可知

[+0]补＝[+0]反＝[+0]原＝00000000

$[-0]_{\text{补}}=[-0]_{\text{反}}+1=11111111+1=100000000$，对 8 位字长来讲，最高位 $2^8$ 被舍掉，所以

$[+0]_{\text{补}}=[-0]_{\text{补}}=00000000$

补码的意义：计算 $138-49$

用直接的方法计算，这个减法题目需要借位才能完成，为了不借位，可以用以下方法计算：

先计算 $99-49=50$，再计算 $138+50=188$，再计算 $188-100+1=89$，

即 $138+(99-49)-(100-1)$，这样就不需要借位来完成计算了。这里 50 就是 49 相对于 99 的补数。利用补数进行计算，可以将减法转换为加法。

现在计算二进制数 $1001110-0110001$：

如果直接减，列竖式：

$$\begin{array}{r} 1001110 \\ -\ 0110001 \\ \hline 11101 \end{array}$$

需要多次借位，如果用 8 位带符号位补码进行加法计算：第一个数为正数，补码与原码相同，为 01001110，第二个数为负数，连同符号位补码为 11001111，相加：

$$\begin{array}{r} 01001110 \\ +\ 11001111 \\ \hline 100011101 \end{array}$$

去除超过 8 位的左边的 10 后，所得到的结果与前面减法得到的结果相一致。这样在计算机中，利用补码方式，就可以将减法转换为加法来计算，而乘法和除法则都可以通过移位来完成，所以在 CPU 中，只需要加法器便可完成各种计算。

（4）溢出问题。

如果在计算机中用 8 位表示有符号数，计算 $57+70$，因为都是正数，补码与原码相同，表示为二进制并进行计算，结果如下：

$$\begin{array}{r} 00111001 \\ +01000110 \\ \hline 01111111 \end{array}$$

01111111 转换为十进制为 127。再计算 $58+70$，用它们的补码计算如下：

$$\begin{array}{r} 00111010 \\ +01000110 \\ \hline 10000000 \end{array}$$

10000000 转换为十进制为 128，但是作为有符号数，最高位 1 表示负数，但 $58+70$ 怎么会是负数呢？在计算机中，这被称为"溢出"。这是因为运算位数总共 8 位，而最高位是表示符号的，而计算结果则超过了可以允许的表示范围。由于计算机是电路的集成，运算位数总是有限的，因此溢出不可避免。在计算时，一定要考虑在当前的计算位数下，会不会有溢出的问题，也就是要了解不同位数的运算范围是多少。例如：8 位有符号二进制数的运算结果范围在 $127\sim$ 128 内是不会溢出的，超过这个范围，就不能正确表示。

## 2. 西文字符的表示

计算机中的西文字符是用 ASCII(American Standard Code for Information Interchange)码来表示的,键盘上的字符不会超过 128 个,所以该编码用 7 位二进制来表示键盘上的各种字符、数字和特殊符号,存储的时候以字节为单位,最高位置 0。各种西文字符的编码如表 1-3-1 所示。

表 1-3-1　ASCII 码表

| | 0000 | 0001 | 0010 | 0011 | 0100 | 0101 | 0110 | 0111 |
|---|---|---|---|---|---|---|---|---|
| 0000 | NUL | DC0 | SP | 0 | @ | P | ` | p |
| 0001 | SOH | DC1 | ! | 1 | A | Q | a | q |
| 0010 | STX | SC2 | " | 2 | B | R | b | r |
| 0011 | ETX | DC3 | # | 3 | C | S | c | s |
| 0100 | EOT | DC4 | $ | 4 | D | T | d | t |
| 0101 | ENQ | NAK | % | 5 | E | U | e | u |
| 0110 | ACK | SYN | & | 6 | F | V | f | v |
| 0111 | BEL | ETB | ' | 7 | G | W | g | w |
| 1000 | BS | CAN | ( | 8 | H | X | h | x |
| 1001 | HT | EM | ) | 9 | I | Y | i | y |
| 1010 | LF | SUB | * | : | J | Z | j | z |
| 1011 | VT | ESC | + | ; | K | [ | k | { |
| 1100 | FF | FS | , | < | L | \ | l | \| |
| 1101 | CR | GS | − | = | M | ] | m | } |
| 1110 | SO | RS | . | > | N | ^ | n | ~ |
| 1111 | SI | US | / | ? | O | _ | o | DEL |

当通过键盘输入 Web 这个英文单词时,计算机内实际获取到的是如下 ASCII 码:01010111 01100101 01100010。在对西文字符比较大小时,实际比较的是它们的 ASCII 码,所以西文字符的大小顺序是:特殊控制符<标点符号<数字<大写字母<小写字母。

## 3. 汉字的表示

汉字信息的表示比英文字母要复杂得多。由于常用的汉字有 3 500 个左右,《新华字典》收字 7 200 多个,《辞海》收字 15 000 多个,两个字节的不同代码数是:$256 \times 256 = 65 536$,足够汉字编码的使用,实际编码用了两个字节中每个字节的后 7 位,这样可以编码的字符数是 $2^7 \times 2^7 = 16 384$ 个。我国 1981 年就公布了国家标准《信息交换用汉字编码字符集　基本集》(GB2312—80 方案),称为国标码,是计算机汉字处理标准的基础。国标码收录了 6 763 个汉字和 682 个其他字符,用一个 94×94 的矩阵(94 个区、每个区有 94 个位)来放置字符,每个字都有区号和位号,构成该汉字的区位码。汉字的国标码与区位码有以下关系:区位码中的区号和位号分别加 32(20H),避开 ASCII 码中的特殊符号得到国标码。如汉字"我"的区位码是 4650,国标码为 7882,到了计算机内部存储时,在放置国标码的 2 个字节的最高位置 1,即两个字节分别加 128(80H),避免与 ASCII 码冲突,称为机内码,所以汉字"我"的机内码转换为 16 进制就是 CED2H。表 1-3-2 给出了"我们都是学生"这几个汉字的区位码、国标码和机内码,为了方便对照,给出了十六进制形式。

表 1-3-2　汉字区位码国标码机内码对照

| 汉字 | 我 | 们 | 都 | 是 | 学 | 生 |
|---|---|---|---|---|---|---|
| 区位码(D) | 4650 | 3539 | 2228 | 4239 | 4907 | 4190 |
| 区位码(H) | 2E32 | 2327 | 161C | 2A27 | 3107 | 295A |
| 国标码(H) | 4E52 | 4347 | 363C | 4A47 | 5127 | 497A |
| 机内码(H) | CED2 | C3C7 | B6BC | CAC7 | D1A7 | C9FA |

由于汉字无法像西文字符那样在键盘上直接输入,因此还需要输入码,将键盘上的符号组合与汉字对应起来,如拼音码。输入码的设计既要方便人们学习使用,也要使得汉字的输入比较快捷。除了键盘输入外,目前一些软件也能支持语音输入、手写识别输入。

而让汉字在屏幕上显示出来或通过打印机打印出来的编码则称为输出码。常见的输出码有点阵码和矢量码,如图 1-3-1 所示为点阵码举例。将汉字用一定数量的点阵划分,在出现和不出现笔划的位置用 1 或 0 进行表示和存储,这样可以表示出不同字体的文字,某种字体的文字输出点阵码存储在一起,构成字库。可以看出,图 1-3-1 中的汉字是 16×16 点阵的,这样的一个汉字需要 32 字节的存储空间。

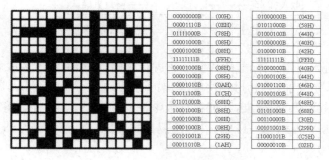

图 1-3-1　汉字点阵码举例

利用输入码将汉字输入到计算机系统,以机内码的形式进行存储,再根据需要使用某种形式的输出码显示或打印,整个过程都需要通过汉字系统软件进行处理和转换。

### 4. 静态画面的表示

计算机中的静态画面,根据其存储和显示的方式不同,分为矢量图形和位图图像。

图 1-3-2 图像在计算机中的表示

矢量图形根据图形的绘制方式以指令和参数的形式进行存储,由计算机软件程序读取指令和参数,可以完成图形绘制和显示,通常用于表示不太复杂的图,其文件的大小通常取决于图形的复杂程度,一般都比较小。对这类图形放大实际上是改变参数,因此不会出现放大后变模糊的现象。

类似于点阵输出的文字,将图划分成很多小块,每个小块用多个二进制位来表示其色彩的存储方式被称为位图图像,图像中的每个小块被称为一个像素(pixel)。如图 1-3-2 所示,假如每个像素用 3 个字节分别表示"红、绿、蓝"(RGB)三基色,每个字节有 0~255 的不同编码,表示了某种颜色由浅到深的程度,就可以以二进制形式表示图像了。

### 5. 音频的表示

类似于静态画面信息,计算机中存储的声音也分为矢量和非矢量形式。矢量形式的声音就是合成声音,又分为合成的语音和音乐。合成语音可以通过文语转换技术,将文字信息转换为标准流畅的语音朗读出来,图 1-3-3 所示为语音合成过程的示意图。

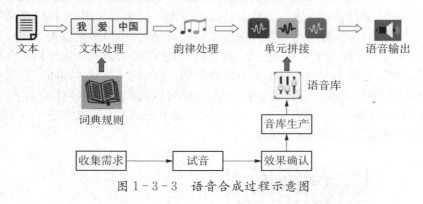

图 1-3-3 语音合成过程示意图

数字合成音乐是将乐谱以标准的数字形式进行存储,由相关软件读取后,通过音乐合成器产生、修改正弦波形并叠加,再通过扬声器发出的音乐,被称为电子音乐,符合 MIDI(Musical Instrument Digital Interface)标准,并能在符合该标准的电子乐器上进行演奏。

非矢量音频是波形音频,麦克风采集的模拟音频,经过声卡的采样(图 1-3-4)、量化(图

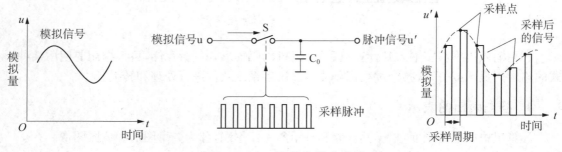

图 1-3-4 信号采样示意图

1-3-5)、编码(图1-3-6),就可以成为二进制的数字波形音频信号存储在计算机中。

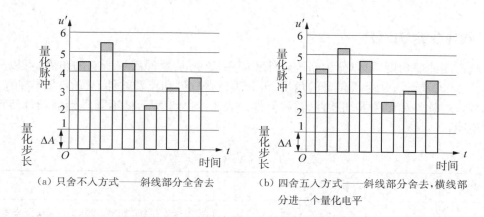

（a）只舍不入方式——斜线部分全舍去　　（b）四舍五入方式——斜线部分舍去,横线部
分进一个量化电平

图 1-3-5　采样信号的量化示意图

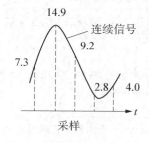

| 7.3 | 7 | 0111 | |
|-----|-----|------|---|
| 14.9 | 15 | 1111 | |
| 9.2 | 9 | 1001 | |
| 2.8 | 3 | 0011 | |
| 4.0 | 4 | 0100 | |

量化和编码

图 1-3-6　采样、量化和编码示意图

### 6. 动态画面信息的表示

利用人眼的视觉暂留特征,即每当一幅画面在眼前出现后消失,视网膜上在 1/16－1/12 秒的时间内都会留下印象,如果这段时间内又有一幅类似的画面出现,脑海中就会把它们连起来,成为动态画面。计算机中,根据产生和存储的形式不同,动态画面又分为视频和动画。

视频是以画面为单位进行存储,一幅画面称为一帧,传统电视分为 PAL 制和 NTSC 制,分别对应着每秒 25 帧和 24 帧。当前的数字摄像机、数码相机或智能手机都可以直接拍摄数字视频,将拍摄到的画面连续存储形成数字视频格式的文件。传统的电视是模拟视频,类似于波形音频,通过采样、量化、编码过程的模/数(A/D)转换,也可以保存为数字视频。

利用动画软件,人为定义关键画面的内容(称为关键帧),然后让软件根据关键画面的特点插补中间画面,形成动态视觉效果就是动画,根据画面特点,又可以分为二维动画和三维动画。二维动画是纯平面的动画,三维动画则可以让人感觉到画面的三维立体效果。

## 1.3.2　计算机软件概述

计算机系统由计算机硬件和计算机软件两大部分组成。只有硬件的计算机称为裸机,裸机必须安装了计算机软件后才可以完成各项任务。计算机软件是各种程序和相应文档资料的总称。

### 1. 软件分类与比较

从软件功能的角度,可以分为系统软件和应用软件;从软件版权所有的角度,可以分为开源软件与非开源软件;从是否付费的角度,可分为付费软件和免费软件;从软件安装的位置,可以分为客户端软件和服务器端软件、在线软件。表1-3-3所示将不同类别的软件特点进行了对比说明。

表1-3-3 软件分类比较

| 软件类型 | 特 点 | 示 例 |
|---|---|---|
| 系统软件 | 为用户使用计算机打基础的软件。如操作系统,用于管理和协调各种硬件资源,为用户和应用软件提供接口 | 各种操作系统,如 Windows、Linux、安卓等;高级语言(如 Python、C 语言、C++ 等)及配套的编译和解释程序、调试和差错程序;工具软件,如杀毒软件、解压工具等 |
| 应用软件 | 具有某种使用目的的软件 | 文字处理、游戏、即时通信软件、电子商务软件等 |
| 开源软件 | 对公众开放源代码,通过独特的开放许可证制度,赋予公众自由使用、分发、复制、修改软件的权利,通过法律形式保证了软件的自由开放 | Linux 操作系统、My SQL 数据库管理系统、Firefox 浏览器等 |
| 非开源软件 | 传统的商业软件,不对公众开放源代码 | Windows 操作系统,Office 软件 |
| 付费软件 | 需要付费购买软件的使用许可 | 一般非开源软件属于付费软件 |
| 免费软件 | 可以免费使用,但不能用于商业用途 | 商业软件的试用版,有一定使用期限;有些免费软件带有广告 |
| 在线软件 | 遵循"软件即服务"(Software as a Service,SaaS)的理念,厂商将软件部署在自己的服务器上,用户根据需要购买软件的功能,通过网络使用,免去了本地电脑上的安装和维护 | 石墨文档 |

### 2. 客户端软件与服务器端软件

在局域网范围内,经常会通过安装一套相互配合的客户端软件和服务器端软件来完成某种功能,客户端称为 Client,服务器端称为 Server,因此这种软件系统体系结构也被称为 C/S 结构,例如:学校机房中部署的考试系统,可以是这种结构的软件。这种结构的软件在开发和部署时,可以充分利用两端硬件环境的优势特点,但在软件升级时,客户端的软件升级会涉及需要在多台计算机上进行升级,比较繁琐。因此,与之相对应的浏览器/服务器(Browser/Server,简称 B/S)结构应运而生,这种结构在客户端主要使用浏览器,因此开发、维护的重点就在服务器软件上了。

### 1.3.3 习题

1. 单选题

(1) 在计算机中,20GB 的硬盘可以存放的汉字个数是_____。

A. $10 \times 1000 \times 1000$Bytes      B. $10 \times 1024 \times 1024$KB

C. $20 \times 1024$MB      D. $20 \times 1024 \times 1024$KB

(2) 在计算机系统内部使用的汉字编码是_____。

A. 国标码      B. 区位码      C. 输入码      D. 机内码

(3) 在计算机内存中,存储每个 ASCⅡ码字符编码需要_____个字节。

A. 1      B. 2      C. 3      D. 4

(4) 在汉字库中查找汉字时,输入的是汉字的机内码,输出的是汉字的_____。

A. 交换码      B. 信息码      C. 外码      D. 字形码

(5) 用高级语言编写的程序称为_____。

A. 编译程序      B. 可执行程序      C. 源程序      D. 汇编程序

2. 是非题

(1) 计算机编程语言可分为机器语言,汇编语言和高级语言三大类。

(2) 把软件分为两大类:系统软件和应用软件,设备驱动软件属于应用软件。

(3) 计算机可以合成的声音分为语音和波形两大类。

(4) 以按照软件源代码是否公开的方面来划分,软件可分为非开源软件和开源软件。

(5) 通过使用反码,0 的表示在计算机内可以一致起来。

# 1.4　信息技术新发展

通过本小节的学习,应理解什么是计算思维、计算思维与信息技术发展的关系;了解云计算、大数据、人工智能、数字媒体、物联网、5G、区块链;了解计算思维的应用领域。

## 1.4.1　云计算

云计算可以认为是分布式计算、并行计算和网络计算的发展,是一种按需要付费使用网络软硬件资源的模式。如图1-4-1所示为注册登录华为云后,可以购买配置的各种云资源。除了华为云之外,也可以找到阿里云、腾讯云的相关网站了解其云资源供应情况。

图1-4-1　云资源

可见,云计算是一种全新的商业模式,其核心为数据中心,硬件设备是成千上万的服务器。企业和个人用户通过高速互联网从云中提取信息,从而避免了大量的硬件投资。云计算的特征为:超大规模、高可扩展性、虚拟化、高可靠性、通用性、廉价性、灵活定制。

目前公认的云计算架构有三个层次:

(1)基础设施即服务(Infrastructure as a Service,IaaS):通过虚拟化技术,将各种不同的计算设备统一为虚拟资源池中的计算资源,将存储设备统一虚拟化为虚拟资源池中的存储资源,将网络设备统一虚拟化为虚拟资源池中的网络资源,根据用户订购的份额需求打包提供给用户。

(2)平台即服务(Platform as a Service,PaaS):通过互联网为用户提供一整套开发、运行、运营应用软件的支撑平台,类似于在单机上提供操作系统与开发工具。

(3)软件即服务(Software as a Service,SaaS):用户通过支付租赁费用,就可以通过互联网享受到相应的服务,无需花费软硬件以及系统维护的费用。

实现云计算涉及的主要技术包括:虚拟化技术、分布式海量数据存储技术、海量数据管理技术及云安全、分布式编程模式、云计算平台管理技术。

较为简单的云计算技术已经普遍服务于现如今的互联网服务中,最为常见的就是网络搜索引擎和网络邮箱。另外,在存储、医疗、教育、金融、农业等领域也都有广泛的应用。

## 1.4.2　大数据

云计算模式的出现使得互联网和移动互联网的应用进一步蓬勃发展,社交网络、自媒体、基于位置的服务(LBS)等的普及,导致人类社会的数据种类和数据规模正以前所未有的速度增长和积累,将社会带入了大数据时代。

由于数据类型广、数据产生速度快,数据量大,因此大数据是规模已经大到在获取、存储、管理、分析方面大大超出了传统数据库软件工具能力范围的数据集合。针对这样的数据,需要新处理模式才能具有更强的决策力、洞察发现力和流程优化能力来适应海量、高增长率和多样化的信息资产。

### 1. 大数据特征

大数据具有以下 6V 特征(从 3V—4V—5V 变化而来):

(1) 数据容量大(Volume):起始计量单位至少是 $P(2^{10}T)$。

数据单位从字节 Byte 开始,Byte=8bit,之后的 KB、MB、GB、TB、PB、EB、ZB、YB,每一级都是前一级的 $2^{10}$ 倍,即 1 024 倍。

(2) 数据类型的多样性(Variety):除了传统数据库中的结构化数据之外,还有具有一定规范的半结构化数据和图像、文本、音频、地理位置等非结构化数据。

(3) 数据增长快、处理快,时效性要求高(Velocity):各种信息查询、导航、信息发布都需要及时见效才能满足用户的需求,如何从各种类型的海量数据中快速获取高价值的信息,就是企业的生命。

(4) 可变性(Variability):数据变化之快,妨碍了处理和有效地管理数据的过程。

(5) 数据的准确性和可信赖度(Veracity):是全体数据而不是抽样数据,所以更准确,更真实。

(6) 价值密度低而应用价值高(Value):大数据本身的价值密度低,但处理后能获得的应用价值很高。

### 2. 大数据技术简介

从大数据特点可以看出,能从大数据中分析和获得应用价值非常重要,这就涉及相关大数据技术,主要包括:大数据预处理技术、大数据存储技术、大数据计算技术、大数据分析技术、大数据挖掘技术、大数据可视化技术和大数据安全技术。

(1) 大数据预处理技术。

由于大数据的多样性和复杂性,数据质量差异很大,在使用之前,需要通过预处理,对其进行抽取、清洗和集成。

(2) 大数据存储技术。

大数据存储面临的主要问题是容量、延迟、安全、成本、数据的积累与灵活性等。大数据存储系统架构一般有直连式存储(DAS)、网络连接式存储(NAS,也叫网络附加存储)和网络存储(SAN,也叫存储区域网络)三种方式。

DAS:将存储设备与主机系统直接相连,适用于服务器地理分布很散、存储系统必须与应用服务器连接的小型网络,缺点是扩展性差、资源利用率低、可管理性差、异构化严重。

NAS:可以理解为一种专门的存储设备,它可以通过与网络介质相连实现数据存储。由于这些设备都分配有 IP 地址,所以客户机通过充当数据网关的服务器可以对其进行存取访问,甚至在某些情况下,不需要任何中间介质客户机也可以直接访问这些设备,支持即插即用,独立于应用服务器,并可以方便地让应用服务器在不同的操作系统之间共享文件,因此,其往往具有相当好的性能价格比。但存储与应用共用网络的模式使网络带宽成为存储性能的瓶颈。

SAN:指存储设备相互连接且与一台服务器或一个服务器群相连的网络。其中的服务器用作 SAN 的接入点。通过网线连接的磁盘阵列,可扩展,并具备磁盘阵列的所有主要特征:高容量、高效能、高可靠。表 1-4-1 对 NAS 与 SAN 进行了比较。

表 1-4-1　NAS 与 SAN 的区别

| | NAS | SAN |
|---|---|---|
| 1 | 有文件操作和管理系统 | 无文件操作和管理系统 |
| 2 | 偏重文件共享 | 用于高速信息存储 |
| 3 | 共享与独享兼顾的数据存储池 | 只能独享的数据存储池 |
| 4 | 网络外挂式 | 通道外挂式 |
| 5 | 简单灵活 | 高效可扩 |

随着大数据存储技术的发展,诞生了 NoSQL 的新型数据库技术。SQL 是关系数据库的代表,因此 NoSQL 就是非关系数据库,包含了键值(Key-Value)数据库、列族数据库、文档数据库和图数据库。

(3) 大数据计算技术。

根据大数据产生和使用的特点,可以分为静态数据和动态数据,分别需要使用批量计算和实时计算技术。表 1-4-2 对这两类数据对应的计算技术进行了对比介绍。

表 1-4-2　大数据的批量计算与实时计算

| | 批 量 计 算 | 实 时 计 算 |
|---|---|---|
| 针对数据对象 | 静态数据 | 动态流数据 |
| 设计理念示例 | Hadoop: 批处理模式 | 数据的价值随时间流逝而降低,当数据一旦产生就立即处理,不用缓存 |
| 存储方式 | HDFS(Hadoop Distributed File System,分布式文件系统)和 HBase 存放大量静态数据 | 流数据被处理后,部分成为静态数据保留,部分直接丢弃 |
| 处理方式 | MapReduce 执行批量计算和价值发现 | 数据实时采集、实时计算、实时查询服务 |
| 应具备的特征 | | 高性能、海量式、实时性、分布式、易用性、可靠性 |

（4）大数据分析技术。

数据分析指用准确适宜的分析方法和工具来分析经过处理的数据，提取有价值的信息，形成有效的结论并通过可视化技术展现出来。大数据分析则是指对规模巨大的数据进行分析，从而提取有价值的信息，以辅助决策。数据分析和大数据分析的方法归纳如图1-4-2所示。

数据
分析
方法
{
基本分析方法——对比分析、趋势分析、差异显著性检验、分组分析、结构分析、因素分析、交叉分析、
综合评价分析、漏斗分析
基于基础统计
高级分析方法——以建模理论为主
数据挖掘方法——以数据仓库、机器学习等复合技术为主
}
大数据分析：数据挖掘、预测性分析、语义引擎、数据质量控制、数据管理。

图1-4-2　数据分析和大数据分析的方法归纳

（5）大数据挖掘技术。

数据挖掘（Data Mining）是从大量的、不完全的、有噪声的、模糊的、随机的数据中提取隐含在其中的、人们事先不知道但又潜在有用的信息和知识的过程。数据挖掘的各种方法及简单介绍如表1-4-3所示。

表1-4-3　数据挖掘方法

| 方法 | 含义 | 特点 | 具体细分 |
| --- | --- | --- | --- |
| 神经网络方法 | 基于生理学建立的智能仿真系统模型 | 自组织、自适应、并行处理、分布存储、高度容错 | 前向神经网络（BP算法）<br>自组织神经网络 |
| 遗传算法 | 基于生物自然选择与遗传机理的随机搜索算法，仿生全局优化方法 | 隐含并行性、易于和其他模型结合 | |
| 决策树方法 | 通过将大量数据进行有目的的分类来从中找到一些有价值的、潜在的信息 | 描述简单、分类速度快 | |
| 统计分析方法 | 利用统计学原理对数据库中的信息进行分析 | | 常用统计、回归分析、相关分析、差异分析 |
| 模糊集方法 | 利用模糊集合理论对实际问题进行模糊评判、模糊决策、模糊模式识别和模糊聚类分析 | 系统的复杂性越高模糊性越强 | |

根据数据挖掘的任务，可将数据挖掘技术分为：关联分析、聚类分析、分类、预测、时序模式、偏差分析等。

（6）大数据可视化技术。

通过可视化方式来帮助任务探索和解释复杂的数据，使得用户能更清晰深入地理解数据分析的结果。数据可视化的方法包括：表格、直方图、散点图、折线图、柱状图、饼图、面积图、流程图、泡沫图等；以及图表的多个数据系列或组合：时间线、韦恩图、数据流图、实体关系图。

## 3. 大数据的主要应用

大数据的重要意义在于通过对数据的加工实现数据的增值，可以关注以下应用实例：政府

治理、金融领域、医疗领域、电商领域、能源领域、通信领域等的应用。

### 1.4.3 人工智能

人工智能(Artificial Intelligence，AI)也叫机器智能，是指由人制造出来的机器或计算机所表现出来的智能，是计算机科学的一个分支，其研究目标是使机器能够胜任一些通常需要人类智能才能完成的复杂工作。

**1. 人工智能的发展**

人工智能的发展分为孕育期、形成期、低谷期、知识应用期和集成发展期，具体如表1-4-4所示。

表1-4-4 人工智能的发展

| 阶段 | 时间段 | 典 型 事 件 |
|---|---|---|
| 孕育期 | 1956 年之前 | 1936 年，英国数学家图灵提出图灵机(一种理想计算机的数学模型)，为电子计算机的问世奠定了理论基础。<br>1943 年，美国神经生理学家麦克洛奇和数理逻辑学家提出世界上第一个神经网络模型(M-P模型)，开创了微观人工智能的研究领域，为后来人工神经网络的研究奠定了基础。<br>1937—1941 年，美国衣阿华州立大学的阿塔纳索夫教授和他的研究生贝瑞研制出世界上第一台电子计算机，为人工智能的研究奠定了物质基础 |
| 形成期 | 1956—1969 年 | 1956 年麦卡锡在达特茅斯学院的会议上首次提出"人工智能"一词，标志着这门新兴学科的诞生。<br>1957 年罗森布拉特成功研制了感知机，将神经元用于识别系统。<br>1960 年麦卡锡研制出人工智能语言 LISP，成为建造专家系统的重要工具。<br>1969 年第一届国际人工智能联合会议(IJCAI)召开，标志着人工智能作为一门独立学科登上了国际学术舞台 |
| 低谷期 | 1969—1975 年 | 科研人员对人工智能研究中的项目难度估计不足，对人工智能的未来发展和成果预言过高，导致的预言失败使得社会舆论对其研究的压力增加，很多经费被转移到其他研究领域。<br>技术瓶颈：(1)计算机性能不足；(2)问题复杂性；(3)数据量严重缺失 |
| 知识应用期 | 1975—1986 年 | 多个专家系统被开发出来并得到很好的应用。<br>1977 年费根鲍姆在第五届 IJCAI 上提出了知识工程的概念。<br>专家系统和知识工程迅速发展。这个阶段仅专家系统产业的价值高达5亿美元 |
| 集成发展期 | 1986 年之后 | 机器学习、计算智能(Computational Intelligence, CI)、行为主义等研究深入开展，推动人工智能的发展，神经网络技术的逐步发展，人们对 AI 的认识更加理性。<br>1997 年 5 月 11 日，IBM 的计算机系统"深蓝"战胜了国际象棋冠军卡斯帕罗夫，引发了公众对 AI 话题的讨论，是人工智能发展的一个重要里程碑。<br>2006 年，杰弗里·辛顿在神经网络的深度学习领域取得突破。<br>人工智能三大学派：符号主义、连接主义、行为主义携手合作，互相集成，共同发展，开创了人工智能发展的新时期。<br>深度学习＋计算机运算能力的大幅提升＋互联网时代积累的海量数据，使得人工智能开始了与以往大不同的复兴之路。<br>2019 年，图灵奖颁发给了约书亚·本希奥、杰弗里·辛顿和杨立昆，这三位科学家被誉为"当代人工智能教父"。他们为深度学习算法的发展和应用奠定了基础 |

我国的人工智能研究起步较晚,重要时间点罗列如表1-4-5所示。

表1-4-5 我国的人工智能发展情况

| 时间 | 事件 |
|---|---|
| 1978 年 | "智能模拟"研究纳入我国国家计划 |
| 1984 年 | 召开智能计算机及其系统的全国学术讨论会 |
| 2015 年 7 月 | 国务院发布《关于积极推进"互联网＋"行动的指导意见》,明确将人工智能作为重点布局的 11 个产业之一 |
| 2017 年 7 月 | 国务院发布《新一代人工智能发展规划》,提出战略目标:<br>2020 年人工智能总体技术与应用与世界先进水平同步,人工智能产业成为新的重要经济增长点,成为改善民生的新途径。<br>2025 年人工智能基础理论实现重大突破,部分技术与应用达到世界领先水平,人工智能成为带动我国产业升级和经济转型的主要动力,智能社会建设取得积极进展。<br>2030 年人工智能理论、技术与应用总体达到世界领先水平,成为世界主要人工智能创新中心 |
| 2017—2018 年 | 工业和信息化部发布《促进新一代人工智能产业发展三年行动计划(2018—2020)》<br>科技部公布新一代人工智能创新平台<br>中科院成立人工智能产业发展联盟,一些高校成立人工智能学院<br>教育部将人工智能列入高中课程标准,发布《高等学校人工智能创新行动计划》 |
| 2018 年 9 月 | 在上海举办世界人工智能大会(World Artificial Intelligence Conference,WAIC) |

## 2. 人工智能相关技术

人工智能的主要技术包括搜索技术、机器学习、人工神经网络和自然语言处理等。

(1)搜索技术。

搜索技术是用搜索的方法解决问题的技术,主要分类及特点如表1-4-6所示。

表1-4-6 搜索技术类型特点

| 类型 | 含 义 特 点 | 细分 |
|---|---|---|
| 盲目搜索 | 无信息搜索,只按预定的控制策略进行搜索,无法用中间信息改进控制策略。用于求解比较简单的问题 | 宽度优先搜索<br>深度优先搜索 |
| 启发式搜索 | 在搜索中增加了与问题有关的启发性信息,加速问题求解 | |

(2)机器学习。

机器学习可以理解为研究如何使用机器来模拟人类学习。目前的机器学习主要是通过利用数据(训练集),训练出模型,然后使用模型进行预测的方法。按照学习形式,机器学习可以分为监督学习(Supervised Learning)、无监督学习(Unsupervised Learning)、半监督学习(Semi-supervised Learning)和强化学习(Reinforcement Learning)四类。监督学习、无监督学习和半监督学习的区别如表1-4-7所示。

表 1-4-7　三类机器学习的区别

| 类型 | 输入的训练集 | 输出 | 常 见 算 法 |
|---|---|---|---|
| 监督学习 | 有类别标记 | 连续值-回归分析 预测分类标签 | 决策树、朴素贝叶斯分类器、最小二乘法、逻辑回归、支持向量机(SVM)、K最近邻算法(KNN)、线性回归(LR)、人工神经网络(ANN)、集成学习以及反向传递神经网络(BPNN)等 |
| 无监督学习 | 无类别标记 | 聚类 | |
| 半监督学习 | 部分有类别标记 | 分类和回归 | 自训练算法、多视角算法、生成模型、图论推理算法、拉普拉斯支持向量机等 |

　　强化学习是一种激励学习的方式,通过激励函数让模型不断根据遇到的情况做出调整。常见的算法有:Q-Learning、TD(Temporal Difference,时间差分学习)算法、SARSA算法等。

　　另外,目前得到广泛应用的深度学习,是一种复杂的机器学习方法,从数学的本质上说,与传统的机器学习方法没有实质性差别,但深度学习的表达能力比传统机器学习更强,通过把更大量的数据输入一个复杂的、包含多个层级的数据处理网络(深度神经网络),然后对得到的输出数据检查其是否符合要求,如果符合,就保留这个网络作为目标模型,不符合,就通过不断调整网络参数设置,直到输出结果满足要求为止,从而训练得到模型,用于数据预测。

　　(3) 人工神经网络(Artificial Neural Network, ANN)。

　　上个世纪六十年代,科学家提出了最早的"人工神经元"模型,叫做"感知器",如图1-4-3所示,直到今天仍然在应用,人工神经网络就是利用感知器构建出的模拟人脑及其活动的数学模型,如图1-4-4所示。人工神经网络由大量节点(神经元)相互连接构成,每个节点代表一种特定的输出函数,称为激活函数,节点之间的连接为权重,网络的最终输出取决于网络的结构、节点的连接方式、权重和激活函数。人工神经网络的分类如表1-4-8所示。

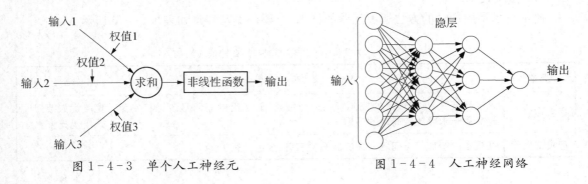

图 1-4-3　单个人工神经元　　　　　　　图 1-4-4　人工神经网络

表 1-4-8　人工神经网络的分类

| 分类 | 细 分 举 例 | 特 点 |
|---|---|---|
| 前向型 | 自适应线性神经网络、单层感知器、多层感知器、BP(反向传播) | 各个神经元接受前一级的输入,并输出到下一级,网络中没有反馈,可以用一个有向无环路图表示。网络结构简单,易于实现 |
| 反馈型 | Hopfield、Hamming、BAM | 网络神经元间有反馈,可以用一个无向完备图表示 |

深度学习的概念源于人工神经网络的研究,含有多隐层的多层感知器就是一种深度学习的结构,它通过组合低层特征,形成更加抽象的高层来表示属性类别。

（4）自然语言处理

自然语言处理（ Natural Language Processing，NLP)是计算机科学领域与人工智能领域中的一个重要方向。它研究能实现人与计算机之间用自然语言进行有效通信的各种理论和方法。自然语言处理是一门融语言学、计算机科学、数学于一体的科学。自然语言处理技术主要应用在信息检索、机器翻译、文档分类、问答系统、信息过滤、自动文摘、信息抽取、文本挖掘、舆情分析、机器写作、语音识别等方面。自然语言处理常用的技术有模式匹配技术、语法驱动的分析技术、语义文法技术、格框架约束分析技术、系统文法技术等。

### 3. 人工智能主要应用

人工智能的主要应用包括问题求解与博弈、逻辑推理与定理证明、专家系统、模式识别、智能机器人、机器翻译、自动驾驶等。

## 1.4.4 数字媒体

### 1. 数字媒体的含义与类型

数字媒体是指以二进制形式获取、记录、处理、传播信息的载体,包括数字化的文字、图形、图像、声音、视频和动画等。实现数字媒体表示、记录、处理、存储、传输、显示和管理的各种软硬件技术就是数字媒体技术,分为数字媒体表示技术、数字媒体存储技术、数字媒体显示应用技术、数字媒体管理技术等,是一种融合了信息科学技术与现代艺术,将信息传播技术应用到文化、艺术、商业、教育和管理领域的科学与艺术高度融合的综合交叉学科。数字媒体的分类如表 1-4-9 所示。

表 1-4-9　数字媒体的分类

| 分类依据 | 类型 | 含 义 特 点 | 举 例 |
|---|---|---|---|
| 展示时间属性 | 静止媒体非连续媒体 | 内容不会随着时间而变化 | 文本、图片 |
| | 连续媒体 | 内容随着时间而变化 | 音频、动画、视频 |
| 来源 | 自然媒体 | 客观世界存在的物质,如声音、景象等经过专门的设备进行数字化和编码处理之后得到 | 话筒采集的音频数码相机拍摄的照片 |
| | 合成媒体 | 以计算机为工具,采用特定符号、语言或算法表示的信息载体 | 由计算机合成的文本、音乐、语音、图像和动画 |
| 计算机应用的组成元素 | 单一媒体 | 由单一信息载体组成的媒体 | |
| | 多媒体 | 软件应用中包含了多种信息载体的表现形式和传递方式 | |

## 2. 数字媒体的主要技术

数字媒体的主要技术涉及压缩与编码和传输技术。

（1）压缩与编码。

由于数字化后的数字媒体的数据量十分庞大，直接存储和传输这些原始信源数据是不现实的，在这些庞大的数据中，实际也存在着大量的数据冗余，通过数据压缩与编码技术，可以在保持数据不损失，或者损失不大的情况下，进行数字媒体的存储与传输，使用时再得以恢复。

数据压缩技术可以分为有损压缩和无损压缩两种。衡量一种压缩编码方法优劣的重要指标有：压缩比、压缩与解压缩速度、算法的复杂程度。压缩比高、压缩与解压缩速度快、算法简单、解压还原后的质量好，被认为是好的压缩算法。

（2）传输技术。

当前人们在观看互联网上的声音、视频等数字媒体信息时，并不需要等待它们完全下载才能使用，也不需要在自己的计算机或电子设备上有很大的空间用于存储这些数字媒体数据，这完全得感谢流媒体传输技术的发展。

所谓数据的流媒体传输技术，是指声音、视频或动画等数字媒体由媒体服务器向用户计算机连续、实时地传送，通过用户计算机中的缓冲存储空间，存储刚发送过来的数据，并同时开始播放缓冲区中的数据，播放过的信息便从缓冲区中删除，以便后面的数据可以源源不断地传送过来放入存储区中。由于所传输的媒体几乎可以立即开始播放，从而不存在下载延时的问题。

流媒体技术发展的基础在于数据压缩技术和缓存技术。通过数据压缩技术，使得需要传输的数字媒体数据量尽可能减少，通过缓存技术，在网络传输速率出现波动时，可以从缓存中取到接下来需要播放的数据，使得媒体数据能平稳地展现在用户面前。

## 3. 数字媒体的主要应用

数字媒体的主要应用包括互联网上的数字媒体应用、移动互联网上的数字媒体应用、多媒体云计算、智能视频检索、数据可视化。

## 4. 人机交互新技术

人机交互技术（Human-Computer Interaction Techniques）是指通过计算机输入、输出设备，以有效的方式实现人与计算机对话的技术。人机交互技术包括机器通过输出或显示设备给人提供大量有关信息及提示或请示等，人通过输入设备给机器输入有关信息，回答问题及提示或请示等。人机交互技术是计算机用户界面设计中的重要内容之一。表1-4-10所示为目前出现的人机交互新技术的简介。

表1-4-10　目前出现的人机交互新技术

| 技术 | 含　义 |
| --- | --- |
| 虚拟现实（Virtual Reality, VR） | 利用计算机仿真技术与计算机图形学、人机接口技术、多媒体技术、传感技术、网络技术等多种技术相结合模拟一个三维的虚拟世界，给使用者身临其境的感觉，但使用者看到的场景和人物全是虚拟的 |

续表

| 技术 | 含　义 |
|------|--------|
| 增强现实（Augmented Reality, AR) | 通过计算机技术将虚拟的信息应用到真实世界,将真实的环境和虚拟的物体实时地叠加到同一个画面或空间,被人类感官所感知,从而达到超越现实的感官体验 |
| 混合现实（Mixed Reality, MR) | 是增强现实和增强虚拟的组合,是合并了现实和虚拟世界而产生的新的可视化环境。其关键点在于与现实世界进行交互和信息的及时获取 |
| 幻影成像 | 是基于实景造型和幻影的光学成像结合,将所拍摄的影像(人、物)投射到布景箱中的主体模型景观中,演示故事的发展过程 |
| 无线传屏 | 利用无线技术把一个屏幕上的内容即时同步地投放到另一个屏幕上 |

## 1.4.5　物联网

物联网(The Internet of Things，IoT)是通过将射频识别(RFID)芯片、传感器、嵌入式系统、全球定位系统(GPS)等信息识别、跟踪、传感设备装备到各种物体上,实时采集任何需要监控、连接、互动的物体或过程的声、光、电、力学、化学、生物学、位置等各种需要的信息,经过各类网络(主要是无线网络),联结物与物、物与人,实现对物品和过程的智能化感知、识别、定位、跟踪、监控和管理。

物联网的三个特征是:(1)互联网特征:物体接入互联网;(2)识别与通信特征:物体具有自动识别与物物通信的功能;(3)智能化特征:网络系统具有自动化、自我反馈与智能控制的特点。

物联网应用中的关键技术主要有:RFID 技术、传感技术、嵌入式技术。其中 RFID 技术是物联网的基础技术,RFID 标签中存储着各种物品信息,通过无线数据通信网络采集到中央信息系统,并对物品进行识别,从而完成对物品的标志、登记、存储和管理。

物联网的主要应用包括智慧物流、智能交通、智能安防、智慧能源、智能医疗、智慧建筑、智能制造、智能家居、智能零售、智慧农业等。

## 1.4.6　5G

2019 年 6 月 6 日,工信部正式向中国电信、中国移动、中国联通、中国广电发放 5G 商用牌照,我国正式进入 5G 商用元年。第五代移动通信技术(5th generation mobile networks，5G)在网络结构、网络能力和要求上与 4G 相比,发生了很大变化,具有高速度、低延迟、低功耗、泛在网、高可靠的特点,其所支撑的应用场景由移动互联网向移动物联网拓展,将构建起高速、移动、安全、泛在的新一代信息基础设施,并将加速许多行业的数字化转型。

### 1. 5G 的主要技术

5G 主要技术包括 D2D 通信技术、多天线传输技术、密集网络技术、同时同频全双工通信技术和大规模的 MIMO 技术。这些技术的含义具体如下:

D2D(Device to Device)通信技术：借助 Wifi、Bluetooth 等技术实现终端设备之间的直接通信。

多天线传输技术：广泛引入有源天线阵，减少用户间的干扰，提高无线信号的覆盖性能。

密集网络技术：在基站外部设置大量天线来增加网络范围面积，在室外布置很多密集网络，通过这两方面的共同协作，增强有效性和准确性。但密集网络技术在小范围内存在一定的干扰，降低了网络的高效性。

同时同频全双工通信技术：在相同的频谱上，通信的收发双方可同时发射和接收信号，理论上可以使空口频谱效率提高一倍。但全双工技术需要具备极高的干扰消除能力，目前所用的消除干扰的方法有天线干扰消除、射频干扰消除、数字干扰消除等，其综合性能已经基本满足实验室同时同频全双工通信的要求。

大规模的 MIMO 技术：MOMI(Miltiple-Input Multiple-Output，多天线发射和多天线接收)技术是将多个天线的空间资源整合起来，从而提高通信的质量，让频谱的频率增强，同时通过波束集中通信范围，让通信设备的信号干扰减少；大规模 MIMO 技术还可以通过降低发射的功率来提高基站的功率效率。

**2. 5G 的主要应用**

5G 的主要应用包括 VR 全景直播、5G 智能工厂、5G 自动驾驶、5G 智能电网、5G 超级救护车、5G 远程教育、5G 智慧农业、5G 养老助残等。

## 1.4.7　区块链

从科技层面来看，区块链涉及数学、密码学、互联网和计算机编程等很多科学技术问题。从应用视角来看，简单来说，区块链是一个分布式的共享账本和数据库，具有去中心化、不可篡改、全程留痕、可以追溯、集体维护、公开透明等特点。这些特点保证了区块链的"诚实"与"透明"，为区块链创造信任奠定基础。而区块链丰富的应用场景，基本上都基于区块链能够解决信息不对称问题，实现多个主体之间的协作信任与一致行动。

**1. 区块链技术**

区块链技术的模型是由自下而上的数据层、网络层、共识层、激励层、合约层和应用层组成。

区块链的核心技术是：分布式账本、密码学技术、共识机制、智能合约。

分布式账本：交易记账由分布在不同地方的多个节点共同完成，而且每一个节点记录的是完整的账目，因此它们都可以参与监督交易合法性，同时也可以共同为其作证。

密码学技术：区块链的安全保障主要体现在其数据层和网络层，其中数据层的安全主要依赖于密码学相关安全技术，主要包括：哈希算法、加密算法、数字签名等。存储在区块链上的交易信息是公开的，但是账户身份信息是高度加密的，只有在拥有数据授权的情况下才能访问到，从而保证了数据的安全和个人的隐私。

共识机制：所有记账节点之间怎么达成共识，去认定一个记录的有效性，这既是认定的手段，也是防止篡改的手段。网络层的安全主要由共识机制保障，通过点对点通信模式，构建一个去中心化的分布式网络环境，网络中所有节点的地位平等，每个节点都可以作为服务器，承担区块数据的传输、验证、存储工作。共识机制主要是解决分布式节点达成共识的问题。

智能合约:智能合约允许在没有第三方的情况下进行可信交易,只要一方达成了协议预先设定的目标,合约将会自动执行交易,这些交易可追踪且不可逆转。

**2. 区块链技术的主要应用**

区块链的诞生与比特币相关,可见其最初的应用在金融领域,目前除了金融领域之外,物联网领域、供应链领域、医疗领域等都是区块链技术的应用场景。

## 1.4.8 习题

1. 单选题

(1) 云计算是对_____技术的发展与运用。

A. 并行计算　　　　　B. 网格计算　　　　　C. 分布式计算　　　　D. 三个选项都是

(2) 在 5G 技术发展成熟之前,无线网络共发展了_____代。

A. 4　　　　　　　　　B. 3　　　　　　　　　C. 2　　　　　　　　　D. 1

(3) 以下不属于人机交互新技术的是_____。

A. 虚拟现实　　　　　B. 有线传屏　　　　　C. 混合现实　　　　　D. 增强现实

(4) 以下不属于区块链的主要技术的有_____。

A. 密码学　　　　　　B. 大数据　　　　　　C. 智能合约　　　　　D. 共识机制

(5) 下列_____不属于物联网的主要技术。

A. RFID 技术　　　　B. 传感技术　　　　　C. 虚拟现实技术　　　D. 嵌入式技术

2. 是非题

(1) 物联网传感器既可以单独存在,也可以与其他设备连接。

(2) 目前掀起的人工智能热潮主要是因为机器学习技术取得了突破性的进展。

(3) 自然媒体是指以计算机为工具,采用特定符号、语言或算法表示,由计算机生成的文本、音乐、语音、图像和动画等。

(4) 流媒体技术发展的基础在于数据压缩技术和缓存技术。

(5) 大数据的预处理技术包括:数据抽取、数据清洗和数据可视化。

# 主题小结

　　本章涉及的范围比较广,包括:信息技术的发展和沿革;信息技术的发展对人类思维的影响,如计算思维、信息素养、信息社会的伦理道德发展;计算机系统的软、硬件组成和基本工作原理;信息在计算机内的存储和表示方法;信息技术的新发展等。本章以概述的形式让读者对相关内容有广度上的了解,以基本知识和基本概念为铺垫,为后续内容的学习打下良好基础。

# PART 02

# 主题 2　操作系统

计算机系统包括硬件系统和软件系统,软件又可以分成系统软件和应用软件。

操作系统是计算机中必不可少的系统软件,主要提供用户与软件、硬件系统进行交互的操作界面。操作系统控制和管理系统内各种硬件和软件资源,并对计算机系统的工作进行合理组织。

常见的桌面操作系统是微软公司发布的 Windows 操作系统,最新版本为 Windows10,此外还有 Linux、Mac 等桌面操作系统。嵌入式操作系统主要有 iOS、Android 等。

最近,华为公司推出面向下一代技术的 Harmony 操作系统。Harmony 操作系统是面向全场景的分布式操作系统,将打通手机、电脑、平板、电视、工业自动化控制、无人驾驶、车机设备、智能穿戴等多平台。

文件系统是操作系统管理计算机中数据信息的核心系统,提供了文件及文件夹的存储和访问方式等功能。而负责具体管理和存储文件信息的软件机构称为文件管理系统。

本章以 Windows10 为平台,主要介绍学习、工作中必须掌握的有关文件系统的使用方法和操作技巧。

## ＜学习目标＞

通过本章学习,要求达到以下目标:
1. 了解各种操作系统的特点。
2. 掌握 Windows10 文件系统及操作方式。
3. 理解 Linux 文件系统、Mac 文件系统、iOS 与 Android 文件系统及其操作方式。
4. 掌握文件资源管理器和库、文件及文件夹,和文件资源管理器的搜索功能。
5. 掌握应用程序的安装和管理。
6. 掌握操作系统的环境设置、系统备份和恢复。
7. 掌握打印设置和打印到文件操作。
8. 理解投影仪的设置。

# 2.1　操作系统简介

操作系统(Operating System，OS)是对计算机系统的硬件和软件资源进行管理和控制的程序，它是用户和计算机的接口。操作系统属于系统软件，是计算机软件系统的核心，其主要功能是资源管理和用户界面管理。

## 2.1.1　操作系统发展

操作系统起源于 20 世纪 60 年代初出现的监控程序，并逐步进行改进，发展成为现在功能完善的各类操作系统，发展历程如表 2-1-1 所示。

表 2-1-1　操作系统的发展

| 时间 | 操作系统 | 简　　介 |
| --- | --- | --- |
| 20 世纪 60 年代初 | 监控程序 | 监视和控制计算机的软硬件资源 |
| 1964 年 | IBM 360 系统 | IBM 开发的较成熟的操作系统 |
| 1974 年 | Unix 操作系统 | AT&T 开发的分时操作系统 |
| 20 世纪 70 年代 | Apple II 操作系统 | 苹果公司的第一个微型计算机系统 |
| 1981 年 | MS-DOS 操作系统 | 微软收购而来的命令行操作系统 |
| 1985 年 | Windows 1.0 操作系统 | Microsoft 研发的首个图形界面操作系统 |

操作系统的用户和任务处理等不断发展变化。如果操作系统能够同时进行几种工作且互不干扰，就是"多任务"操作系统。如果操作系统能够同时有几个用户登录同一台计算机工作，就是"多用户"操作系统。

操作系统由最早的单用户、单任务，逐步向多用户、多任务发展。例如 DOS 操作系统，是单用户、单任务、命令行界面的操作系统，不提供图形化的操作界面；Windows10 操作系统是一个单用户、多任务操作系统；Windows NT 和 Unix 等是多用户、多任务的操作系统。

每种操作系统还具有多个发行版本，例如 Windows 10 就包含家庭版、企业版、专业版、教育版、移动版、移动企业版、物联网核心版共 7 个版本，其中移动版面向尺寸较小、配置触控屏的移动设备。

## 2.1.2　操作系统的基本功能

操作系统是一个庞大的管理控制程序，大致包括资源管理和用户界面管理两大部分功能。它的功能是管理系统资源并使之协调工作，合理地组织计算机工作流程，管理用户界面并提供良好的操作环境。

**1. 资源管理功能**

（1）进程与处理机管理。主要任务是管理程序进程的创建、撤销等，避免程序进程间冲突。

（2）作业管理。调度系统作业，尽可能高效地利用整个系统的资源。

（3）存储器管理。完成存储空间的分配、地址映射等功能，分配存储空间，并对其中的数据进行保护。

（4）设备管理。完成各类设备的使用和调度。

（5）文件管理。负责文件和文件夹的管理和保护等。

**2. 用户界面管理功能**

操作系统为用户和计算机硬件系统提供了用户接口，用户接口分为两类：用户控制作业执行的命令接口和通过程序请求系统服务的程序接口。

（1）命令接口。向系统发送命令和提出服务请求，有联机控制或脱机控制两种方式。

（2）程序接口。根据程序提供的一组系统调用命令，向系统提出服务请求。

目前最为流行的是图形用户界面（Graphic User Interface，GUI），即图形界面接口，用户通过鼠标和键盘，在图形界面上单击图标或使用快捷键就能使用操作系统。

## 2.1.3　操作系统的类型

人们对计算机应用的要求各不相同，因此对计算机操作系统的性能、使用方式要求也不同，这样就形成了各种不同类型的操作系统。

操作系统按照功能特征可以分成批处理操作系统、分时操作系统、实时操作系统、网络操作系统和分布式操作系统，各类操作系统的描述如表 2-1-2 所示。

表 2-1-2　操作系统类型

| 操作系统 | 简　介 |
| --- | --- |
| 批处理操作系统 | • 把多个用户的任务合成指定形式的一批作业，并输入系统，系统反复处理直到这一批作业全部处理完毕。<br>• 包括单道批处理系统和多道批处理系统。<br>• 系统无交互性，用户提交作业后就不能再控制作业运行 |
| 分时操作系统 | • 利用分时技术的交互式操作系统。用户通过终端向系统发出命令完成作业运行。<br>• 各作业快速轮转运行，每个用户都感觉在独自使用计算机 |
| 实时操作系统 | • 用于实时控制和实时信息处理领域，对用户的请求在短时间内进行响应。<br>• 主要特点是响应及时、可靠性高，如工业自动控制、火箭发射控制等 |
| 网络操作系统 | • 网络中各计算机共享网络资源。<br>• 具有两大功能：高效可靠的网络通信，多种网络资源服务。<br>• 服务包括文件传输服务、电子邮件服务、远程登录服务等。<br>• 包括如 Unix、Linux、Netware、Windows NT 等 |
| 分布式操作系统 | • 管理分布式处理系统资源和控制分布式程序运行。共享资源，加强通信。<br>• 主要特点：性价比高、速度快、有针对性、可扩充、更可靠、宽适应 |

## 2.1.4 习题

1. 单选题

(1) _____操作系统只能使用命令输入方式。

A. DOS B. Linux C. Windows D. Mac

(2) Windows 10 操作系统包含 7 个版本,其中_____面向尺寸较小、配置触控屏的移动设备。

A. 家庭版 B. 企业版 C. 教育版 D. 移动版

(3) Windows 操作系统是一个_____操作系统。

A. 单用户、单任务 B. 单用户、多任务

C. 多用户、单任务 D. 多用户、多任务

(4) 操作系统的主要功能是_____和用户界面管理。

A. 文件管理 B. 系统安全管理 C. 界面管理 D. 资源管理

(5) 操作系统属于_____。

A. 应用软件 B. 移动软件 C. 系统软件 D. 特殊软件

2. 是非题

(1) 操作系统具有处理机管理、图像处理、存储器管理、设备管理和作业管理五大功能。

(2) 操作系统起源于 20 世纪 60 年代初出现的监控程序。

(3) 用户界面接口分为两类:网络接口和命令接口。

(4) 分时操作系统根是把多个用户的任务合成指定形式的一批作业,并输入系统,系统反复处理直到这一批作业全部处理完毕。

(5) 工业自动控制和病人健康监控都对系统的反应速度有较高要求,适合使用批处理操作系统。

# 2.2　文件系统

计算机中存在大量硬件和软件资源,操作系统的核心工作就是管理和协调这些资源,从而保证计算机正常运行。操作系统能够控制计算机的各种功能,包括软件、文件系统、网络通信和各种设备,同时还负责监视系统的运行状态,处理一些意外情况等。

在计算机中,各种数据信息都是以文件形式保存在存储设备里的。文件系统既包括操作系统中以文件方式管理计算机软件资源的软件,也包括被管理的文件和数据结构。文件系统负责为用户建立文件,存入、读出、修改、转储文件,控制文件的存取等。掌握文件和文件夹复制、移动、删除、重命名等常规操作是有效使用计算机的基础。

最早的操作系统是 1979 年微软公司为个人电脑开发的 MS－DOS,简称 DOS 操作系统。DOS 操作系统只能使用命令输入方式。

与 DOS 相比,目前常见的 Windows、Linux、Mac、iOS、Android 等操作系统具有更为完善的文件系统,下面简要介绍不同操作系统所提供的文件系统。

## 2.2.1　Windows 文件系统

Windows 操作系统主要使用的文件系统格式有 FAT 和 NTFS 两种。FAT 文件分配表(File Allocation Table)文件系统兼容性好,能够快速进行文件读写。NTFS 文件系统(New Technology File System)是 Windows NT 内核的操作系统中常用的文件系统,能够管理磁盘配额、文件加密等。

### 1. FAT 文件系统

FAT 文件系统由比尔·盖茨和马斯·麦当劳在 1977 年为了管理磁盘而发明的。FAT 文件系统使用"簇"作为最小数据单元。簇是一组连续扇区的组合,如图 2－2－1 所示。扇区数必须是 2 的整数次幂(1、2、4、8 等,最大 64),根据 FAT 表项的长度分成 FAT12(12bits)、FAT16(16bits)、FAT32(32bits)。

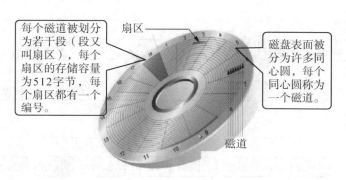

每个磁道被划分为若干段（段又叫扇区），每个扇区的存储容量为512字节，每个扇区都有一个编号。

扇区

磁盘表面被分为许多同心圆，每个同心圆称为一个磁道。

磁道

图 2－2－1　磁盘扇区示意图

FAT 文件系统的核心是"文件分配表"和"目录项",一个目录项能够记录目录中的一个文件或者子目录的基本信息。FAT 文件系统为每一个文件和目录分配一个目录项。

根据内容大小,多个文件或者目录可以共用扇区,也可以一个文件或者目录占用多个扇区。例如,某 FAT 系统的根目录占用 3 个扇区,每个扇区的大小为 512 字节。如果其中的每个目录项占 32 字节,则根目录中最多能存储 48 个目录和文件。

**2. NTFS 文件系统**

NTFS 是基于 Windows NT 内核发展的 Windows 标准文件系统,NTFS 已取代 FAT 文件系统成为目前 Windows 操作系统的主要文件系统。NTFS 的出现大幅度地提高了微软原来的 FAT 文件系统的性能。

NTFS 分区也是以簇为基本的存储结构,NTFS 把全部扇区都以簇进行划分,每簇为 1、2、4 或 8 个扇区。

NTFS 支持对分区、文件夹和文件的压缩,可以为共享资源、文件夹、文件设置访问许可权限。这样便于提升性能,改善可靠性,降低磁盘空间的利用率,同时还提供了扩展功能,如可恢复文件等,可以确保数据文件不会丢失。

NTFS 文件系统的安全性高于 FAT 文件系统。二者也可以转换,通过分区格式转换工具就可以将 FAT 格式转换为 NTFS 格式。

## 2.2.2 Linux 文件系统

Linux 是一套开源的类 Unix 的操作系统,可以免费使用和修改,其内核与 Unix 类似。Linux 操作系统具有类似 Windows 的图形用户界面,还包括文件系统、程序语言编辑器等软件,支持多用户、多任务。成熟的 Linux 发行版本有:Red Hat、Debian、Ubuntu、红旗 Linux 等。

Linux 操作系统中最常用的是高效稳定的 Ext2 文件系统。默认情况下,Windows 操作系统无法识别 Linux 的 Ext2 文件系统格式。

在 Linux 文件系统中,目录的起点为根(root),是所有目录的顶点。根目录下面包含不同的子目录,子目录下又包含许多目录和文件,形成目录树的结构,如图 2-2-2 所示。

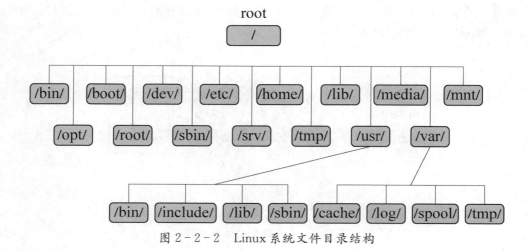

图 2-2-2　Linux 系统文件目录结构

可以看出 Linux 是一个倒树结构,其中所有数据信息都以文件的形式存储。这些文件都存在于系统顶级目录"/"也就是 root 根目录。根目录下的二级目录对应的功能如下表 2-2-1 所示。

表 2-2-1 常用 Linux 目录功能表

| 目录名 | 功能 |
|---|---|
| / | 超级用户的家目录,root 根目录 |
| /bin | 系统命令,二进制可执行文件 |
| /boot | 启动分区,负责系统启动 |
| /dev | 设备管理文件 |
| /etc | 各种系统配置和管理文件 |
| /home | 普通用户的家目录 |
| /lib | 系统库文件存放位置 |
| /media | 系统临时设备挂载点 |
| /opt | 第三方软件安装位置 |
| /tmp | 系统临时数据和文件存放位置 |
| /var | 为扩展目录,存放用户程序、自定义数据文件、系统临时文件等 |

在 Linux 操作系统中,直接控制硬件设备的是内核。系统内核使用命令输入方式,例如,使用 mkdir 命令可以创建文件夹。

## 2.2.3 Mac 文件系统

Mac 操作系统是运行在苹果 Macintosh 系列电脑上的图形化操作系统,基于 Unix 内核。Mac OS X 系统的目录结构符合 Unix 系统规范。

Mac 中的文件系统主要有三种,如表 2-2-2 所示。

表 2-2-2 Mac 文件系统类型

| Mac 文件系统 | 名词 |
|---|---|
| HFS+ | Hierarchical File system,分层文件系统 |
| UFS | Unix File System, Unix 文件系统 |
| APFS | Apple File System, Apple 文件系统 |

其中,APFS 适用于 MacOS、iOS 和 watchOS 等文件系统,其目的是提高 HFS+文件系统的性能。

Mac 操作系统的框架与 Windows 不同,相对来说较少受到病毒袭击,安全性高;Mac 没有磁盘碎片,不用整理硬盘,此外也无需分区。

在 Mac OS X 系统中,有 User、Local、Network 和 System 四个文件系统区域,分别包含用户特定资源、用户共享资源、局域网资源和系统运行用资源。

## 2.2.4 iOS 与 Android 文件系统

随着移动设备的普及,移动操作系统也快速发展,如最为常见的 iOS 与 Android 移动操作系统。

iOS 操作系统是苹果公司的设备所使用的移动操作系统,应用于 iPhone、iPad 和 Apple TV 等产品。iOS 与 Mac OS X 操作系统一样,以开放原始码操作系统为基础。

Android 设备是一个开源的移动操作系统,基于 Linux2.6 内核开发。Android 支持 3 种文件系统,如表 2-2-3 所示。

表 2-2-3  Android 支持的文件系统

| Android 文件系统 | 文件系统完整名称 |
| --- | --- |
| Ext2 | (Linux) extended file system2,第二代扩展文件系统 |
| Ext3 | (Linux) extended file system3,第三代扩展文件系统 |
| Ext4 | (Linux) extended file system4,第四代扩展文件系统 |

Android 系统的软件都默认存放在手机内存里,一旦内存空间耗尽,手机就无法使用。为了解决这个问题,出现了扩展 SD 卡等外部存储。

## 2.2.5 习题

1. 单选题

(1)_____能够控制和管理系统内各种硬件和软件资源、合理有效地组织计算机系统的工作,为用户提供良好的人机交互界面。

A. 文件系统　　　　B. 操作系统　　　　C. 软件系统　　　　D. 硬件系统

(2) Windows 系统中常用的文件系统是_____。

A. Ext2 和 FAT　　B. APFS 和 NTFS　C. FAT 和 NTFS　　D. FAT 和 APFS

(3)_____负责为用户建立文件,存入、读出、修改、转储文件,控制文件的存取等。

A. 资源管理器　　　B. 系统软件　　　　C. 文件系统　　　　D. 操作系统

(4) Android 是一个基于_____内核的开源移动终端设备平台。

A. Linux2.6　　　　B. Unix　　　　　　C. iOS　　　　　　D. Mac OS

(5) Mac 操作系统是基于_____系统的操作系统。

A. DOS　　　　　　B. iOS　　　　　　C. Linux　　　　　D. Unix

2. 是非题

(1) Mac 操作系统 OS 是一个免费的操作系统,用户可以免费获得其源代码,并能够随意修改。

（2）与 Windows 的框架不同，Mac 系统很少受到病毒袭击，安全性高，且无需整理硬盘。

（3）操作系统中负责管理和存储文件信息的软件机构称为文件管理系统。

（4）根是 Linux 文件系统中所有目录最起始的顶点。

（5）Ext2 是 Windows 操作系统中最常用的文件系统。

# 2.3 Windows 10 环境设置

Windows 10 操作系统的工作桌面是指系统启动后的整个显示器屏幕,简称为桌面。桌面由很多操作对象组成,主要包括桌面背景、桌面图标、开始按钮、任务栏和通知区域等内容。

虚拟桌面如同 Mac OS 与 Linux 中建立多个桌面的功能,可以在各个桌面上运行不同的程序,互不干扰。

## 2.3.1 桌面背景

桌面背景具有两种含义:

广义:Windows 10 桌面背景广义上包含桌面主题和桌面背景图片。

狭义:Windows 10 桌面背景狭义上指桌面背景图片。

### 1. 桌面主题

桌面上对象元素的显示风格、窗口颜色、事件声音和屏幕保护程序运行方式的组合统称为桌面主题。

桌面主题设置是系统个性化设置的一部分,可以在桌面空白处鼠标右击打开快捷菜单,然后选择"个性化"命令打开设置窗口,在右边菜单选择"主题"进行设置。如图 2-3-1 所示,系统提供不同风格的主题,每套主题都能为桌面配置该主题的一整套背景、颜色、声音和鼠标光标样式。

图 2-3-1  个性化设置窗口

### 2. 背景图片

Windows 10 提供了默认的背景图片,此外,用户还可以将自己的图片设置为背景图片。

（1）更换背景图片。在个性化设置窗口中，选择"背景/选择图片"中的现有图片，即可更换背景图片。也可以单击"浏览"按钮，选择其他的图片作为背景图片，如图 2-3-2 所示。

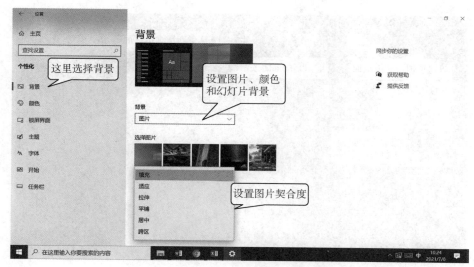

图 2-3-2　背景图片设置窗口

（2）背景图片的比例。可以在背景图片"契合度"中选择图片的显示形式，如填充、适应、拉伸、平铺、居中或跨区。

（3）背景图片幻灯片播放。从"背景"下拉框中选择"幻灯片放映"功能，单击"浏览"按钮，选择图片文件夹，即可实现该文件夹中所有图片的幻灯片播放，还可以设置切换频率、无序播放和契合度。

### 3. 虚拟桌面

在 Windows 10、Mac OS 和 Linux 操作系统中，都有建立多个桌面的功能。

Windows 10 中可以使用虚拟桌面实现，用户可以在每个桌面运行不同的应用程序，各个桌面之间互不干扰。

使用虚拟桌面功能建立多个桌面，能够让用户高效利用屏幕，极大地提高工作效率。虚拟桌面的常用操作如表 2-3-1 所示。

表 2-3-1　虚拟桌面操作

| 操　　作 | 功　　能 |
|---|---|
| 〈⊞〉+〈Tab〉 | 查看各虚拟桌面的内容 |
| 〈⊞〉+〈Ctrl〉+〈D〉 | 增加一个虚拟桌面 |
| 〈⊞〉+〈Ctrl〉+〈左/右箭头 D〉 | 切换到前一个/后一个虚拟桌面 |
| 〈⊞〉+〈Tab〉+关闭窗口按钮 | 关闭所选择的虚拟桌面 |

如图 2-3-3 所示，按下〈〉＋〈Tab〉键能够查看全部虚拟桌面，并根据需要进行切换、新增和关闭等操作。

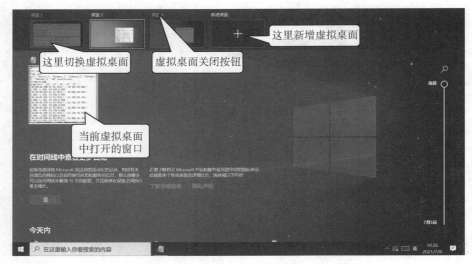

图 2-3-3　查看虚拟桌面

需要注意，当某个虚拟桌面被关闭时，其中运行的应用程序并不会被关闭，而是合并到前一个虚拟桌面中。

### 4. 屏幕保护

屏幕保护是为了保护显示器而设计的一种专门的程序，是为了防止电脑因无人操作而使显示器长时间显示同一画面，导致老化而缩短显示器寿命。

屏幕保护能够提供节能和系统安全防护功能。屏幕保护的设置如图 2-3-4 所示。

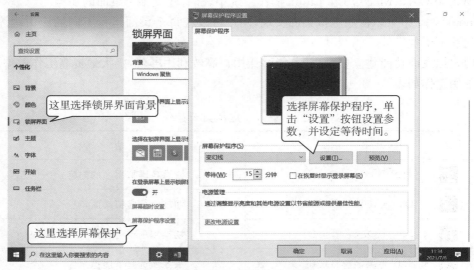

图 2-3-4　屏幕保护设置

一旦设置了屏幕保护,计算机在无操作状态下持续等待一定时间后,就会自动运行预先设定的屏幕保护程序。

## 2.3.2　桌面图标

桌面图标是指向应用程序、文件或文件夹的快捷方式,双击图标可以快速启动对应的程序、文件或文件夹。

### 1. 桌面图标的分类

图标分为桌面通用图标、程序自动生成的快捷方式和用户建立的快捷方式三类,图标的类型、含义及示例如表 2-3-2 所示。

表 2-3-2　图标的类别

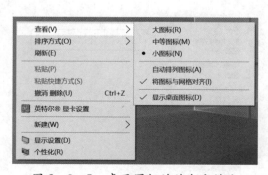

| 类型 | 含　义 | 示　　例 |
|---|---|---|
| 桌面通用图标 | Windows 系统设置 | 此电脑　　网络 |
| 应用程序图标 | 应用程序安装时生成的快捷方式,指向程序、文件、文件夹 | 腾讯会议　迅雷 |
| 用户建立图标 | 用户建立的快捷方式,指向程序、文件、文件夹 | 画图　教学资源 |

### 2. 图标放大与缩小

图标的形状可以放大和缩小,可以在桌面空白处鼠标右击,在弹出来的快捷菜单中选择"查看/大(中等,小)图标"命令。如图 2-3-5 所示。

图 2-3-5　桌面图标的放大和缩小

此外,还可以在桌面上采用"〈Ctrl〉+上下滚动鼠标滚轮"的方式自由缩放桌面图标大小。

### 3. 排列桌面图标

如果桌面上的图标数量较多或杂乱无章,影响美观,又不方便操作,用户可以对图标进行排列。具体操作分为下面两步,如图 2-3-6 所示。

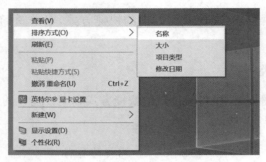

图 2-3-6　排列桌面图标

① 在桌面空白处右击,在弹出的快捷菜单中选择"排序方式"命令。
② 在弹出的菜单项中选择一种排序方式:名称、大小、项目类型和修改日期。

## 2.3.3　开始菜单

开始菜单是操作计算机系统的主要入口,其中包含了 Windows 系统的大部分功能。可以执行程序、调整系统设置、获取帮助信息等。

按下〈⊞〉键或单击桌面左下角的"开始"按钮,能够打开 Windows 10 系统的开始菜单。

### 1. 设置开始菜单

打开"个性化"设置窗口,选择"开始"命令,可以定制"开始"菜单。如图 2-3-7 所示。

图 2-3-7　开始菜单的个性化设置

### 2. 磁贴

磁贴(Tile)是指 Windows 操作系统的开始屏幕中的应用程序图标,呈矩形或正方形,依次排列在开始菜单界面中,单击磁贴即可启动应用程序。

对于系统中已安装的应用程序,右击程序图标选择"固定到'开始'屏幕"即可将该程序磁贴添加到开始屏幕中。对于已经存在于开始屏幕中的磁贴,右击选择"从'开始'屏幕取消固定",即可将该磁贴从开始屏幕中移除。还能对磁贴进行命名、分组等操作。

## 2.3.4　任务栏

任务栏默认位于桌面底部,是一个长条形区域,主要包括开始、搜索框、工具栏、Cortana、任务视图、任务栏按钮、通知区域、显示桌面按钮等。如图 2-3-8 所示。

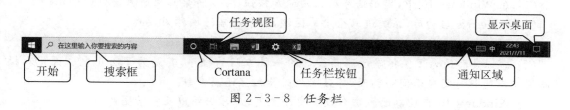

图 2-3-8　任务栏

任务栏各功能的名称及功能如表 2-3-3 所示。

表 2-3-3　任务栏功能区

| 区域 | 内　容　功　能 |
| --- | --- |
| 搜索框 | Windows 10 任务栏上新增功能,可以搜索本地计算机中的文件,也可以搜索互联网中的信息 |
| Cortana | Windows10 的人工智能助手 |
| 任务视图 | Windows 10 任务栏上新增了功能,是多任务和多桌面的入口,查看切换任务和虚拟桌面 |
| 任务栏按钮区 | 固定在任务栏的程序,以及当前打开的任务 |
| 显示桌面 | 最小化所有的任务窗口并显示桌面 |

Windows 10 中的任务栏可以改变尺寸大小、移动位置,也可以隐藏。

在 Mac 系统中,桌面顶部具有菜单栏,桌面底部有 Dock 栏。Dock 栏类似于 Windows 10 的任务栏,由 5 个区域组成。此外,从苹果 10.7 Lion 系统开始出现的 Mission Contorl,是苹果公司为广大 Mac 用户带来的强大的窗口和程序管理方式。

## 2.3.5　习题

1. 单选题

(1) Windows 10 的_____位于桌面底部,包含工具栏、按钮区、通知区、显示桌面按钮等部分。

    A. 开始菜单　　　　B. 状态栏　　　　　C. 任务栏　　　　　D. 控制面板

（2）Windows 10 中，_____不能利用任务栏中的"搜索框"命令查找。

    A. 文件　　　　　　B. 文件夹　　　　　C. 硬盘大小　　　　D. 应用程序

（3）Windows 的桌面主题注重的是桌面的_____。

    A. 颜色　　　　　　B. 提示声音　　　　C. 局部个性化　　　D. 整体风格

（4）广义的 Windows 10 桌面背景中，包含桌面主题和_____。

    A. 背景　　　　　　B. 背景图片　　　　C. 系统文件　　　　D. 工具栏

（5）在 Windows 10 中，使用_____功能可以建立多个桌面，让用户高效利用屏幕，极大地提高工作效率。

    A. 虚拟桌面　　　　B. 自定义桌面　　　C. 多桌面　　　　　D. 个性化桌面

2. 是非题

（1）在 Windows 10 中，单击任务栏上的通知按钮，可以将桌面上所有窗口最小化。

（2）Windows 启动后，系统进入全屏幕区域，整个屏幕区域称为桌面。

（3）Windows10 任务栏上新增了一个任务视图按钮，它是多任务和多桌面的入口。

（4）虚拟桌面是为了保护显示器而设计的一种专门的程序，其是为了防止电脑因无人操作而使显示器长时间显示同一画面，导致老化而宿短显示器寿命。

（5）Windows 10 在控制面板窗口设置桌面主题、屏幕保护以及背景图片。

# 2.4　文件资源管理器

　　计算机中的各种信息都是以文件形式保存在存储设备中,通过文件资源管理器进行管理。掌握文件资源管理器及文件和文件夹的复制、移动、删除等操作是管理计算机中数据信息的基础。

## 2.4.1　文件资源管理器和库

　　Windows 系统通过文件资源管理器管理文件等资源。文件资源管理器不仅可以管理计算机中的文件,还能够管理软件和硬件资源,所管理的资源统一使用图标表示。使用资源管理器,可以方便地对文件和文件夹进行管理和操作。

### 1. 打开文件资源管理器

　　打开 Windows 文件资源管理器有多种操作方法,常用的三种操作方法如图 2 - 4 - 1 所示。

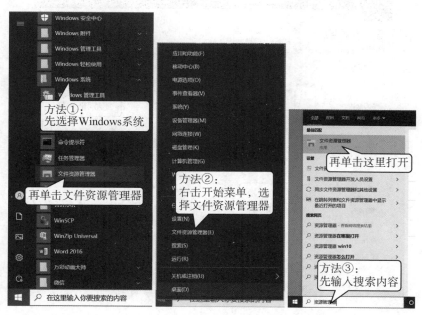

图 2-4-1　打开资源管理器的三种方法

　　此外,还可以使用快捷键方法,按下组合键〈▦〉+〈E〉键即可打开文件资源管理器。鼠标双击打开文件夹或双击打开文件快捷方式,也能够打开文件资源管理器并查看该文件/文件夹位置。

打开文件资源管理器的方式如表 2-4-1 所示。

表 2-4-1　文件资源管理器打开方式

| 操作设备 | 操作方式 |
|---|---|
| 鼠标 | 单击开始菜单,选择"Windows 系统",在弹出的子菜单中选择"文件资源管理器" |
| 鼠标 | 右击开始菜单,选择"文件资源管理器" |
| 键盘＋鼠标 | 在搜索框中输入"文件资源管理器",在弹出的搜索结果列表中单击"文件资源管理器"运行 |
| 鼠标 | 双击某文件夹或文件快捷方式,打开文件资源管理器,并定位到该文件/文件夹的所在位置 |
| 键盘 | 按下〈⊞〉＋〈E〉组合键,打开文件资源管理器 |

## 2. 文件资源管理器

文件资源管理器的窗口主要由导航窗格、菜单栏、地址栏、搜索框等部分组成,如图 2-4-2 所示。

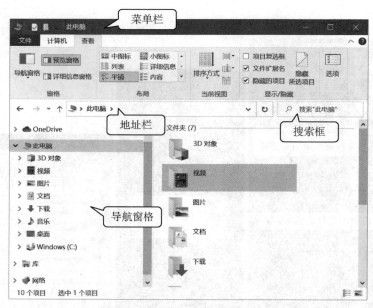

图 2-4-2　文件资源管理器窗口

(1) 导航窗格。

文件资源管理器的左侧是导航窗格,可以快速访问此电脑、库和网络等资源,右侧是当前位置的文件和文件夹列表。

(2) 菜单栏。

菜单栏是文件资源管理器顶部的带状(Ribbon)功能区界面,将常用的功能以图标的方式分类展现,方便用户操作。若要显示文件资源管理器菜单栏的快捷键,可以按〈Alt〉键。

菜单栏包含"文件"、"主页(计算机)"、"共享"和"查看"等多个分组选项卡。选项卡的内容会根据用户的选择而发生变化。

在查看选项卡中包含与显示方式有关的操作选项,如图2-4-3所示,"隐藏的项目"等复选框可以设置查看哪些文件,而"选项"命令可以对文件夹查看选项进行更高级的设置。

图2-4-3　文件查看选项设置

(3)搜索框。

在搜索框中输入关键词即可搜索相匹配的文件和文件夹。例如输入字母"A",即可搜到所有名称包含"A"的文件。

在搜索的时候可以使用通配符,通配符有"＊"和"?"两种,"＊"代表一串字符串,"?"代表任意的一个字符。例如"?w＊.txt"代表第二个字符为"w"、扩展名为"txt"的所有文件。

**例2-4-1　在C盘搜索以字母A开头、大小为0—16KB、扩展名为".txt"的文件,并将搜索条件保存为名为"LJG2-4-1.search-ms"文件。**

① 打开文件资源管理器,并切换到C盘。

② 在文件资源管理器的搜索框中输入搜索条件"A＊.txt",并设置文件大小为"极小(0—16KB)",开始搜索。如图2-4-4所示。

③ 搜索结束并显示搜索结果,可以将搜索到的文件进行打开、复制等操作。右击该文件选择"打开文件位置"还可以转到该文件所在的文件夹。

④ 选择"保存搜索",在"另存为"对话框中输入文件名"LJG2-4-1",选择扩展名为".search-ms",保存位置为"配套资源\主题2\"文件夹。

⑤ 返回文件资源管理器,在"配套资源\主题2\"文件夹下找到名为"LJG2-4-1.search-ms"的文件,双击后即可再次进行上面的搜索并显示搜索结果。

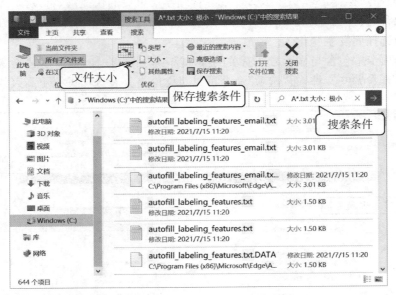

图 2 - 4 - 4　搜索并保存搜索条件

## 2.4.2　文件及文件夹

在 Windows 操作系统中,数据都是以文件的形式存储在磁盘上,而文件存放于文件夹中,因此文件和文件夹在操作系统中是至关重要的。

### 1. 文件名和扩展名

文件是存储信息的基本单位,计算机中的文档等各种资料都是以文件的形式存储在存储器中。

文件名称由文件名和扩展名组成,通常文件名和扩展名中间用“.”分隔。文件名是文件的主名,可以使用英文字符、数字、汉字、符号等。完整的文件名(包括其盘符和路径)最多可以有 255 个字符。有一些特殊字符不能用作文件名,如果在修改文件名时输入禁用字符,系统将会弹出提示框,如图 2 - 4 - 5 所示。

| | 2007/2/18 20:00 | 应用程序扩展 | 268 KB |
| 文件名　　拓展名 | 2007/2/18 20:00 | 应用程序扩展 | 2,139 KB |
| regedit.exe | 2021/1/15 9:26 | 应用程序 | 362 KB |
| RtlExUpd.dll | 2019/12/19 16:07 | 应用程序扩展 | 2,810 KB |
| setupact.log | 2021/7/13 14:03 | 文本文档 | 441 KB |
| setuperr.log | 2020/12/19 23:09 | 文本文档 | 0 KB |
| SMSS　文件名不能包含下列任何字符: | 2019/4/11 18:02 | TMP 文件 | 101 KB |
| SpiFla　　\ / : * ? " < > \| | 2020/12/7 21:30 | 配置设置 | 1 KB |

图 2 - 4 - 5　文件名

## 2. 文件路径

文件或文件夹的具体位置也称为路径,分为绝对路径和相对路径。

绝对路径:从磁盘驱动器开始直到目标文件/文件夹,顺序经过的所有子文件夹的组合。如 C:\Windows\write.exe。

相对路径:当前文件夹到目标文件/文件夹所顺序经过的所有子文件夹的组合。例如当前文件夹是 C:\Windows\System,此时访问 C:\Windows\write.exe 的相对路径是“..\write.exe”,其中“..”代表上一级目文件夹。

## 3. 创建文件和文件夹

（1）创建文件。

创建文件通常用软件操作,也可以直接在需要创建文件的位置右击空白处,在弹出的快捷菜单中选择“新建”子菜单,再选择需要创建的文档类型,如 word 文档、文本文档等。

（2）创建文件夹。

创建文件夹一般有两种方法,如图 2-4-6 所示。

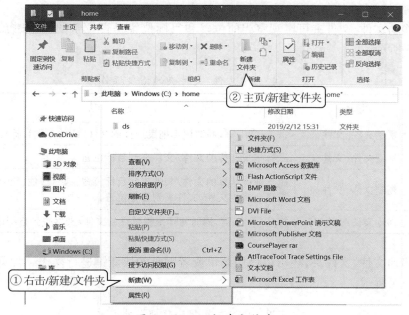

图 2-4-6　新建文件夹

① 在当前位置,右击空白处,在弹出的快捷菜单中选择“新建/文件夹”,默认文件夹名为“新建文件夹”,为待修改状态,可以修改为具体的名称。

② 使用文件资源管理器,选择“主页/新建文件夹”命令,创建文件夹。

## 4. 选择文件和文件夹

在对文件/文件夹操作之前,需要先选择文件/文件夹,被选定的文件/文件夹呈高亮显示。一次可以选择单个文件/文件夹,也可以选择多个文件/文件夹。

选择文件/文件夹的方法如表2-4-2所示。

表2-4-2　选择文件/文件夹

| 方法 | 操作 |
| --- | --- |
| 单击选定 | 单击要选定的文件/文件夹 |
| 拖曳选定 | 在文件/文件夹所在的窗口,按住鼠标左键并拖曳,虚线框为选定的文件/文件夹,然后释放左键 |
| 多个连续文件/文件夹 | 单击要选定的第一个文件/文件夹,按住〈Shift〉键不放,然后单击要选定的最后一个文件/文件夹,释放〈Shift〉键 |
| 多个非连续文件/文件夹 | 单击要选定的第一个文件/文件夹,按住〈Ctrl〉键不放,然后单击要选定的各个文件/文件夹,最后释放〈Ctrl〉键 |
| 所有文件/文件夹 | 执行文件资源管理器的"主页/全部选择"命令;或按〈Ctrl〉+〈A〉快捷键 |

### 5. 文件和文件夹的复制、移动、重命名

(1) 文件和文件夹的复制、移动。

复制和移动文件/文件夹可以观察当前位置和目标位置是否位于同一个磁盘。操作结果如表2-4-3所示。

表2-4-3　文件/文件夹的拖曳操作

| 磁盘位置 | 操作 | 方法 |
| --- | --- | --- |
| 同一磁盘 | 复制文件/文件夹 | 按住〈Ctrl〉键,同时鼠标拖曳选择的文件/文件夹到目标位置 |
| | 移动文件/文件夹 | 鼠标拖曳选择的文件/文件夹到目标位置 |
| 不同磁盘 | 复制文件/文件夹 | 鼠标拖曳选择的文件/文件夹到目标位置;或者按住〈Ctrl〉键,同时鼠标拖曳选择的文件/文件夹到目标位置 |
| | 移动文件/文件夹 | 按住〈Shift〉键,同时鼠标拖曳选择的文件/文件夹到目标位置 |

复制和移动文件/文件夹,还可以使用菜单或者键盘的快捷键进行操作。常见的快捷键组合如表2-4-4所示。

表2-4-4　复制和移动文件

| 功能 | 组合键 |
| --- | --- |
| 复制 | 〈Ctrl〉+〈C〉 |
| 剪切 | 〈Ctrl〉+〈X〉 |
| 粘贴 | 〈Ctrl〉+〈V〉 |

例如要复制文件/文件夹,可以先选择该文件/文件夹,然后使用菜单的"复制"命令或〈Ctrl〉+〈C〉组合键,再到目标文件夹使用"粘贴"命令或〈Ctrl〉+〈V〉组合键。

**例 2 - 4 - 2** 打开"配套资源\主题 2"文件夹,新建一个名为"data"的文件夹,将"L2 - 2 - 1.txt"和"L2 - 2 - 2.jpg"复制到新建的"data"文件夹中。

① 打开文件资源管理器,选择实验素材所在的文件夹"配套资源",打开其中的"主题 2"子文件夹。

② 在右侧窗格空白处右击,在弹出的快捷菜单中执行"新建/文件夹"命令,新建一个文件夹,设置名称为"data"。

③ 选中"L2 - 2 - 1.txt"文件,按住〈Ctrl〉键,同时用鼠标将文件拖曳到"data"文件夹。

④ 单击选中文件"L2 - 2 - 2.jpg",按下〈Ctrl〉+〈C〉组合键进行复制。

⑤ 双击打开"data"文件夹,按〈Ctrl〉+〈V〉组合键进行粘贴。

(2)文件和文件夹的重命名。

鼠标在选中的文件或文件夹上右击,在快捷菜单中选择"重命名",在光标处键入新名称。也可以在已经选中的文件或文件夹上再次单击,文件会高亮显示,可以修改名称。

### 6. 文件或文件夹的删除及恢复

Windows 中,对文件/文件夹的删除操作有两种,逻辑删除和物理删除,如表 2 - 4 - 5 所示。

表 2 - 4 - 5 文件的删除

| 操作 | 功能 | 方法 |
|---|---|---|
| 逻辑删除 | 将文件/文件夹移动到"回收站"文件夹。不真正删除,随时可以恢复 | • 选中文件/文件夹,按〈Delete〉键。<br>• 选中文件/文件夹,鼠标右击,在弹出的快捷菜单中选择"删除"命令。<br>• 将对象拖曳到"回收站"文件夹。<br>• 选中文件/文件夹,选择文件资源管理器的"主页/删除"命令 |
| 物理删除 | 从磁盘彻底删除文件/文件夹,无法恢复 | • 选中文件/文件夹,按〈Shift〉+〈Delete〉键。<br>• 将文件/文件夹移动到"回收站",然后再删除。<br>• 删除 U 盘等移动存储设备中的文件/文件夹 |

被临时删除的文件/文件夹在回收站中,可以随时恢复。在回收站中选择需要恢复的操作对象,在工具栏单击"还原此项目"即可恢复。另外,用鼠标将回收站中的文件/文件夹直接拖曳到目标文件夹,也可以实现恢复。

**例 2 - 4 - 3** 将"配套资源\主题 2\data"文件夹中的"L2 - 2 - 1.txt"和"L2 - 2 - 2.jpg"文件删除,并彻底删除"data"文件夹。

① 打开"配套资源\主题 2\data"文件夹,选中"L2 - 2 - 1.txt"文件,按下〈Delete〉键,删除文件。

② 选中"L2 - 2 - 2.jpg"文件,鼠标右击,在弹出的快捷菜单中选择"删除",删除文件。

③ 从"回收站"中将"L2 - 2 - 2.jpg"文件恢复。

双击桌面上的"回收站"图标打开回收站窗口,右键单击"L2 - 2 - 2.jpg"文件,在弹出的快捷菜单中选择"还原",还原文件到原文件夹。

④ 选中"配套资源\主题 2\data"文件夹,按下〈Shift〉+〈Delete〉键,在弹出的对话框中选

择"是",彻底删除该文件夹及其中的全部内容。

### 7. 库

在 Windows 10 中,用户可以使用库来组织和访问文件,这些文件与存储的位置无关。

(1) 什么是库。

库是一个特殊的文件夹,用于管理文档、音乐、图片和其他文件的位置。与文件夹不同的是,库中登记的是文件/文件夹的索引,建立了多个不同位置的文件夹和文件的快捷方式,库中的文件/文件夹仍然存放在原来的位置,不会被移动。

库将这些资源都聚集在一起,集中管理,提高效率,用户无须来回切换文件资源管理器寻找资源。

(2) 默认的库。

在 Windows 文件资源管理器中,默认的 4 个库如下:

① 视频库:组织和排列视频文件,来自数码相机、摄像机和网上下载的视频文件默认都存储在"视频"文件夹中。

② 图片库:组织和排列图片文件,由数码相机、扫描仪和其他设备获取的图片文件默认存储在"图片"文件夹中。

③ 文档库:组织和排列文档文件,由文字排版文档、电子表格、演示文稿以及其他与文本相关的各种文件,默认存储在"文档"文件夹中。

④ 音乐库:组织和排列音乐文件,CD 歌曲、数字音乐等音乐文件默认存储在"音乐"文件夹中。

(3) 建立库。

建立库的方法如下:

① 选择"库"文件夹,单击"主页"选项卡中的"新建/新建项目/库"命令。

② 输入库的名称,创建新的库文件夹。

可以使用"查看/导航窗格/显示库"命令,设置是否显示"库"文件夹,如图 2-4-7 所示。

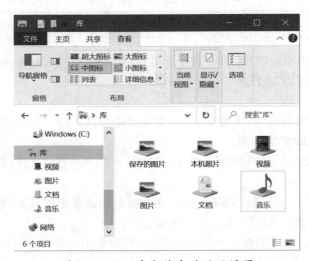

图 2-4-7 库文件夹的显示设置

（4）包含到库。

可以将不同位置的文件夹包含到同一个库中，方便用户查看这些文件夹的内容。操作过程如图 2-4-8 所示。

图 2-4-8 将文件夹包含到库的操作

① 选择要放入库的文件夹，右键单击，在弹出的快捷菜单中选择"包含到库中"。

② 在"包含到库中"选择目标库，如"文档"库。

（5）从库中删除。

可以从库中删除不需要查看的文件夹和库，不会影响文件夹的真实位置下的内容。选中要去除的库，再单击"主页/管理库"，在窗口中选中要去除的文件夹，单击"删除"按钮。如图 2-4-9 所示。

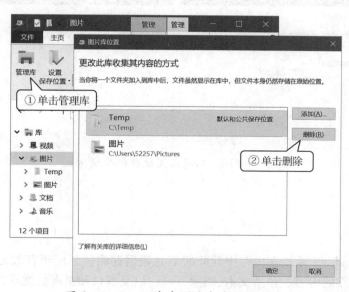

图 2-4-9 从库中删除包含的文件夹

## 2.4.3 快捷方式

快捷方式是 Windows 中的一种快速链接文件，是指向程序或文件等项目的链接。快捷方式的扩展名为".lnk",双击快捷方式图标,可以快速启动程序、打开文件或文件夹等项目。快捷方式图标的左下角有箭头 标志,而原对象的图标没有箭头标志。

创建快捷方式有几种常用方法,如表2-4-6所示。

表2-4-6 创建快捷方式的方法

| 方法 | 操　作 |
|---|---|
| 选择性粘贴 | 复制选中的项目(文件、文件夹或程序等)。打开目标文件夹,在空白处右击鼠标,在弹出的快捷菜单中选择"粘贴快捷方式" |
| 鼠标右键拖曳 | 选中项目并按住鼠标右键不放,将其拖曳到目标位置后松开鼠标,在弹出的快捷菜单中选择"在当前位置创建快捷方式" |
| 根据向导创建 | 打开目标文件夹,右击空白处,在弹出的快捷菜单中选择"新建/快捷方式"命令,根据向导选择相关内容 |

**例2-4-4** 在桌面上创建"mspaint.exe"的桌面快捷方式,并设置名称为"画图"。

① 右击桌面空白处,在弹出的快捷菜单中选择"新建/快捷方式"命令,单击"浏览",选择"C:\Windows\System32\mspaint.exe",单击"下一步"按钮。

② 键入该快捷方式的名称"画图",单击"完成"。如图2-4-10所示。

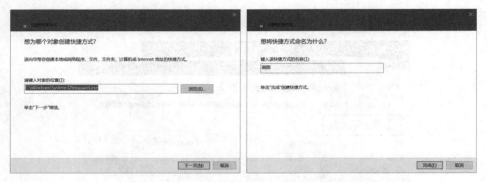

图2-4-10 创建画图软件的快捷方式

## 2.4.4 剪贴板

剪贴板是Windows系统在内存中开辟的临时数据存储区。用于存放复制或剪切操作产生的、用于粘贴操作的内容。包括文本、图像、声音、以及窗口和桌面数据等。

用户在进行⟨Ctrl⟩+⟨C⟩或⟨Ctrl⟩+⟨X⟩操作后,复制/剪切的内容就进入剪贴板,应用程序可以采用粘贴操作(如⟨Ctrl⟩+⟨V⟩)取用当前存放在剪贴板中的内容。

剪贴板的常见操作如表2-4-7所示。

表 2-4-7  剪贴板常见操作

| 剪贴板操作 | 快捷键 | 功　　能 |
|---|---|---|
| 复制 | 〈Ctrl〉+〈C〉 | 将选定内容复制到剪贴板 |
| 剪切 | 〈Ctrl〉+〈X〉 | 剪切选定内容,放入剪贴板 |
| 粘贴 | 〈Ctrl〉+〈V〉 | 将剪贴板中的内容粘贴到当前位置 |
| 拷贝屏幕 | 〈Print Screen〉 | 将当前屏幕内容作为图片,复制到剪贴板 |
| 拷贝当前窗口 | 〈Alt〉+〈Print Screen〉 | 将当前窗口内容作为图片,复制到剪贴板 |

**例 2-4-5  将"科学"型计算器窗口保存到桌面,文件名为"calc.jpg"。**

① 在开始菜单中打开 Windows 系统的计算器程序。

② 在计算器的导航菜单中选择"科学",切换到"科学"型计算器。如图 2-4-11 所示。

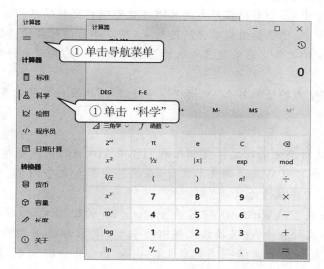

图 2-4-11  科学型计算器

③ 按下〈Alt〉+〈Print Screen〉组合键,拷贝窗口到剪贴板。

④ 在任务栏搜索框键入"画图",打开画图程序。

⑤ 使用粘贴命令(或〈Ctrl〉+〈V〉组合键),将剪贴板内的图片粘贴到画图工作区。

⑥ 使用画图程序的"文件/另存为/JPEG 图片",选择桌面为保存位置,设置文件名为"calc",扩展名默认。单击"保存"按钮。

## 2.4.5  习题

1. 单选题

(1) Windows 10 中的文件管理,是通过_____来进行的。

A. 文件夹　　　　　B. 文件资源管理器　C. 目录　　　　　　D. 硬盘

(2) Windows10 中,如果屏幕拷贝时只想拷贝当前活动窗口的画面,应使用_____键。

A.〈Print Screen〉                B.〈Alt〉+〈Print Screen〉

C.〈Ctrl〉+〈Print Screen〉         D.〈Ctrl〉+〈C〉

(3) Windows 中,选择连续的对象,可按_____键,单击第一个对象,然后单击最后一个对象。

A. Shift        B. Alt        C. Ctrl        D. Tab

(4) 关于库功能的说法,下列错误的是_____。

A. 库中可以添加硬盘上的任意文件夹    B. 库中的文件夹内容保存在原地

C. 库中添加的是指向文件夹的快捷方式    D. 库中的文件夹内容被彻底移动到库中

(5) 快捷方式是 Windows 提供的一种能快速启动程序、打开文件或文件夹所代表的项目的快速链接,其扩展名一般为_____。

A. txt        B. log        C. lnk        D. exe

2. 是非题

(1) Windows 默认有视频库、下载库、文档库和音乐库。

(2) 在 Windows 中,各个应用程序之间可以通过剪贴板交换信息。

(3) 在 Windows 中,用鼠标右键单击所选对象,可以弹出该对象的快捷菜单。

(4) 在 Windows 的文件资源管理器中选择当前文件夹下的所有文件和文件夹,使用的快捷键是 Ctrl+X。

(5) 文件名中可使用的通配符有"*"和"?"两种,"*"代表一串任意字符串,"?"代多个任意字符。

3. 操作题

(1) 在 C:\KS 文件夹中新建文件夹 HA 和 HB,在 HA 文件夹中新建 HC 文件夹;在 C:\KS 文件夹中创建一个名为 W. txt 的文本文件,在文件中添加文字内容"书山有路勤为径,学海无涯苦作舟",设置文件属性为只读。

(2) 在系统文件夹 C:\Windows 中名为 system. ini 的配置文件,将其以新文件名 XT. TXT 复制到 C:\KS 文件夹中,并替换该文件中的字母 p 为数字7,并保存。

(3) 在 C:\KS 文件夹中创建一个文本文件 disk. txt,其内容为 C 盘的容量大小(单位 GB),并设置其属性为隐藏。

(4) 在 C:\KS 文件夹中创建名为 ECNU 的快捷方式,快捷方式所指向的对象地址为 http://www. ecnu. edu. cn 网址。

(5) 在 C:\KS 中创建名为 PAD 的快捷方式,该快捷方式指向 Windows 系统文件夹中的 notepad. exe 应用程序,并设置运行方式为最大化,快捷方式为 Ctrl+Shift+N。

# 2.5　应用程序的管理

计算机中通过软件系统来管理和操作资源,用户可以在 Windows 系统下安装和卸载一些应用软件。下面介绍常见软件安装过程的准备工作和注意事项。

## 2.5.1　安装前的准备

在安装软件前,需要了解应用软件的运行环境和硬件需求。在桌面上右击"我的电脑",在弹出的快捷菜单中选择"属性"选项,查看有关计算机的系统配置情况。

## 2.5.2　应用程序的安装

根据计算机的硬件配置选择合适的应用程序版本,就可以开始应用程序的安装。Windows 操作系统的应用安装程序通常是文件名为"setup. exe"的安装文件。应用程序在安装时常对系统设置进行更改,所以经常需要管理员权限。此时右击安装文件,在弹出的快捷菜单中选择"以管理员身份运行"即可。

对于大多数软件来说,标准安装步骤为:

(1) 双击安装文件(如"setup. exe"),启动安装向导,在需要时输入产品序列号。

(2) 在"软件许可证条款"中,选中"我接受此协议的条款"。

(3) 选择自定义安装或默认安装。如果选择了自定义安装,需要确认安装内容、文件位置等信息。

(4) 单击"立即安装"按钮,安装界面会显示安装进程。

(5) 安装完毕,单击提示框中"关闭"按钮。

上面为常见软件的安装步骤,大多数软件的安装过程都类似。

**例 2 - 5 - 1　在计算机中安装跨平台的通讯工具——微信 Windows 版。**

① 首先到微信官方网站下载 Windows 版的微信安装程序 WeChatSetup. exe。

② 双击 WeChatSetup. exe,打开安装窗口。

③ 单击"更多选项"按钮,在下方出现的项目中单击"浏览",选择安装路径。如图 2 - 5 - 1 所示。

④ 单击"安装"按钮开始安装微信,在安装结束后单击"开始使用"。

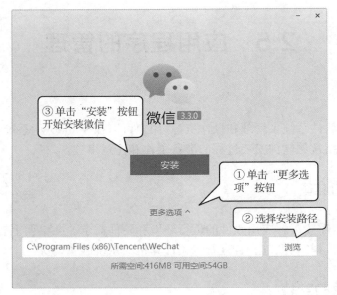

图 2-5-1  微信安装设置

### 2.5.3  应用程序的管理

安装好的应用程序可以在开始菜单中查看到。更加完整的应用程序查看和管理可以使用控制面板。

打开控制面板有几种方法,如图 2-5-2 所示。

(1) 打开开始菜单,选择"Windows 系统/控制面板"命令。

(2) 任务栏的搜索框中输入"控制面板"。

(3) 鼠标右击桌面上的"此电脑",在弹出的快捷菜单中选择"属性"。在窗口的"输入框"中输入"控制面板"。

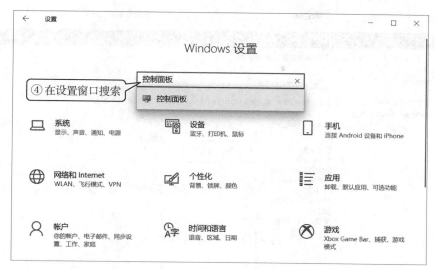

图 2-5-2 打开控制面板

（4）鼠标右击桌面上的"此电脑"，选择"属性"，在弹出的窗口中单击左上角"主页"按钮，在"Windows 设置"窗口中输入"控制面板"。

控制面板中的项目有"类别"、"大图标"、"小图标"三种查看方式。打开"程序和功能"命令，可以对已安装的应用程序进行管理。如图 2-5-3 所示。

图 2-5-3 控制面板

在打开的控制面板中，默认打开的是"卸载或更改程序"。如图 2-5-4 所示。单击左侧"查看已安装的更新"，可以显示目前已安装的 Windows 系统更新；单击"启动或关闭 Windows 功能"命令，可以设置某些 Windows 系统功能，启用或者关闭功能。

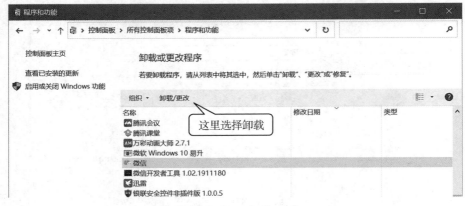

图 2-5-4　卸载程序

"卸载或更改程序"列表中列出了已安装在计算机中的应用程序,选中需要卸载的程序,单击"卸载/更改"命令,可以对程序进行卸载或更改。

可以对应用程序进行修复,或将应用程序从系统中卸载删除。除了使用控制面板,某些应用程序也提供卸载程序,例如安装文件夹下有"uninstall. exe"程序,有自我卸载功能。

### 例 2-5-2　卸载微信 Windows 版应用程序。

① 打开"控制面板",以"类别"方式查看。单击"程序"中的"卸载程序"按钮,打开"程序与功能"窗口。

② 在"卸载或更改程序"列表中选中"微信"应用程序,单击上方的"卸载/更改"按钮,在弹出的"确定卸载微信"对话框中单击"卸载"按钮。根据需要,可以勾选"是否保留本地的设置数据"选项。

③ 卸载完成后,查看程序列表,该软件已经卸载。

## 2.5.4　常用软件

Windows 10 系统内置一个不为人所重视的"画图"工具,这是一款图像处理软件。在平时处理图片时,Windows 10 内置的"画图"功能能够轻松实现常见需求。

### 1. 画图

Windows10 系统内置的"画图"是一款常用的图像处理软件。画图工具能建立黑白和彩色图片,可以绘制图形、输入文字,以及对图片进行处理,并可以将图片保存为. bmp、. jpg 等多种格式。

### 例 2-5-3　使用画图工具绘制图形,并以 16 色位图保存到桌面,文件名为 LJG2-5-1. bmp。

打开"画图"工具,操作步骤如下,见图 2-5-5。

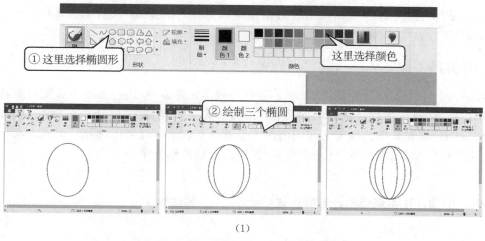

（1）

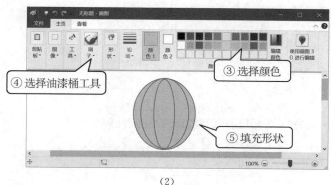

（2）

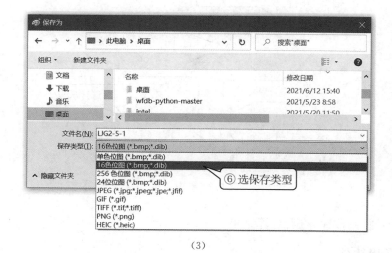

（3）

图 2-5-5 绘制图形

① 在"颜色"中选择"绿色"，在"形状"中选择"椭圆形"。

② 绘制一个空心椭圆。然后在其中继续绘制两个空心椭圆。

③ 在"颜色"中选择"酸橙色"，在"工具"中选择"颜料桶"工具。

④ 单击椭圆内部的空白区域，进行填充。

⑤ 选择"文件/另存为",在弹出的对话框中设置保存到桌面,文件名为 LJG2 - 5 - 1,在"保存类型"下拉框中选择"16 色位图"。

### 2. 计算器

Windows 10 中提供计算器功能,除了常规的数学计算以外,还包含很多实用功能,如日期计算、单位换算、分期付款计算等。"计算器"工具的窗口可调整大小,还可在标准型、科学型、程序员、日期计算和转换器模式之间切换。常见的基本数学运算使用"标准"型模式,高级科学计算使用"科学"型模式,还可以使用"转换器"模式来转换测量单位。

**例 2 - 5 - 4** 使用科学型计算器计算公式 $5! - \dfrac{\pi}{6}$ 的结果。

① 打开计算器工具。
② 切换到科学型计算模式。
③ 如图 2 - 5 - 6 所示,依次按下公式的计算按钮。

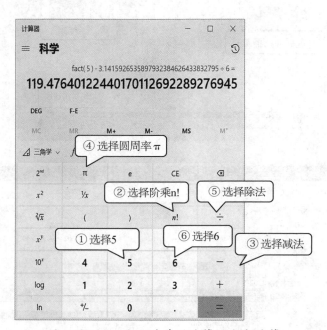

图 2 - 5 - 6 使用科学型计算器完成计算

④ 按下等号"="按钮,查看计算结果。

### 3. 其他常用软件

除了画图、计算器之外,Windows 10 还提供了记事本、写字板等方便快捷的应用工具,能够满足用户的办公需要。

还有很多常用的商业软件,如 WinRAR 压缩软件等。大部分软件都提供了帮助菜单或帮助文件。在使用时,可以查看软件的帮助信息来掌握软件操作方法。

## 2.5.5　习题

1. 单选题

(1) Windows 中安装软件不正确的步骤是_____。

A. 双击安装文件,启动安装向导

B. 接受"软件许可证条款"的协议

C. 一定要选择自定义的安装模式才能正确安装软件

D. 安装时按需选择安装内容、文件位置

(2) 安装软件前,为了了解应用软件的运行环境和硬件需求,可以右击"此电脑",在快捷菜单中选择_____选项,来查看有关计算机的系统配置情况。

A. 打开　　　　　　　B. 管理　　　　　　　C. 映射　　　　　　　D. 属性

(3) 安装应用程序时,若选择自定义安装,描述错误的是_____。

A. 可以对安装内容进行取舍　　　　　B. 可以选择安装位置

C. 需要填写用户信息　　　　　　　　D. 可以安装在系统盘外的其他任何位置

(4) 保存"画图"程序建立的文件时,默认的扩展名为_____。

A. PNG　　　　　　　B. JPG　　　　　　　C. BMP　　　　　　　D. GIF

(5) 以下_____是安装文件。

A. abc. doc　　　　　B. setup. exe　　　　C. xyz. bat　　　　　D. sys. ini

2. 是非题

(1) 在安装软件时,需要了解应用软件的运行环境和硬件需求。

(2) 保存"画图"程序建立的文件时,默认的扩展名为 BMP。

(3) 在 Windows 10 中,在控制面板窗口单击"程序"中的"卸载程序",可以打开程序与功能界面。

(4) 在 Windows 中,安装应用程序时,建议主动提升权限进行操作。默认情况下,可以右击安装文件,在弹出的快捷菜单中选择以高级用户身份运行。

(5) 应用程序安装时往往会安装文件名为 Uninstall. exe 的安装程序,从开始菜单或安装文件夹下找到它,运行该文件即可卸载应用程序。

3. 操作题

(1) 将"配套资源\主题 2"文件夹中的文件 LXSC2 − 5 − 1 − 1. jpg、LXSC2 − 5 − 1 − 2. jpg 压缩到 C:\KS\TuPian. RAR 文件,并设置压缩密码为"000"。

(2) 在"配套资源\主题 2"文件夹下创建 MYCAT 子文件夹,将"配套资源\主题 2\LXSC2 − 5 − 2 − 1. rar"压缩包中的文件 cat3. jpg 解压到 C:\KS\MYCAT 子文件夹中;设置 MYCAT 子文件夹属性为"只读"。

# 2.6 系统设置

计算机中存在大量硬件和软件资源,操作系统的核心工作就是管理和协调这些资源,从而保证计算机正常运行。

由于硬件来自不同的生产厂商,操作系统需要进行控制和协调,使各种软硬件设备之间能够互相通信。对各类硬件设备,如打印机、投影仪等进行驱动和管理是操作系统必不可少的功能。

计算机有时会出现一些意外情况,为了防止因计算机故障而造成的丢失及损坏,操作系统还提供了为数据资料制作储存在其他位置的副本,即进行备份,并在需要时将已经备份的文件还原到系统中。

## 2.6.1 硬件设备驱动

设备驱动程序是特殊的程序模块,可以使计算机和设备进行相互通信,主要负责管理硬件设备的底层 I/O 操作,相当于硬件和操作系统的接口。

操作系统只有通过驱动程序这个接口,才能控制硬件设备的工作。如果某设备的驱动程序未能正确安装,便不能正常工作,驱动程序可以看作硬件和系统之间的桥梁。

因此,驱动程序在系统中的地位十分重要。一般当操作系统安装完毕后,首要的便是安装硬件设备的驱动程序。是否需要安装驱动设备根据硬件设备的需求,例如一般的硬盘、显示器、光驱等不需要安装驱动程序,而显卡、打印机等可能需要安装驱动程序。

### 1. 安装驱动程序

安装操作系统后,就可以安装设备驱动程序。一般先安装显卡、声卡、网卡等主板上的卡类驱动,然后再安装打印机、扫描仪这些外设驱动。

对于一些常见品牌的硬件,Windows 系统提供设备驱动,这些硬件可以被系统正确识别并使用,无需安装。硬件设备的厂商通常也会提供配套的驱动程序,可以进行手动安装。

使用 Windows 提供的设备驱动程序进行驱动的步骤如下,如图 2-6-1。

(1) 右击桌面上的"此电脑",在快捷菜单中选择"属性"。

(2) 在属性窗口右侧,单击"设备管理器"。

(3) 未驱动的设备会显示感叹号,右击要驱动的硬件设备,在快捷菜单中选择"更新驱动程序",并根据提示进行安装。

如果硬件厂商提供了驱动程序,安装厂商的标准驱动程序是最好的选择。由于厂商提供的驱动程序更为标准,能保障设备的正常运行。在安装时,双击驱动程序的安装程序,通常是名为"setup. exe"的文件,根据提示进行安装。

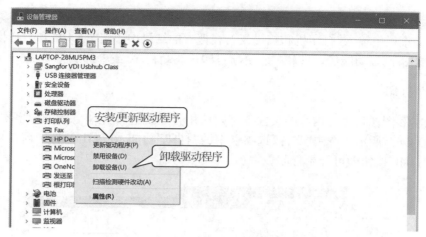

图 2-6-1　安装和卸载设备驱动程序

**2. 卸载驱动程序**

如果用户需要从计算机设备中移除物理设备,可以卸载其对应的驱动程序。卸载指从系统中删除对应的设备驱动程序。卸载驱动方法如图 2-6-1 所示。

(1)右击桌面上的"此电脑",在快捷菜单中选择"属性"。

(2)在属性窗口右侧,单击"设备管理器"。

(3)找到要卸载的设备,右击,在快捷菜单中选择"卸载设备"即可完成设备驱动程序的卸载。

## 2.6.2　打印设置

打印机是计算机的一个外部设备,打印文稿前必须对打印机进行设置才能进行打印。

**1. 安装打印机**

安装打印机可以使用厂商提供的设备驱动程序,部分打印机型号还可以使用 Windows 提供的驱动程序。打印机的设置可以通过以下方法打开,如图 2-6-2 所示。

图 2-6-2　管理打印机

（1）打开"控制面板"，在"硬件和声音"类别中，选择"查看设备和打印机"命令。

（2）在搜索栏中输入"打印机和扫描仪"，在搜索的结果中单击"打印机和扫描仪"。

打开打印机设置功能后，可以安装/更新打印机驱动程序，或者卸载打印机。

## 2. 文件打印

包含文本和图像等可见内容的文件都可以使用打印机进行打印。例如记事本文档，打印操作如图 2-6-3 所示。选中"文件"选项卡中的"打印"功能，在弹出的打印窗口中进行参数设置，单击"打印"按钮即可开始打印。

图 2-6-3　文件打印窗口

## 3. 将内容打印到文件

有时要将文稿交给没有安装打印机的机器进行网络打印等，这时可以使用"打印到文件"功能，将文稿先打印（输出）成文件，再将结果文件使用命令进行打印。

打印到文件的设置有两种方式。

（1）安装打印机驱动时，将打印机端口设置为"打印到文件"，如图 2-6-4 所示。

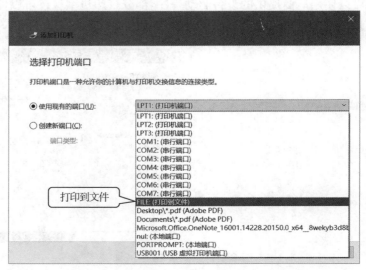

图 2-6-4　安装打印机时选择打印端口

（2）在某些文档的打印窗口中选中"打印到文件"。例如"画图"工具的打印功能,弹出如图2-6-5所示的窗口,可以选择"打印到文件"。

图2-6-5　画图工具的打印到文件功能

## 2.6.3　投影仪设置

在需要演示的场合,要将计算机连接到投影仪或大屏幕显示器进行显示。新型计算机中还提供了HDMI高清接口,与投影仪连接后可以同步传递图像和声音。

连接到投影仪或其他显示器也很便捷,常见有下面几种方法。

（1）很多笔记本电脑的键盘上有标准显示器切换功能键,图标为类似显示器或投影仪的形状,如 按下这个键即可启动投影仪。有些电脑还需要同时按下〈Fn〉功能键。

（2）按下〈 〉+〈P〉组合键。

（3）单击桌面右下角的通知按钮,再单击,在展开的窗口中选择"投影"。如图2-6-6所示。

图2-6-6　选择投影功能

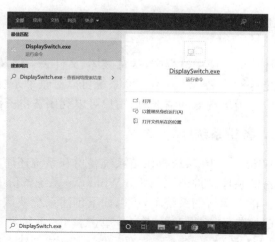

图2-6-7　显示模式切换

（4）在搜索框中输入"DisplaySwitch.exe"，双击运行"DisplaySwitch.exe"也可切换模式。如图2-6-7所示。

（5）在桌面上右击"显示设置"，在"显示"窗口中进行多显示器设置，如图2-6-8所示。

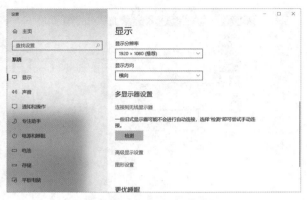

图2-6-8　多显示器设置　　　　图2-6-9　投影模式管理

投影管理窗口有四个选项，如图2-6-9所示。

各模式的具体功能见表2-6-1中描述。

表2-6-1　投影模式

| 投影模式 | 功　　能 |
| --- | --- |
| 仅电脑屏幕 | 内容在原屏幕上显示，第二屏幕为空白 |
| 复制 | 内容在两个屏幕上同时显示，两个屏幕内容相同 |
| 扩展 | 将两个屏幕组合成为一块大屏幕，并显示内容，允许在两个屏幕间拖曳和移动项目 |
| 仅第二屏幕 | 仅在第二屏幕上显示内容，原屏幕为空白 |

设置好投影模式，可以看到投影设备已经连接，可以进行投影展示了。

## 2.6.4　系统备份与恢复

计算机在使用过程中，病毒破坏、文件丢失以及用户的误操作等都可能导致系统崩溃。为了防止这种情况，Windows 10系统可以对整个系统进行备份，也可以对文件或文件夹进行部分备份。当出现意外情况时，用户可以利用备份资源恢复到备份前的状态。

### 1. 备份系统

Windows 10系统提供了系统备份和系统还原功能。当系统不能正常启动时，可以使用之前备份的映像文件还原系统。Windows系统备份中最为彻底的备份是系统映像备份。

在正常运行的系统下，可以如下创建系统映像备份文件。

（1）打开"控制面板"窗口，单击打开"系统和安全"类别中"备份和还原（Windows7）"功能，单击左侧的"创建系统映像"命令，弹出"创建系统映像"向导，如图2-6-10所示。

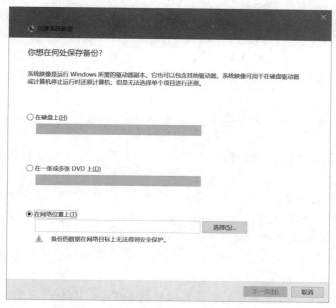

图 2 - 6 - 10　创建系统映像向导

（2）可以选择"在硬盘上"并在下拉列表框中选择某个硬盘分区,还可以选择光盘、网络位置,选择后单击"下一步"。

（3）选择需要备份的硬盘分区,确认备份设置并单击"开始备份",即可创建系统映像。

**2. 还原系统**

还原系统是从备份的映像中进行系统恢复,打开控制面板的"备份和还原"功能。如果系统已经找到备份文件,则直接单击下方的"恢复系统设置或计算机"。然后单击"高级恢复方法",选择"使用之前创建的系统映像恢复计算机"选项,单击"重新启动",计算机将重新启动并开始还原。

如果使用其他的备份文件,可以单击"使用其他用来还原文件的备份",进行手动选择。

## 2.6.5　习题

1. 单选题

（1）Windows 10 系统中的备份,除了能够备份文件和文件夹外,还能备份_____。

　A. 硬件设备　　　　　B. 桌面系统　　　　　C. 整个操作系统　　　D. 某个应用软件

（2）将笔记本电脑连接投影仪或大屏幕显示器时,需要利用投影管理窗口做相应操作。以下_____是关闭电脑屏幕仅通过投影仪显示的。

　A. 仅电脑屏幕　　　　B. 复制　　　　　　　C. 扩展　　　　　　　D. 仅第二屏幕

（3）关于 Windows 10 中的系统备份与恢复,描述正确的是_____。

　A. 防止由于病毒破坏、文件丢失以及用户误操作导致的系统崩溃

　B. Windows 10 可以对重要的文件进行单独备份,也可以创建一个完整的操作系统备份

C．Windows 10 系统不能正常启动时，可以使用先前备份的映像文件快速还原系统

D．以上三项都正确

（4）投影时，通过_____线连接，既可以传递图像，也可以传声音。

A．HDMI   B．网线   C．电线   D．数据线

（5）为了防止计算机在使用过程中的系统崩溃，Windows 10 系统可通过_____功能防患于未然。

A．断电保护  B．重新启动  C．备份和还原  D．结束任务

2．是非题

（1）在系统不能正常启动时，可以利用 Windows 系统中的备份和还原功能来快速恢复系统。

（2）Windows 在控制面板中集中了系统的设置功能，例如"添加"和"删除"硬件和软件等。

（3）为了防止计算机在使用过程中，由于病毒破坏、文件丢失以及用户的误操作而导致系统崩溃，一般建议对系统文件进行隐藏。

（4）设备驱动程序是系统底层的程序模块，可以使计算机和硬件设备进行相互通信，相当于硬件设备和操作系统的桥梁。

（5）在 Windows 10 中，很多可用来设置计算机各项系统参数的功能模块集中在桌面上。

3．操作题

（1）安装一台型号为 HP Deskjet 450 的打印机，打印素材中的 LXSC2－6－1－2．txt 文件到 C:\KS\HP450．PRN 文件中。

（2）在系统中安装一台 EPSON 任意型号打印机，并打印测试页到文件 C:\KS\Epson．PRN 中，将 Epson．PRN 文件属性设为只读。

# 主题小结

　　本章以 Windows 10 为学习平台,通过理论学习和上机操作,达到了学习计算机操作系统的基础功能、工作环境和操作界面,并投入实际应用的"学以致用"的目的。

　　第1节重点介绍操作系统的基本知识,初步了解了操作系统的功能和常见类型。

　　第2节深入介绍操作系统的文件系统,熟悉 Windows 的文件系统,了解其他如 Linux、Mac、iOS 和 Android 等操作系统的文件系统。

　　第3节重点介绍 Windows10 系统的环境设置,桌面主题、背景图片、桌面图标的实际应用和设置;开始菜单与任务栏操作界面的基本功能;开始菜单和任务栏中的搜索框、磁贴、程序项、任务项按钮的作用和方法;"显示桌面"按钮的功能等。

　　第4节重点介绍 Windows10 资源管理器管理存储盘、文件夹及文件的基本操作(新建、选择、复制、移动、重命名、删除及恢复等);资源管理器的搜索功能;库的概念及使用方法;应用程序间数据传递和剪贴板的应用;快捷方式的建立和应用。

　　第5节重点介绍应用程序的安装和卸载操作;熟悉常用的软件,了解画图、计算器、压缩软件等常用软件的使用方法。

　　第6节重点介绍硬件设备驱动程序的安装和卸载;打印机的安装及文件打印;将内容打印到文件;投影仪设备的设置和使用;系统文件的备份以及恢复等。

# PART 03

# 主题 3  信息的表达、处理和展示

　　人类进入数字化时代后，越来越多地使用智能设备获取、处理和应用信息，比如使用计算机处理工作、生活中的文书、数据等各种信息。使用计算机的能力，使用计算机书写论文、报告，利用数据处理软件对工作相关数据进行管理、统计分析，独立创建一份具有说服力的、生动活泼的推介幻灯片，都已是信息化社会对人们工作技能的基本要求。因此，学习、掌握和应用数字化办公是进入社会工作的必要准备。

　　本章淡化对有关名词、概念的要求；强调通用和基础性方法的掌握和理解，加强对实际应用能力的培养，从而提升应用能力和信息素养。

　　内容包括：

　　文字信息处理；

　　电子表格处理；

　　演示文稿设计。

<学习目标>

通过本章学习，要求达到以下目标：

　　1. 理解常用文字处理软件能；熟练掌握排版设计技术；理解并能比较熟练地运用长文档规范化和自动化技术。

　　2. 理解常用电子表格软件；熟练掌握基本公式与函数；熟练掌握数据管理技术；熟练掌握运用图表进行数据可视化的技术。

　　3. 理解常用演示文稿软件，熟练掌握演示文稿的设计和布局。

# 3.1　概述

目前在数字办公领域里,最常用的软件包括 WPS Office、Microsoft Office 和 Adobe Acrobat 等。其中 Microsoft Office 软件,功能相对全面丰富,所以一直保有较高的市场占有率。它由 Microsoft Word、Microsoft Excel 和 Microsoft PowerPoint 等应用软件组成,可以提供信息的表达、处理和展示等功能。本节以 Microsoft Office 2016 软件为例,介绍 Office 软件包中应用软件的通用功能。

## 3.1.1　通用功能与在线协同

### 1. 在线协同和共享

Office 的在线协同功能,可以使位于不同地理位置的用户,在计算机没有安装 Office 的情况下,通过网络共同操作同一份文档。

可在 Word、Excel 和 PowerPoint 等程序中选择"文件/共享/与人共享",先将文件保存到 OneDrive,然后通过"共享"功能创建分享链接,即可实现和他人一起编辑、浏览文件,提升文件协同作业效率。

### 2. 截图

Word、Excel 和 PowerPoint 等应用软件里都包含截图这个非常有用的功能,在"插入"选项卡里可以找到"屏幕截图"命令,可自动缓存当前打开窗口的截图,单击鼠标实现选择和插入。

### 3. 安全性

Office 中还包含一系列的安全性改进,如加强密码的复杂性、查看下载文件的保护模式;对开发者来讲,为了支持 64 位,VBA(Visual Basic for Applications,应用软件的可视化基础)进行了升级,而 Office 对象模型也已经得到了更新。

## 3.1.2　窗口界面

Office 系列软件包的窗口界面都是以选项卡、功能区和命令按钮的方式组织的。

以下以 Word 的窗口界面为例作简单介绍,图 3-1-1 为 Word 的窗口界面,主要包括:

### 1. 控制菜单按钮和标题栏

控制菜单按钮位于窗口界面的左上方,单击控制菜单按钮可以打开包含还原、移动、大小、最大化、最小化、关闭等应用软件窗口基本操作命令的菜单,双击则关闭应用软件窗口。

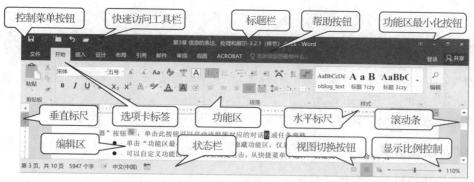

图 3-1-1　Word 的窗口界面

显示当前文档名称的是标题栏,位于窗口界面的最上方。

## 2. 功能区

功能区包含了用于操作的所有命令,如图 3-1-1 中标注的方框所示,单击功能区上的选项卡名称(或称标签)可打开对应的选项卡。

每个选项卡包含任务类别相同的命令按钮组合,有些组的右下角有一个"对话框启动器"按钮 ,单击此按钮可以启动该组所对应的对话框或任务窗格。

单击"功能区最小化"按钮 可以隐藏功能区,仅显示选项卡名称。

可以自定义功能区。在组的空白处右击,从快捷菜单中选择"自定义功能区"命令,将打开"自定义功能区"选项卡,可完成对功能区命令的自定义。

## 3. 快速访问工具栏

快速访问工具栏默认包含"保存"、"撤消"、"恢复"等最基本的命令按钮,可一次撤消和恢复多个操作。撤消按与编辑步骤相反方向进行,而恢复与撤消的顺序相反。

通过下述方法可以自定义快速访问工具栏,以便快速访问最常用命令:

单击快速访问工具栏后方的"自定义快速访问工具栏"按钮 ,可以打开如图 3-1-2(a)

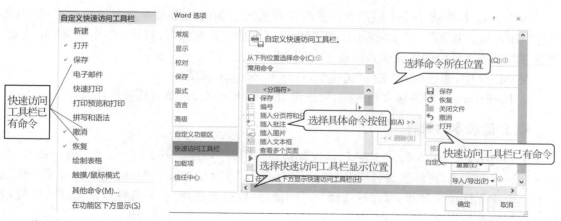

(a) 快速访问工具栏下拉列表　　　　　　(b) Word 选项对话框

图 3-1-2　自定义快速访问工具栏

所示的下拉列表，单击列表中所需命令按钮可以将其添加到快速访问工具栏；单击"其他命令"按钮，可以打开如图 3-1-2(b)所示"Word 选项/快速访问工具栏"选项卡，进行更多选择。

选择"文件"选项卡中的"选项"命令，在弹出的"Word 选项"对话框中再选择"快速访问工具栏"来设置。如图 3-1-2(b)所示。

从功能区选择需要经常使用的功能组或命令按钮，通过快捷菜单添加。

### 4. 键盘快捷方式

Office 用快捷键提示取代了早期版本的键盘快捷方式。

在功能区中按〈Alt〉键可显示所有功能区的快捷键提示，如图 3-1-3(a)所示，此时按所需键即可打开相应的选项卡，例如按"W"键可以打开"视图"选项卡，如图 3-1-3(b)所示，再按对应键可以执行所需命令，例如再按"N"键可以新建一个应用软件窗口。

按键盘〈Esc〉键可退出快捷键提示状态，或从组快捷状态退回选项卡快捷状态。

（a）选项卡快捷方式

（b）命令按钮快捷方式

图 3-1-3　快捷键提示

### 5. Backstage 视图

Backstage 视图将 Office 应用软件里与文件管理有关的操作命令集中在后台完成，因此称作"Backstage 视图"。在 Backstage 视图中可以完成文件的保存、打开、关闭、打印、共享、设置选项和检查文件中的隐藏元数据或个人信息等任务。

在 Office 中，通过单击"文件"选项卡，打开 Backstage 视图。

从 Backstage 视图返回文档视图，可按键盘上的〈Esc〉键，或单击其他选项卡标签。

### 6. 和低版本的兼容

从 Office 2010 版本起，文档的默认保存格式分别为. docx、. xlsx、pptx，而 Office 2003 及更早期版本的文档，文件后缀名均没有后面的字母"x"。高版本文档的某些效果，可能在低版本 Office 中无法正常显示，可通过选择"文件/信息/检查问题/检查兼容性"，根据弹出的提示窗口进行检查和修改。

### 7. 帮助应用

Office 提供了详尽的帮助信息,在任何一个应用软件的运行过程中,通过按〈F1〉键或者选择 `🔍 告诉我您想要做什么...` ,在其中输入需查询的内容,都可以获取 Office 帮助信息。

## 3.1.3　习题

1. 单选题

(1) 以下软件中,能将文件保存到 OneDrive,然后通过"共享"功能创建分享链接实现共享的是_____。

A. Word　　　　　　B. PowerPoint　　　C. Excel　　　　　D. 上述软件都可以

(2) 选项卡包含任务类别相同的命令按钮组合,有些组的右下角有一个_____按钮,单击此按钮可以启动该组所对应的对话框或任务窗格。

A. 标尺　　　　　　B. 对话框启动器　　　C. 状态　　　　　　D. 样式

(3) 快速访问工具栏默认包含哪种最基本的命令按钮_____。

A. 保存　　　　　　B. 撤消　　　　　　C. 恢复　　　　　　D. 以上都包括

(4) 在 Office 中,通过单击_____选项卡,可以打开 Backstage 视图。

A. 保存　　　　　　B. 开始　　　　　　C. 文件　　　　　　D. 视图

(5) 在新键盘快捷方式下,按_____键可以进入"视图"选项卡。

A. S　　　　　　　B. T　　　　　　　C. W　　　　　　　D. E

2. 是非题

(1) 在功能区中按〈Ctrlt〉键可显示所有功能区的快捷键提示。

(2) 按键盘〈Esc〉键可退出快捷键提示状态,或从组快捷状态退回选项卡快捷状态。

(3) 在任何一个 Office 应用软件的运行过程中,通过按〈F1〉键都可以启动帮助。

(4) 快速访问工具栏中的按钮是固定的,不能增减。

(5) 高版本的 Office 无法与低版本兼容。

# 3.2　信息的表达

## 3.2.1　常用文字处理软件简介

现代文字处理手段纷繁多样，了解多种处理软件的特点和长处，以及它们之间的异同，才能恰到好处地根据自己所要进行文字处理工作的需要，有目的地重点学习和熟练掌握一、两种文字处理软件，这样才能以最恰当、最高效的方式完成文字处理工作。

目前在 PC 机上使用最为广泛的文字处理软件，大部分是安装在本地客户机上的，也有安装在云端的。这些软件各有千秋，在世界各地都拥有庞大的用户群。

### 1. WPS

WPS 是金山公司开发的国产软件，在 DOS 时代曾是中国最流行的文字处理软件，目前最流行的版本是 WPS Office 2021，不仅支持 Windows 操作系统，还支持 Mac 和 Linux，以及手机操作系统 Android 和 iOS。WPS 速度快、内存占用少、跨平台、高度兼容 Microsoft Office 文件，体积小，且具有永久免费的优势。

（1）合而为一、自由标签管理方式。

在 WPS Office 2021 中，如图 3-2-1 所示，WPS 文字、WPS 表格、WPS 演示、流程图和思维导图模块等功能存在于同一窗口下，以标签形式组织，方便在不同程序中切换和传递数据。除传统的工作套件，WPS Office 还内置了 PDF 阅读工具，可以完成 PDF 文件转为 Word 文件、注释、合并 PDF 文档、拆分 PDF 文档及签名等功能，并通过稻壳商城等形式提供大量专业模板。

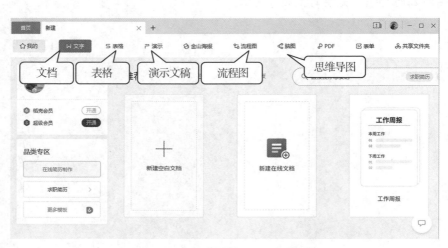

图 3-2-1　WPS 2021 主界面

（2）入口多元化、云端保证数据安全。

通过 WPS 云文档服务，用户可以随时随地跨设备访问自己最近使用的文档和各种工作数据，效果如图 3-2-2 所示；并使用"WPS便签"、"稻壳模板"等在线办公服务。各账号的数据独立加密存储，保护私密数据，云端备份方式采用独立备份中心。

图 3-2-2  WPS 的多元入口

（3）AI 助手参与、多人协同办公。

WPS 中加入了 AI 服务功能，以智能助手"小墨"的形式，智能优化演示文稿版式和视觉呈现，并能实现智能校对，通过大数据智能识别和更正文章中的字词错误。

具有一键切换协同编辑模式，可以快速进入协作状态，方便多人实时在线协作，避免文件来回流转的版本冲突。基于 Web 的协作环境，任何设备都能加入编辑，文档格式完全兼容

### 2. LibreOffice

LibreOffice 是一款免费的、国际化的开源办公套件，由来自全球的社区成员参与，开发过程完全开放透明。可以运行于 Windows、GNU Linux 以及 Mac OS X 等操作系统，并具有一致的用户体验；体积小，便携；支持多个文档格式，除了它原生支持的开放文档格式（OpenDocument Format，ODF）外，还支持许多的非开放格式，比如微软的 Microsoft Word，Excel，PowerPoint 以及 Publisher 等；包含了 Writer、Calc、Impress、Draw、Base 以及 Math 等组件，可用于处理文本文档、电子表格、演示文稿、绘图以及公式编辑。

### 3. Apache OpenOffice

Apache OpenOffice 也是一款免费的、开源的办公软件套件，它包含文本文档、电子表格、演示文稿、绘图、数据库等组件，支持多国语言，可以运行于多种主流操作系统。

### 4. Google Docs、Microsoft Office online 和腾讯文档

Google Docs 是由 Google 公司开发的 Google Apps 的一种，使用 Google Docs 无需在本地终端另外安装软件即可在线创建、编辑和存储文档，还可以进行便捷的多用户协同工作，将办公自动化与互联网技术的大方向——"云计算"和"移动计算"深度融合。个人版免费使用，但文件大小和免费空间有一定限制，而且需要使用 Google 账号登录。

Microsoft office online 由微软发布，和 Google Docs 类似，都是基于云服务的，最新版本是 Office 365，优点是基本包括了 Microsoft Office 的全部功能，Word、Excel、PowerPoint、Outlook、OneNote、OneDrive 等等，可通过 PC、Publisher 和 Access 使用，但是需要付费使用。

腾讯公司的腾讯文档支持多人在线编辑 Word/ppt 和 Excel，具有如下优点：

（1）入口方式丰富。包括微信小程序、QQ、腾讯 TIM、Web 官网和专用 App。

（2）用户可以创建文档并分享给微信或 QQ 好友，授权对方共同编辑，修改动作将实时同步到全部平台。

（3）在支持多人同时查看和编辑的同时，还可查看历史修订记录。

（4）智能化服务。目前接入了一键中英翻译和实时股票函数。

（5）支持 Microsoft Office 的 Word、Excel 本地文档向在线文档的转换。

### 5. Adobe Acrobat Pro

PDF 是 Portable Document Format 的缩写，意为"可移植文档格式"，是由 Adobe 公司最早开发的跨平台文档格式。PDF 文件以 PostScript 语言图像模型为基础，可以保证由不同打印机打印和在不同屏幕上有同样的显示效果，也就是所谓保证输出的一致性，这使 PDF 格式成为最普及的电子书和电子文档资料格式。日常的 PDF 文件使用，主要包括阅读和编辑两方面，阅读使用 PDF 阅读器，编辑使用 PDF 编辑器

PDF 阅读器软件在 Windows、Mac、iOS、和 Android 等平台上都有丰富的品种，而且大多是免费的；Adobe Acrobat Pro 是功能最全面的 PDF 编辑器，除了编辑和生成 PDF 格式的文档，Adobe Acrobat Pro 还有合并文件、扫描为 PDF、设置复制和编辑密码、创建可填写表单等文件处理功能；PDF 和 Word、WPS 格式的文档可以很方便地互相转化。

### 6. iWork Pages

iWork 是苹果公司开发的办公软件三套件，包括文字处理工具 Pages、电子表格工具 Numbers 和演示文稿制作工具 Keynote。相比上文介绍过的软件，iWork 针对 Mac、iPad 和 iPhone 等苹果设备用户免费，苹果用户可以实时协作，共同编辑文档、电子表格或演示文稿，PC 用户也能通过 iCloud 版 iWork 一起参与；可以使用 Apple Pencil 在 iPad 上手动绘制插图和添加标注；提供与苹果公司审美标准相符的模板，简单易学；和 Microsoft Word 高度兼容。

### 7. Microsoft Office Word

Microsoft Word 是由微软公司开发的办公套件 Microsoft Office 中的文字处理软件，最初为 DOS 系统开发，从 Macintosh 和 Windows 版开始获得市场肯定，其后不断升级的 Microsoft Word 的文件格式渐渐成为文字处理软件事实上的行业标准。本小节前面介绍过的其他文字处理软件，也都努力做到在一定程度上对 Microsoft Word 兼容。

作为 Microsoft Office 的重要一员，Word 的版本不断升级，功能逐渐强大，界面也愈发友好，Word 2016 版本在云存储、协同工作、多平台、跨设备和智能办公方面比以前的版本有了很多的改进和提高。Word 2019 版本新增了夜间模式、增强笔记和轻松访问等功能。

### 8. LaTex

LaTex 是一种基于 Tex 的排版系统。Tex 是美国斯坦福大学教授 Donald E. Knuth 开发的排版系统，是世界公认的数学公式排版最优秀的系统。美国数学学会（AMS）鼓励数学家们使用 Tex 系统向它的期刊投稿。许多世界一流的出版社如 Kluwer、Addison-Wesley、牛津大学出版社等，也利用 Tex 系统出版书籍和期刊。Tex 标志为 $\TeX$，这三个字母相靠得很近，中间的 E 有些下沉。

（1）和 Word 相比的长处。

与 Word 相比，LaTex 在公式排版上更具优势，排版结果清新优雅、朴素大方，所以，在涉及大量数学公式的科技论文和书刊的撰写中，往往优先采用 LaTex。不少国外的高水平期刊，甚至只提供 LaTex 模板，只接受 LaTex 排版的稿件；有些期刊即使 LaTex 和 Word 排版稿件都接受，但 LaTex 排版稿件往往收费更便宜。更重要的是，Word 是收费软件，而大部分

LaTex 排版系统完全免费开源。

（2）和 Word 相比的缺点。

不过，LaTex 不是 Word 那样"所见即所得"的编辑方式，而且是纯英文界面，没有汉化的中文版，所以没有 Word 上手简单，因此只是在科技界比较普及，不像 Word 那么"平易近人"。

（3）LaTex 的发行版本。

Tex/LaTex 不是一个单独的应用程序，一个 Tex/LaTex 的发行版是将引擎、编译脚本、管理界面、格式转换工具、配置文件、支持工具、字体以及数以千计的宏和文档集成在一起，打包发布的软件。不同操作系统上的发行版不同，同一个操作系统也会有好几种 Tex 系统。

目前国内最主流的 Tex/LaTex 发行版有 CTex 和 Tex Live，其中 CTex 的原始安装包比较小，可以到官方网站 http://www.ctex.org/CTeXDownload/下载；而 Tex Live 因为含有众多的宏和文档，所以安装文件有 3GB 左右，可以到 https://ctan.org/下载，CTAN 全称 The Comprehensive TeX Archive Network，是最权威的 Tex 资源库。

## 3.2.2　基本编辑功能

从本小节起将主要以 Word 为例介绍文档的编辑和表达，首先介绍 Word 基本功能。

**1. 界面工具**

Office 通用的功能在 3.1.2 节进行过介绍，这里仅介绍 Word 特有的界面功能。

（1）标尺。

标尺分为水平标尺和垂直标尺，如图 3-1-1 所示，利用标尺可以查看正文的宽度和高度，显示和设置左、右、上、下页边距和段落缩进以及制表位的位置。可以通过在"视图"选项卡"显示"组勾选或取消"标尺"选项来显示或隐藏标尺。

（2）文本选定区。

文本选定区位于文档窗口内编辑区的左边，鼠标指针移入该区域时，指针指向右上角，单击或拖曳鼠标，可选定右边编辑区内对应的文本行。

（3）状态栏。

状态栏是 Office 系列软件都有的功能，但不同软件在状态栏里显示的内容差异比较大。Word 的状态栏显示当前页号和总页数、文档总字数、拼写和语法检查、所使用的语言等编辑信息。

状态栏右侧为视图快捷方式 ，单击相应按钮可以在页面视图、阅读视图、Web 版式视图中切换。

拖动状态栏最右侧的"缩放"滑块可以调整文档窗口的显示比例。

右击状态栏可以打开"自定义状态栏"菜单，自行定义状态栏的显示内容。

**2. 新建和保存文档**

（1）新建文档。

启动 Word2016 后，出现包括"空白文档"模板在内的可套用模板列表，选择其一即可新建文档；编辑过程中单击"文件/新建"命令可以继续新建文档。

（2）保存文档。

利用"文件"选项卡的"保存"命令可将编辑后的文件以原文件名保存，利用"文件/另存为"命令可以新文件名或新的位置保存文件副本；新文档第一次执行保存操作时系统将打开"另存为"对话框。

① 选择"文件/信息"，可以查看文档的大小、页数、字数、创建和修改的时间、编辑时间总计等文档属性信息，并可修改文档的标题、作者等属性。

② 如果想在当前文档编辑完成后仅关闭该文档而不退出 Word 程序，可采用下列方法之一：

- 单击控制菜单中的"关闭"命令按钮 ▢ ；
- 通过〈Ctrl〉+〈W〉或〈Ctrl〉+〈F4〉组合键。

③ 利用 3.1.1 节介绍的网络协同工作功能，保存到 OneDrive。

### 3. 输入基本对象

Word 中的基本对象包括文字、单词、标点符号以及由它们构成的段落等。

（1）输入文本。

单击要插入文本的位置，即可在插入点后键入文本，输入文本时自动换行。

每按下〈Enter〉键一次便插入一个段落标记，文档即可另起一段。段落标记标志一个段落的结束。在段落中按〈Shift〉+〈Enter〉组合键，可强行插入分行符，实现分行不分段。

（2）编辑文本。

编辑文本时，应先通过鼠标单击或者键盘移动将插入点光标定位，指示操作位置。利用滚动条可以查看文档的不同部分内容。

完成文本或图形的移动、插入或复制等操作，必须先选定该文本或图形。常用的选定文本的方法有：

① 要选定一个词，双击该词。

② 要选定一段，在段落中三击，或在选定区双击。

③ 要选定一行，单击行左侧的选定区。

④ 要选定文档的任一部分，可先在要选定的文本开始处单击，然后拖曳鼠标到要选定文本的结尾处；也可按住〈Shift〉键，再按住键盘光标控制键选定。

⑤ 要选定大部分文档，单击要选定的文本的开始处，然后按住〈Shift〉键，单击要选定文本的结尾处。

⑥ 要选定整篇文档，三击选定区或者按〈Ctrl〉+〈A〉键。

⑦ 要选定矩形文本块，按〈Alt〉+鼠标拖曳或按〈Ctrl〉+〈Shift〉+〈F8〉键进入"列"选定方式。

⑧ 按住〈Ctrl〉键拖曳鼠标，可选择非连续文本。

选定文本后，Word 会显示处于"淡出模糊"状态的浮动工具栏 ▢ 。

（3）撤消和恢复。

可通过快速访问工具栏中的"撤消" ↺ 和"恢复" ↻ 按钮完成，可一次撤消和恢复多个操作。撤消以最近一次保存文档作为界限；而恢复以最后一次保存文档后的撤消步骤为界限。

（4）使用 Word 剪贴板。

剪贴板在"开始"选项卡最左侧。单击该组右下角的剪贴板"对话框启动器"，可以打开剪贴板任务窗格。

① 直接单击 Word"剪贴板"组的"粘贴"按钮 则直接粘贴剪贴板中已有数据。

② 单击"粘贴"按钮下的下拉列表，可以进行选择性粘贴。图 3-2-3 为粘贴文本时的选项，鼠标悬停在每个粘贴选项时可以实时预览不同的粘贴效果。

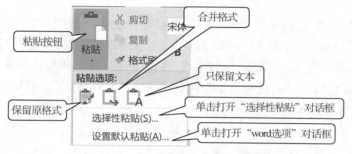

图 3-2-3  剪贴板选项和粘贴选项

③ 粘贴动作完成后，在对象旁边会出现粘贴按钮 ，单击此按钮也会出现粘贴选项。

### 4. 文档管理

利用"文件"选项卡的"打开"命令可以同时选中并打开多个文件，通过"视图"选项卡的"窗口"组的"切换窗口"命令 ，可在打开的文件中切换；通过"并排查看"、"同步滚动"、"重设窗口位置"等命令可以同时查看多个文档内容；通过"拆分"命令可以将当前文档窗口拆分为两个，方便比较长文档的上、下文。

利用"文件/打开"的"最近"命令 ，可以查看多个"最近使用的文档"和文档"最近的位置"。右键单击"最近使用的文档"或文档"最近的位置"列表中的文件，然后选择"固定至列表"，可将文件置顶。

### 5. 打印设置和打印预览

在 Word 中，打印预览、页面设置和打印属性设置通过单击"文件/打印"命令完成。可以在此进行打印预览、页面设置和打印属性设置。

## 3.2.3  排版设计技术

进行文档格式编排通常按照字符、段落和页面三个层次进行；而插入对象则分为字处理软件自身产生以及 OLE 方式产生。下文的介绍如果不附加特殊说明，一般以目前为止 PC 机上公认的编辑功能最全面的 Microsoft Word 为平台。

### 1. 字符格式

（1）字符格式设置。

利用"开始"选项卡的"字体"组完成格式设置，可以实时预览所选择的字体效果；单击"清除格式"按钮 ✔ 将清除所有所选文本的格式。

单击"字体"组右下角的对话框启动器,打开"字体"对话框,利用"字体"对话框可以从字体、字符间距和文字效果三个方面进行字符格式化。

简单的格式设置可以通过选定文字后出现的浮动工具栏完成,移动鼠标指向浮动工具栏后可在清晰的浮动工具栏上单击命令按钮实现字符格式设置。

如上文所述套用"样式"组的现成样式。

(2) 特殊字符格式。

Word 提供了极为丰富的文字效果,许多原本要专业绘图软件才能做到的文字效果在 Word 里可以轻松实现。通过单击"字体"对话框的"文字效果"按钮,打开"设置文本效果格式"对话框,进行文本填充、文本边框、轮廓样式、阴影、映像、发光和柔化边缘以及三维格式等效果的设置,也可以利用"开始"选项卡的"字体"组中的"文本效果"按钮 A·,如图 3-2-4 (a)所示,进行实时预览和设置。

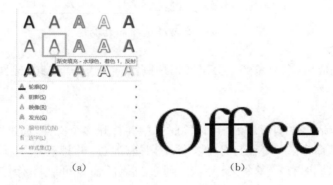

(a)　　　　　　　　(b)

图 3-2-4　特殊字符格式

OpenType 字体,丰富了传统的 TrueType 字体,可以实现精美的连笔字等效果,效果如图 3-2-4(b)所示。

## 2. 段落格式

段落格式的设置主要包括以下几个方面:缩进和间距、制表位、对齐方式、项目符号和编号、段落底纹和边框等。可以通过套用"样式"完成,也可以设置段落对话框完成,在 Word 中还可以通过如图 3-2-5 所示的标尺上的控制标记完成。

图 3-2-5　标尺上的控制标记

(1) 制表位。

制表位是一种类似表格的限制文本格式的工具,图 3-2-6 是添加了制表位后的效果。

使用制表位可以灵活多变地制作自定义的目录。

图书清单

| 书名 | 出版社 | 单价 |
| --- | --- | --- |
| 《C语言教程》 | 清华大学出版社……………………38.00 |
| 《洛杉矶雾霾启示录》 | 上海科技出版社……………………25.00 |
| 《大学语文》 | 华东师范大学出版社………………115.00 |
| 《2015上海地图册》 | 地图出版社………………………5.50 |

图 3-2-6　制表位效果

（2）对齐方式。

段落对齐方式包括在页面上的左、右、居中、两端、分散等对齐方式。

（3）项目符号和编号。

项目符号和编号是论文撰写中不可或缺的元素。单击"项目符号"按钮 打开"项目符号库"可自定义项目符号，单击"编号"按钮 打开编号库可自定义项目编号。还可以利用符号功能自定义新的项目符号。

（4）段落底纹和边框。

为进一步美化段落格式，可以利用"底纹"工具给插入点所在段落添加底纹，利用"边框"工具给插入点所在段落添加所需边框。

### 3. 查找、替换和选择

编辑文档时，经常需要在已完成的文档中查找多次出现的文字或者格式问题，并加以修改，这时就需要用到"查找、替换和选择"功能，用"查找"和"选择"功能进行对象定位，用"替换"逐个或者批量修改。

在"开始"选项卡的"编辑"组中，单击"替换"按钮，打开"查找和替换"对话框，可以进行无格式、带格式、特殊字符以及样式的查找和替换操作；按〈F5〉键则直接打开"查找和替换"对话框的"定位"选项卡，进行各种对象的目标定位。

在"查找和替换"对话框的"替换"选项卡，单击"替换"以及"查找下一处"按钮可逐个观察文字的替换情况，单击"全部替换"则一次替换全部需替换的内容，还可以通过对"搜索选项"设置搜索方向为"全部"、"向上"或者"向下"搜索以及更多搜索条件。

在"开始/编辑"组中，单击"选择"按钮，打开选择窗格，可以选择文档中的所有文本、选择格式相似的文本、选择隐藏、堆叠的或文本背后的形状，还可以选择图片、SmartArt 图形或图表等其他对象；按住〈Ctrl〉的同时单击所需对象可以同时选择多个对象。

### 4. 格式刷、样式和模板

格式刷、样式和模板是快速设置格式的工具，不论对于文字、段落还是全篇文档都可以使用，以提高编辑格式的效率。

（1）格式刷。

利用"格式刷"工具 ，可以将选定文本的格式复制给其他选定文本，从而实现重复的文本和段落格式的快速编辑。选定有格式的文本后单击"格式刷"按钮，可以复制格式一次；选定有格式的文本后双击"格式刷"按钮，可以复制格式多次。

（2）样式。

样式指已经命名的字符和段落格式，套用样式可以减少重复操作，提高文档格式编排的一致性，提高排版效率和质量。进行科技论文，例如毕业论文写作前，最好是先进行文档的规范化处理，也就是新建一整套论文各级标题、题注和正文的所需要的样式。样式也是在 3.2.4 节中建立目录和大纲的基础。

① 套用样式。

Word 本身已经建立了许多样式，选定需要定义样式的文本后，鼠标悬停于"开始"选项卡的"样式"组中快速样式列表框中的某种样式，可实时预览所选样式，单击该样式可套用到所选内容上。单击快速样式列表框右边的按钮可以显示全部快速样式，如图 3-2-7 所示。

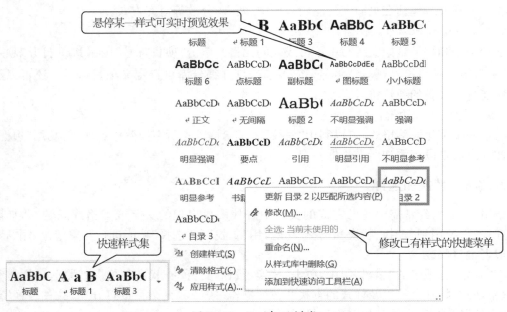

图 3-2-7　套用样式

② 新建样式。

可以通过下面两种方法之一创建新样式：

● 根据所选内容创建。

**例 3-2-1　根据所选内容创建样式。**

选择配套资源"配套资源\主题 3\L3-2-1.docx"的标题，设置字体格式为"红色"，选定标题后，会出现如图 3-2-8(a)所示的浮动工具栏，选择"样式/创建样式"，并在弹出的"根据格式设置创建新样式"对话框中修改"名称"属性，将所建样式命名为"样式例 1"，单击"确定"，则所建样式保存到快速样式集。

● 利用"样式"窗格的"新建样式"按钮创建。单击"开始"选项卡中的"样式"组的右下角的对话框启动器，打开包含当前文档所有样式的"样式"窗格，单击"样式"窗格左下角的"新建样式"按钮 ，打开"根据格式设置创建新样式"对话框，修改"名称"属性为所建样式命名，单击"确定"后，新建的样式出现在样式窗格中，鼠标悬停可以查看详情如图 3-2-8(b)所示。

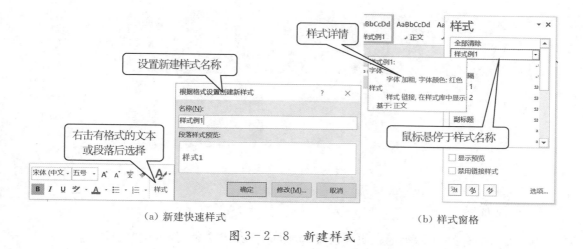

（a）新建快速样式　　　　　（b）样式窗格

图 3-2-8　新建样式

③ 修改样式。

● 右击快速样式列表框中的某一样式,选择快捷菜单中"修改",打开"修改样式"对话框,单击左下角的"格式"按钮,可以重新为该样式设定具体格式;如图 3-2-9(a)所示,单击"开始"选项卡中的"样式"组的右下角的对话框启动器,打开"样式"窗格,右击样式窗格中的某一样式,选择"修改",也将弹出"修改样式"对话框。

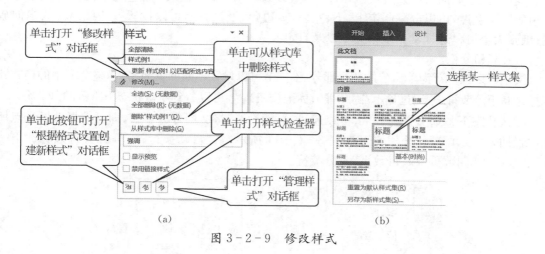

（a）　　　　　　　　　　（b）

图 3-2-9　修改样式

● 除了文字和段落的样式,Word 还提供了包含整个文档的各级标题、正文等等格式的样式集,如图 3-2-9(b)所示,单击"设计"选项卡的"文档格式"组的某一样式集,可以套用该样式集。

● 样式修改后,当前文档中所有该样式的文本都会自动更新格式,这一特点给长篇文档的排版带来很大便利。

（3）模板。

模板为文档提供基本框架和一整套样式组合,如图 3-2-10 所示,可以在创建新文档时选择套用。现在的主流文字处理软件,除了可以套用安装时建立的本地模板,一般还提供了不断更新和添加的网上模板库。在 Word 中模板也是一种 Word 文档,扩展名通常为 dotx。

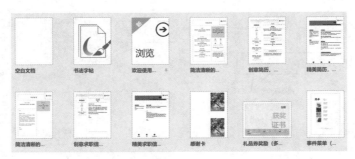

图 3-2-10 模板

## 5. 页面布局

与页面格式有关的主题设置、页面设置、页面背景、节和分栏、稿纸设置、断字等。

（1）主题。

主题和模板类似，包括主题颜色、主题字体（各级标题和正文文本字体）和主题效果（线条和填充效果），不同的主题呈现不同的整体风格。

（2）页面设置。

页面设置的常见需求包括设置文字方向、页边距、纸张方向、纸张大小、分栏和分隔符等内容。其中，文字方向可以设置文字水平、垂直以及 90°和 270°旋转；页边距指文档中文字距离页边的留白宽度，可以分别制定上、下、左、右页边距；纸张方向可以设置打印纸纵向或横向放置；纸张大小可以选择常见纸张类型以及自定义大小。

（3）节和分栏。

文档可以按"节"为单位分成几个部分，不同节可以设置不同的页面格式，整个节中的格式化信息存储于分节符中；通过显示/隐藏编辑标记按钮 可以看到默认状态下隐藏的分节符。

默认状态下整篇文档为一节，可以通过"页面设置"将文档分为多节，即可选择从插入点所在位置插入"分页符"、"分栏符"（如图 3-2-11 所示，），"自动换行符"等分页符，以及"下一页"、"连续"、"偶数页"和"奇数页"等分节符。

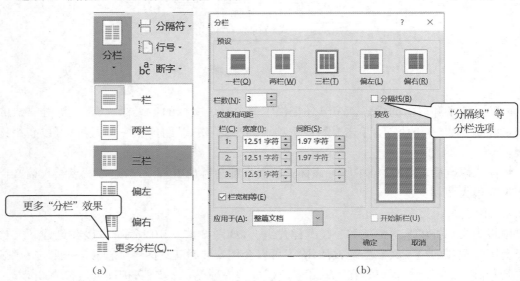

(a)                                        (b)

图 3-2-11 设置分栏

（4）页面背景。

页面背景包括水印、页面颜色和页面边等内容，还可以设置"艺术型"页面边框。

（5）稿纸设置。

中文文学写作有在稿纸上书写的传统，Word专为中文用户的需求而开发了稿纸设置功能，可将新建文档或当前文档的内容快速转换为稿纸格式。

（6）英文断字。

英文文档排版时，如果不使用断字功能，很多软件只会通过增加单词间的距离来实现自动换行，这样的排版效果不佳，合理利用"布局/页面设置/断字"功能，可以通过设置"断字选项"来实现手动断字和自动断字，断字前后效果对比如图3-2-12所示。如某段落不想断字，可以将光标定位于该段落，设置"段落"对话框的"换行和分页"选项，选择"取消断字"。

Recently, deep neural networks are widely used in recommender system for individual users, but the research rarely involves the combination of group recommendation and deep neural networks. In this paper, group recommendation based on convolutional neural collaborative filtering (GCNCF) framework is proposed, and the convolution neural network is applied to the group recommendation system.

Recently, deep neural networks are widely used in recommender system for individual users, but the research rarely involves the combination of group recommenda-tion and deep neural networks. In this paper, group recommendation based on convolutional neural collaborative filtering (GCNCF) framework is proposed, and the convolution neural network is applied to the group recommenda-tion system.

图3-2-12　断字前后对比

## 6. 封面、分页符和空白页

封面、分页符和空白页都是与页面格式有关的对象。

（1）封面。

需要给文档添加封面时，可以利用软件提供的封面功能，套用现成的封面模板。

（2）分页符。

在文档编辑时，当一页的内容已经输入满了才会自动另起一页，但长文档撰写过程中经常有一页没写满但换了主题，要另起一页的需求。这时，可以利用"分页"功能，实现强行分页。

（3）空白页。

单击"插入"选项卡"页"组的"空白页"命令按钮，可以从插入点所在位置插入一个空白页，效果相当于插入两个分页符。

## 7. 表格

表格是文档中常见的重要对象，运用表格甚至可以进行排版。Word、Latex和WPS等综合性字处理软件都提供了丰富的表格创建和编辑功能。

（1）创建表格。

以Word为例，可以通过如图3-2-13所示的多种方式创建表格。

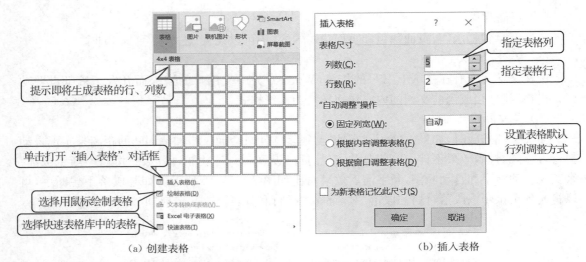

(a) 创建表格　　　　　　　　　　　(b) 插入表格

图 3-2-13　创建表格

(2) 表格格式。

创建表格后,可以通过调整表格的"设计"和"布局"方式来改变表格格式,前者侧重于表格的格式,如图 3-2-14(a)所示;后者侧重于表格的修改,如图 3-2-14(b)所示。

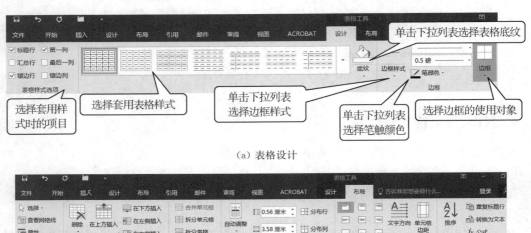

(a) 表格设计

(b) 表格布局图

图 3-2-14　表格工具

可以利用"表格样式"为表格套用格式模板,并在套用时选择采用哪些样式选项。

可以为表格添加默认边框和底纹,也可以自定义表格的边框和底纹。

Word 还提供了绘图边框工具 📝 ,当鼠标光标变成笔形 ✐ ,拖曳鼠标可在已有表格上绘制新的线条或绘制新的表格,表格线条的颜色、粗细和线型可以自定义。

利用"擦除"功能,当鼠标光标变成一个橡皮的形状 🖊 ,可以擦除表格单元线。

（3）修改表格。

修改表格主要通过调整"表格布局"来完成。主要包括插入和删除单元格、行和列，以及对单元格进行合并和拆分等操作；还能进行改变单元格大小、对齐方式以及某些计算功能。

### 8. 插图

图文并茂是文档编辑必不可少的需求，所以文字处理软件一般都提供了插图编辑功能。以 Word 为例，不仅可以绘制插图，还可以利用 SmartArt 功能使列表、流程、组织结构和关系等原本需要复杂的操作步骤才能完成的插图绘制变得轻而易举。

（1）图片。

文档中的图片可以来自本地计算机或网络上的图片。

如图 3-2-15 所示，可以调整图片的颜色、艺术效果、图片样式、版式、对齐方式和大小等格式，其中"艺术效果"和"图片样式"中提供了极为丰富的图片渲染能力，具有不亚于专业绘图软件的表现力。

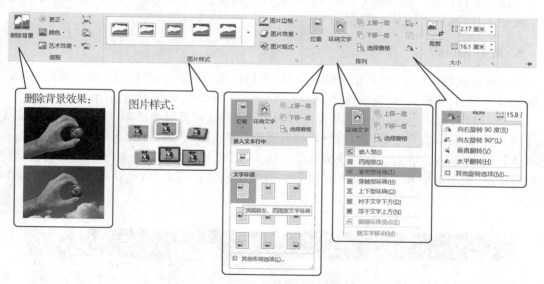

图 3-2-15　图片格式设置

（2）形状。

如果需要在文档中自行绘制比较简单的示意图，可以利用"形状"功能完成。常见的基本形状包括线条、箭头、流程图、标注、星与旗帜等图元。

（3）SmartArt。

SmartArt 是一种将文字和图片以某种逻辑关系组合在一起的文档对象，如图 3-2-16 所示。

（4）图表。

因为图表可以比表格更直观地表达数据间的联系和变化，所以除了使用专门的电子表格软件制作图表，在文档中也经常需要出现图表，如图 3-2-17 所示，就是一个文档中的雷达图表。Office 系列软件包中用于数据处理的软件是 Excel，如需在 Word 文档中进行大量数据处理工作，可以在 Word 中新建或者插入已有 Excel 表格并进行编辑。

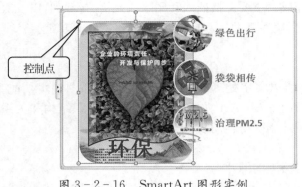

图 3-2-16 SmartArt 图形实例

图 3-2-17 图表示例

（5）屏幕截图。

主流文字处理软件都提供了屏幕截图功能，使用方法和常用网络即时通讯软件 QQ、微信等的截图工具类似，此处不再赘述。

## 9. 页眉和页脚

在比较正式的文档中，例如毕业论文、科技期刊和学校教材等，往往要求添加页眉、页脚和页码，所以添加和编辑页眉、页脚也是 Word、Latex 和 WPS 等软件的必备功能。

在 Word 中，页眉、页脚和页码需要用"插入"选项卡的"页眉和页脚"组的相关命令完成。选择插入页眉、页脚或页码后，会自动显示"页眉和页脚工具/设计"动态选项卡，如图 3-2-18 所示，同时根据插入内容进入页眉或页脚编辑状态，此时文档内容黯淡显示；页眉和页脚编辑结束后单击"关闭页眉和页脚"按钮或双击文档编辑区任意空白处，可切换回普通文本编辑状态。

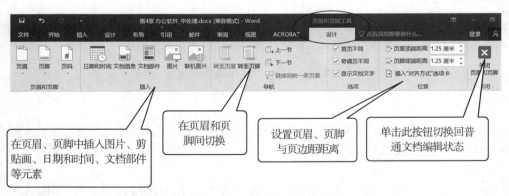

图 3-2-18 页眉和页脚工具

## 10. 文本框

文本框最主要的优点是能够将文本定位在页面任意位置，并可实现文档中局部文字的横排或者竖排以及图文混排，使排版更加生动活泼，效果如图 3-2-19 所示。

苏轼（1037 年 1 月 8 日—1101 年 8 月 24 日），字子瞻，又字和仲，号东坡居士，宋代重要的文学家，唐宋八大家之一，宋代文学最高成就的代表之一。汉族，北宋眉州眉山（今属四川省眉山市）人。嘉祐（宋仁宗年号，1056～1063）年间"进士"。其文汪洋恣肆，豪迈奔放，与韩愈并称广阔，清新雄健，善与黄庭坚并称"苏黄"，"韩潮苏海"。其诗题材用夸张比喻，独具风格，词开豪放一派，与辛弃疾同是豪放派代表，词人并称"苏辛"。又工书画。有《东坡七集》《东坡易传》《东坡乐府》等。

苏轼在词的创作上取得了非凡的成就，就一种文体自身的发展而言，苏词的历史性贡献又超过了苏文和苏诗。苏轼继柳永之后，对词体进行了全面的改革，最终突破了词为"艳科"的传统格局，提高了词的文学地位，使词从音乐的附属品转变为一种独立的抒情诗体，从根本上改变了词史的发展方向。

苏轼对词的变革，基于他诗词一体的词学观念和"自成一家"的创作主张。

图 3-2-19  文本框示例

## 11. 文档部件

需要重复在文档中插入的诸如单位地址、联系电话和徽标等信息模块，可以用文档部件的形式保存在模板中，当需要使用时可以快速调用，如图 3-2-20 所示。

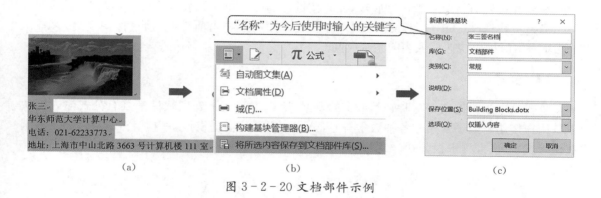

图 3-2-20 文档部件示例

## 12. 艺术字和首字下沉

艺术字和文字效果并用，用于文档标题，如图 3-2-21(a) 所示，效果非常醒目；而首字下沉即段落的第一个字下沉的格式效果，如图 3-2-21(b) 所示。

在文档中插入当前日期和时间可以使用"插入"选项卡的"文本"组中的"日期和时间"命令，打开如图 3-2-29 所示的"日期和时间"对话框，选择日期的样式，单击"确定"后插入到插入点所在处。

图 3-2-21 艺术字和首字下沉示例

编辑艺术字主要通过"绘图工具/格式"完成，如图 3-2-22 所示，可以设置艺术字的填充、轮廓和效果，以及旋转方式、文字的环绕方式和精确大小等。

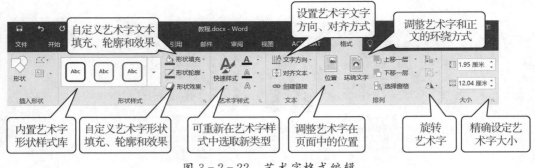

图 3-2-22　艺术字格式编辑

## 13. 日期和时间

在 Word、Latex 和 WPS 等文字处理软件中，都可以根据需要插入自动更新的日期和时间。以 Word 为例：

如果插入日期和时间时选择了"自动更新"选项，日期和时间将以域的形式插入，将插入点移至域所在位置时将显示默认域底纹，此时按键盘的〈F9〉键可刷新为当前日期和时间。

通过按快捷键〈Alt〉＋〈Shift〉＋〈D〉可以快速插入系统当前日期，通过按快捷键〈Alt〉＋〈Shift〉＋〈T〉可以快速插入当前系统时间。

## 14. 公式

公式是理工科论文编写时必不可少的要素，所以主流文字处理软件都具有公式输入模块以备用户使用。除了常用的各种数学符号，公式编辑器还会提供很多内置公式模板，如三角函数恒等式、二次方程求根公式、二项式展开公式、泰勒级数等等，如图 3-2-23 所示。

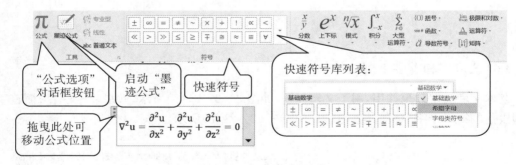

图 3-2-23　编辑公式

Word 2016 提供了"墨迹公式"，支持手写公式的图像识别，在识别效率足够高的前提下，使用墨迹公式输入，可以比通过模板输入效率更高。如图 3-2-24(a)所示为用鼠标或者手写板输入公式后的初次识别结果，可以看到符号"∇"识别错误，单击"选择和更正"后，用鼠标选择手写区域的"∇"，如图 3-2-24(b)所示，在快捷菜单中选择正确的符号之后，确定"插入"。新输入的公式可以如图 3-2-24(b)所示，选择保存到自定义公式库，今后可以直接调用。

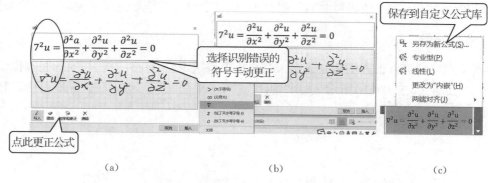

（a）　　　　　　　　　　　（b）　　　　　　　　　　　（c）

图 3 - 2 - 24　输入和修改墨迹公式

### 15. 符号和编号

在文档中合理添加符号和编号，能使文档更加重点醒目、条理清晰。

（1）符号。

如图 3 - 2 - 25 所示，选择一个符号后单击"插入"按钮或者直接在符号上双击，可将所选符号插入到文档中。在文档中巧妙结合符号和艺术字的功能，可以得到令人惊艳的效果。

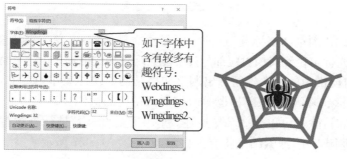

图 3 - 2 - 25　符号对话框和符号应用示例

（2）编号。

在文档中，可以根据需要插入中文、英文、阿拉伯数字以及罗马数字等各种编号。

### 16. 音频和视频

如果需要文档有声情并茂的效果，比如打开一篇散文能够播放配乐，可以插入音频和视频对象，甚至 Flash 动画对象。

## 3.2.4　长文档规范化和自动化技术

在利用前三小节所介绍的技术完成文档主体内容的编辑之后，不同使用者可能还会有一些更高级的处理要求，例如，科技论文和书籍的撰写者需要给文章添加目录和引文标注；会议或大型活动的组织者需要群发邀请函和通知；而书刊、杂志主编需要审阅和校对来自不同作者的不同版本的文章等等；另外，对于可能经常需要调整的内容，为了提高效率，有必要掌握一些自动化的排版方式。本小节将对此做简要介绍，重点介绍完成毕业论文必须掌握的相关技术。

### 1. 文档导航

使用文档导航可以很方便地完成在长篇文档中快速定位、重排结构、切换标题等操作。

（1）以如图 3-2-26(a)所示，选择"视图"选项卡中的"显示"组，勾选"导航窗格"，打开导航窗格。

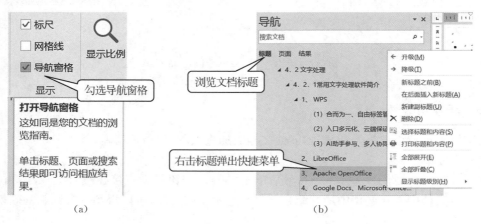

（a）

（b）

图 3-2-26　文档导航

（2）在导航窗格"浏览文档标题"选项卡中显示文档结构图，单击其中一个标题即可实现跳转，并将插入点光标定位到文档对应部分（注：能实现跳转的前提是段落和标题设置为样式）。

（3）右击导航窗格中的文档标题弹出调整文档结构的快捷菜单，如图 3-2-26(b)所示，可根据需要进行升级、降级、插入新标题等改变文档结构的操作。

（4）编辑文档时，除了可以如 3.2.2 所述，利用"开始/编辑"进行查找替换，也在导航窗格"搜索文档"框中进行查找，搜索结果将突出显示，如图 3-2-27 所示。

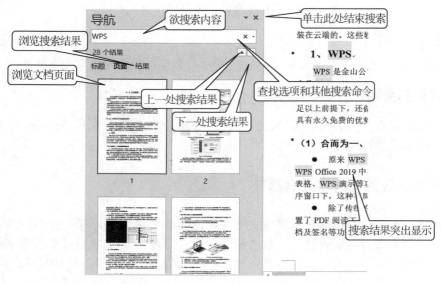

图 3-2-27　搜索文档

## 2. 目录

目录是论文和书籍等长文档中不可缺少的组成部分，所以，Word、Latex 和 WPS 等文字处理软件都提供了自动提取目录的功能，当目录所在文档内容发生变化后，可以很方便地更新。利用 Word 自动提取目录功能的前提是文档的各级标题采用了样式或设置了大纲级别。当然，也可以利用上文介绍过的制表位手动输入目录。

（1）创建目录。

单击"引用"选项卡的"目录"组的"目录"命令按钮，在打开的下拉列表中可见 Word 提供的"手动表格"、"手动目录"、"自动目录 1"和"自动目录 2"四种内置目录样式。其中"手动目录"和"手动表格"仅提供目录框架，其他内容需使用者自行填写，"自动目录 1"和"自动目录 2"功能类似，选择其中之一后单击鼠标可插入目录，右击鼠标显示快捷菜单，可选择目录插入的位置和编辑属性等。

（2）修改和更新目录。

自动目录默认只能提取"标题 1—3"级别的目录，如果需要提取更多级别的目录，需要选择"目录"下拉列表中的"自定义目录"按钮，如图 3-2-28（a）所示，打开"目录"对话框如图 3-2-28（b）所示，修改显示标题的级别。单击"目录"对话框"选项"按钮打开"目录选项"对话框如图 3-2-28（c）所示，单击"修改"按钮打开"样式"对话框如图 3-2-28（d）所示，可修改默认目录样式。

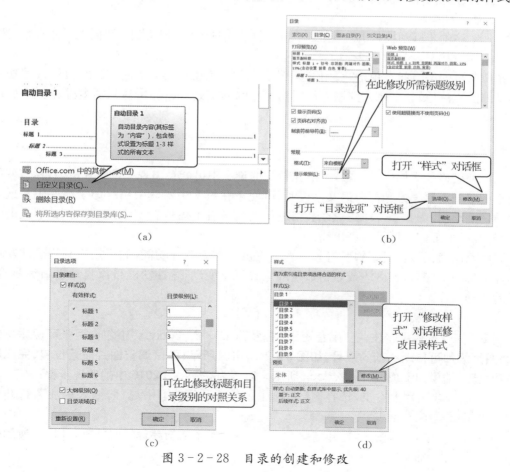

图 3-2-28　目录的创建和修改

当文档标题发生变化后,单击"引用"对话框"目录"组的"更新目录"按钮,即可自动更新目录。

### 3. 脚注和尾注

在论文或书籍中常常需要附加解释、说明或一些必要的参考显示等,Word、Latex 和 WPS 等都具备添加、编辑脚注和尾注功能实现。通常情况下,出现于文档每页的末尾是脚注,出现在每节或者整个文档末尾的是尾注。在文档中插入脚注和尾注通过"引用"选项卡的"脚注"组中的相关命令完成。

(1) 插入和编辑脚注。

以 Word 为例,单击"引用"选项卡的"脚注"组的"插入脚注"命令按钮,插入点自动移至当前页面左下角的脚注位置,输入脚注内容后在正文任意位置单击鼠标即可切换回正文编写状态。

文档中添加脚注的位置会出现脚注标记,鼠标移至标记处光标会变成""的形状,同时会显示对应脚注内容。

单击"脚注"组的对话框启动器,打开"脚注和尾注"对话框,可以自定义脚注和尾注的位置和格式。

删除脚注只需删除正文中的脚注标记即可。

(2) 插入和编辑尾注。

插入尾注的步骤和插入脚注类似,单击"引用"选项卡的"脚注"组的"插入尾注"命令按钮,进入尾注编辑状态。

在任何页面编辑状态单击"引用"选项卡的"脚注"组的"显示备注"按钮,可以快速切换到文档尾部的尾注处,双击尾注则插入点回到对应的标记处。删除尾注只需删除正文中的尾注标记即可。

### 4. 题注

图片和表格是文档常见元素,一篇比较长的论文中可能会出现大量图片或表格,这些图片或表格一般都需要编号和简要的文字说明,以便于在正文中对其引用。如果这些图片或表格的编号是手动输入的,一旦对图片或表格进行增减或者前后位置变动,就要对上、下文的编号整体修改,这个工作繁琐且容易出错。

因此,Word、Latex 和 WPS 等软件普遍提供了图表题注功能,如果用户利用题注功能进行图片或表格的编号,当图表或表格数量或位置发生变动,题注功能可以自动更新编号,保证编号的正确顺序。

例 3-2-2 利用题注,在"配套资源\主题 3\ L3-2-2.docx"中包含两张环保题材的图片,为图片添加可自动更新的编号,如图 3-2-29(a)所示;尝试调整图片段落位置,完成题注的自动更新,结果如 LJG3-2-2.docx 所示。以下为在 Word 2016 中的实现步骤:

① 在第一幅图片上右击,选择"插入题注",或者利用"引用/题注/插入题注",打开如图 3-2-29(b)的题注对话框。

② 单击"新建标签"按钮,打开如图 3-2-29(c)所示的新建标签对话框,如样张所示输入标签头部后单击"确定"。

③ 单击"编号"按钮，打开如图 3-2-29(d)所示的编号格式设置对话框，根据样张选择编号格式，单击确定，完成第一幅图片的题注添加。

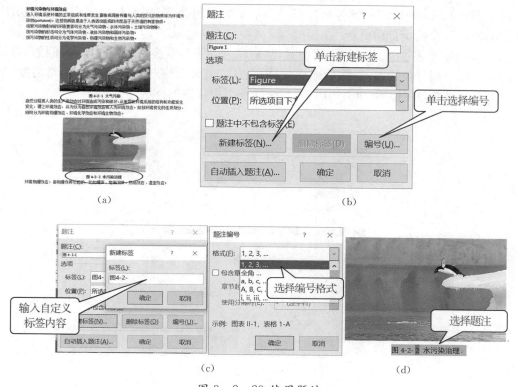

图 3-2-29 使用题注

④ 用同样的方式为第二幅图片添加样张所示题注。

⑤ 尝试将两幅图片连同题注的位置调换。选择所有题注，或者利用〈Ctrl〉＋〈A〉组合键选择整个文档，单击 F9 键，完成全部编号更新。

⑥ 可以尝试在两图之间再插入一张新图，并为该图插入题注，则题注编号自动出现正确数字，其后的图片题注编号也会自动＋1。

说明：

　　域是 Word 中可以实现自动更新的元素，需要自动更新的日期和时间、页码、目录、索引等，都需要以域的形式插入文档中。

　　如果需要在题注中出现可以自动更新的章节号，则需要预先为内置标题 1～9 样式设置自动编号

### 5. 交叉引用

在毕业论文等大型文档撰写过程中，经常需要在某个地方引用文档其他位置的内容，比如在 5.1 节中需要出现"参见 4.1.1 节相应内容"的引用说明。一般把需要出现"参见 4.1.1 节

相应内容"的位置称为"引用位置",而把所指向的位置"4.1.1 节"称为"被引用位置"。

如果"参见 4.1.1 节相应内容"是手动输入的,假设在论文编撰过程中,原来的 4.1.1 节调整到了 4.1.3 节,就需要对应的手动修改。类似的查找和改正工作不仅非常麻烦,而且极易疏漏。所以 Word、Latex 和 WPS 等软件都提供了交叉引用功能,用软件实现引用和被引用位置变化的监控以及同步自动更新。

以 Word 为例,将插入点移到引用位置,然后输入除了章节编号之外的内容,例如"参见节相应内容",章节编号位置留空,然后选择"引用/题注/交叉引用",打开交叉引用对话框,如图 3-2-30 所示设置引用类型和引用内容,并选择被引用位置的标题。

图 3-2-30　交叉引用

### 6. 邮件合并

需要批量制作信封、胸卡、邀请函、会议通知等文档主体内容相同、只有个别元素不同的文档时,可以采用 Word 和 WPS 等软件提供的邮件合并功能。在开始邮件合并工作前,可以先准备好需要进行邮件合并的主文档和数据源文件,数据源文件可以是 Word 文档、Excel 表格和 Access 数据库等等。

**例 3-2-3　邮件合并。**

将配套资源"配套资源\主题 3\邮件合并主体.docx"和"邮件合并数据源.docx"合并为一个文件"会议通知.docx"。以下为在 Word 2016 中的实现步骤:

① 打开配套资源"配套资源\主题 3\邮件合并主体.docx",单击"邮件"选项卡的"开始邮件合并"组的"选择收件人"命令按钮,选择"使用现有列表",在随即打开的"选取数据源"对话框中选择"配套资源\主题 3\邮件合并数据源.docx",单击"打开"按钮。

② 将插入点移至文档正文开始的冒号前,也即需要插入数据源位置,单击"邮件"选项卡的"编写和插入域"组的"插入合并域"命令,单击选择所需字段名称"姓名"和"职称",则两个字段将以域的形式插入到主文档中。

③ 如果需要根据插入记录的值改变对象的称呼,例如"性别"为"女"则在域后添加"女

士"，可以如图 3－2－31 所示，单击"编写和插入域"组的"规则"按钮，选择"如果…那么…否则"命令并确定，在打开的"插入 Word 域：IF"对话框中设置如图 3－2－31 所示设置规则，然后单击"确定"保存该规则。

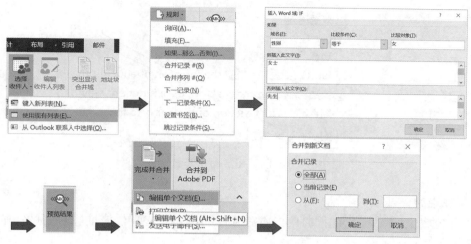

图 3－2－31　邮件合并步骤

④ 单击"邮件"选项卡的"预览结果"组的"预览结果"按钮，按"下一条"、"上一条"等记录指示器可以逐条预览合并后的效果。

⑤ 单击"邮件"选项卡的"完成"组的"完成并合并"命令按钮，可以选择将结果合并为一个单个文档、电子邮件或直接打印输出，在本例中选择"编辑单个文档"，在随后出现的"合并到新文档"对话框中指定需要合并的记录数目，可以合并全部记录，也可以合并指定记录，单击"确定"完成邮件合并。

⑥ 利用"文件/另存为"，将合并后的邮件保存为"会议通知.docx"。

### *7. 审阅

文档的主编、审阅人和编辑等在评阅、校对文档时，需要对文档内容提出批评、修改意见等，Word 和 WPS 在"审阅"选项卡中提供了这些功能。

（1）校对。

文档作者和审稿人可以很方便地利用 Word"审阅"选项卡"校对"组的相关命令，完成拼写和语法检查、信息检索、同义词查找和字数统计等操作。

（2）翻译。

"查字典"是人们在阅读英文文献时的常见需求，对此，Word 提供了很便捷的翻译功能。

① 翻译屏幕提示。

在 Word"审阅"选项卡的"语言"组中，单击"翻译"，然后单击"翻译屏幕提示"，当"翻译屏幕提示"按钮处于选中状态 ，说明该功能已打开。此时将鼠标悬停于文档中的单词上，将显示淡出模糊状态的翻译屏幕提示，鼠标指向该提示后清晰显示翻译结果，如图 3－2－32 所示。

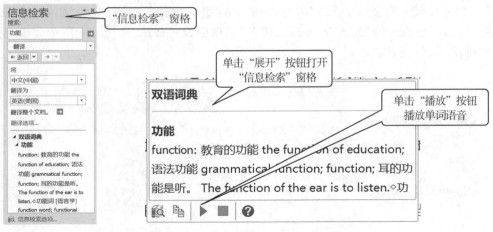

图 3-2-32  双语翻译屏幕提示

② 更详细翻译。

● 按住键盘上的〈Alt〉键的同时单击所需翻译的单词,将弹出"信息检索"窗格,显示单词的双语解释。

● 选定一个文档中的一个段落甚至全文后,按住键盘〈Alt〉键的同时单击鼠标左键,"信息检索"窗格中可以对所选段落或全文进行翻译。

● Word 不仅可以进行中文和英语的互译,还可进行其他语言的互译,在"信息检索"窗格中对源语言和"翻译为"的目标语言下拉列表进行选择即可。

(3)中文简繁转换。

与港澳同胞和海外华人交流文献时,会产生中文简体和繁体互换的需求,Word 提供了这项功能。操作方法是:选定需要进行简体字和繁体字转换的文本,单击"审阅"选项卡的"中文简繁转换"组中的相应命令按钮,可以很方便地将选定文本进行繁体字和简体字的相互转换。

(4)批注。

审稿人可通过添加批注的形式提出自己的修改意见,单击"审阅"选项卡的"批注"组的"新建批注"命令,Word 将在页面右侧添加一个批注区,并自动生成一个以当前用户名进行批注的批注框,如图 3-2-33 所示:

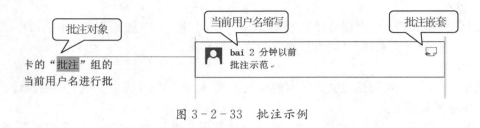

图 3-2-33  批注示例

(5)修订。

单击"审阅"选项卡的"修订"命令按钮,当前文档将进入修订状态,进入修订状态后对文档所作的所有修改将被程序所记录。

(6)更改。

文档作者或者主编可以通过"审阅"选项卡的"更改"组中的"接受"和"拒绝"按钮选择对于修订或批注内容接受与否。

（7）比较文档版本。

文档的最后定稿人可以通过"审阅"选项卡的"比较"组的"比较"命令，打开"比较文档"对话框，选择原文档和修订后的文档，在同一窗口中对每一修订处进行逐条比较和合并。

（8）限制编辑。

文档作者可以通过"审阅"选项卡的"保护"组的"限制编辑"命令，打开"限制和格式和编辑"任务窗格，限定有权修改文档的用户以及可以修改的类型、格式等，以避免不必要的修订和批注。

（9）查找同义词和反义词。

进行英文论文写作时，在同一篇文章中表达同一个意思应适当选择不同词汇，以避免重复，提高文章的文采。Word 在"审阅/校对"中提供了同义词和反义词库，如图 3-2-34 所示，有（Antonym）标记的是反义词。

图 3-2-34  同义词和反义词

## 3.2.5  习题

1. 单选题

（1）关于 PDF 文档，错误的是_____。

A. PDF 是 Portable Document Format 的缩写，意为"可移植文档格式"

B. 由 Adobe 公司最早开发的跨平台文档格式

C. Adobe Acrobat Pro 可以将 PDF 文件格式导出为 Word 格式

D. Adobe Acrobat Reader 只能对 PDF 文本进行阅读，不能进行标注

（2）在 Word 中，如果使用者需要对文档进行内容编辑，最好使用审阅选项卡内的_____命令，以便文档的其他使用者了解修改情况。

A. 批注　　　　　　B. 修订　　　　　　C. 比较　　　　　　D. 校对

（3）在 Word 中，错误的是_____。

A. 选择文件功能区中的打印选项可以进行页面设置

B. 表格和文本可以互相转换

C. 可以给文本选择各种样式，并且可以更改样式

D. 页边距不能通过标尺进行设置

（4）文档内的图片在添加_____后，使用者可以通过插入交叉引用在文档的任意位置引用该图片。

A. 脚注　　　　　　B. 题注　　　　　　C. 引文　　　　　　D. 索引

（5）在 Word 操作中，如果有需要经常执行的任务，使用者可以将完成任务要做的多个步骤录制到一个_____中，形成一个单独的命令，以实现任务执行的自动化和快速化。

A. 批处理　　　　　B. 域　　　　　　　C. 宏　　　　　　　D. 代码

2. 是非题

（1）在 Word 中，利用水平标尺可以设置段落的缩进格式。

（2）在 Word 中一种选定矩形文本块的方法是按住〈Shift〉键的同时用鼠标拖曳。

（3）在 Word 功能区中按〈Alt〉键可以显示所有功能区的快捷键提示。

（4）在选择性粘贴时，可以使复制的数据与原数据在保持一致的选项是合并格式。

（5）SmartArt 图形不包含流程图。

3. 操作题

（1）打开配套素材 LXSC3－2－1. docx 文件，请按要求进行处理，将结果以原文件名保存，如样张 LXYZ3－2－1. JPG 所示，结果保存为 LXJG3－2－1. docx。

① 将文档中所有段落的段前、段后间距设为 0.5 行；将第 2 和第 5 段落前的序号修改为如样张所示的项目符号。并将文档中所有"创业"文字设置格式：红色、倾斜。

② 按样张所示在文档开始处插入"关系/汇聚箭头"SmartArt 图形；修改图形大小和位置。并修改文本内容，设置文字字体为华文琥珀。

③ 修改文档主题为"大都市"，为第 1 段落设置"褐色，个性色 3"、2.25 磅实线边框和 15% 灰色底纹。

（2）打开配套素材 LXSC3－2－2. docx 文件，请按要求进行处理，将结果以原文件名保存，如样张 LXYZ3－2－2. JPG 所示，结果保存为 LXJG3－2－2. docx。

① 修改第 6、8、10 段落的字体格式为红色、华文行楷、小四号。为文字添加 1.5 磅、浅蓝实线边框。

② 如样张所示，插入格式为"填充-白色，轮廓-着色 2，清晰阴影- 2"的艺术字"创新与创业"，混排效果与样张大致相同。插入页眉：左侧输入文字"上海市计算机等级考试"，右侧为自动更新的日期。

③ 将第 1 段落文字设置为繁体字，并添加橙色底纹。在文档最后添加一个四行三列表格，设置表格样式为"浅色底纹-着色 2"。

（3）打开配套素材 LXSC3－2－3. docx 文件，请按要求进行处理，将结果以原文件名保存，如样张 LXYZ3－2－3. JPG 所示，结果保存为 LXJG3－2－3. docx。

① 设置文档题目格式：华文琥珀，一号字，字符间距加宽 5 磅，居中对齐；为文档 2,4,5 段落设置首行缩进 2 字符，第 2 段后间距 0.5 行。

② 为第 6 段以后的段落设置项目编号，效果如样张所示；插入素材文件夹中图片 scC. jpeg，设置图片宽度为 4 厘米，上下型环绕，棱台矩形样式（如样张所示）。

③ 为第 2 段设置首字下沉 2 行，距正文 0.5 厘米；并将该段分成等宽的两栏，加分割线。

（4）打开配套素材 LXSC3－2－4. docx 文件，请按要求进行处理，将结果以原文件名保存，如样张 LXYZ3－2－4. JPG 所示，结果保存为 LXJG3－2－4. docx。

① 文档题目设置为艺术字，填充-红色，着色 2，轮廓-着色 2 样式，形状效果为"半映像，接触"，调整到合适位置（如样张所示）；为文档第 1 段落设置红色、双线型、0.75 磅的下边框，效果如样张所示。

② 第 2、5 段设置字体格式：微软雅黑，四号，粗体；第 3、4 段首行缩进 2 字符；为第 5 段以后的段落设置项目符号，效果如样张所示。

③ 将文档中除标题以外的所有"创新"文字格式修改成红色，加着重号；在文档底部插入形状"波形"，采用第二行第 3 列形状样式，适当调整大小；并添加文字"创新创业"，格式设置为：黑体、四号、加粗、字符间距加宽 8 磅。

（5）打开配套素材 LXSC3－2－5. docx 文件，请按要求进行处理，将结果以原文件名保存，如样张 LXYZ3－2－5. JPG 所示，结果保存为 LXJG3－2－5. docx。

① 设置"区别"和"特点"为"标题1"样式,设置"高风险"、"高回报"和"促进上升"为"标题2"样式,添加如样张所示的可自动更新的自动目录1;为"每成功一个,就有99个失败,有99个闻所未闻"添加脚注"彼得·德鲁克所言";

② 第二段添加颜色为"深蓝,文字2,淡色40%,宽度为3磅"阴影边框;填充"橙色,个性色6,淡色40%"底纹;添加文字水印"创新创业";

③ 设置空白页眉,在页眉上插入"上凸带形"形状,形状样式为"彩色轮廓-橄榄色,强调颜色3"。

# 3.3 信息的处理

获取信息并对它进行加工处理,使之成为有用信息并发布出去的过程,称为信息处理。人类自古以来就有信息处理的需求,文明程度越高,需要处理的信息也就越复杂,信息处理现已融入了我们的日常工作和生活中。

## 3.3.1 信息处理基础

信息时代中的人类都需要频繁地与数据打交道,电子表格类软件可以实现日常生活、学习、工作中的各种数据处理。下面简单介绍一下目前市场上流行的电子表格类软件。

### 1. 常用电子表格软件简介

(1) WPS。

WPS 是由金山公司开发的,可以覆盖 Windows、Linux、Android、iOS 等多平台,可以无障碍兼容"＊.xls"文件格式的一款电子表格软件。WPS 个人版对个人用户永久免费,体积小、速度快,设计从中国人的习惯思维模式出发,简单易用。

(2) Minitab。

Minitab 是目前网络上比较优秀的现代质量管理统计软件,该软件采用了一套全面、强大的统计方法来分析数据。软件操作界面直观易于使用,兼容性能好,功能多,精度高,对硬件的要求低,有最新现代化图表引擎,强大的宏等功能。

(3) FineReport。

FineReport 是帆软公司开发的一款纯 Java 编写的、集数据展示和数据录入功能于一身的企业级 web 报表工具。采用 Excel＋绑定数据列形式的操作界面,完美兼容 Excel 公式,支持导入现有 Excel 表样制作报表,用户可以所见即所得地设计出任意复杂的表样,轻松实现复杂报表。

(4) Microsoft Office Excel。

Excel 是由 Microsoft 公司开发的一个使用方便、功能强大的数据处理软件。它具有强大的表格处理、函数应用、图表生成、数据分析、数据库管理等功能,是 Microsoft Office 办公套件中一个重要的核心组件。

本节以 Excel2016 为平台,主要介绍 Excel 的基本知识,包括工作簿、工作表、单元格的一些基本功能。着重介绍有关公式及函数的应用、图表的制作、数据排序、筛选、分类汇总和数据透视表等。图 3-3-1 为 Excel 的窗口界面。

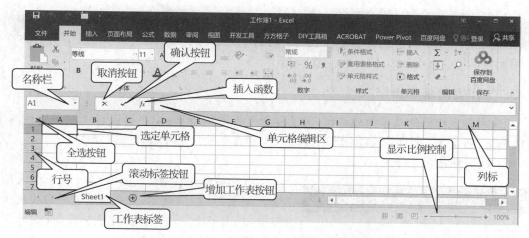

图 3-3-1 Excel 的窗口界面

## 2. 工作簿、工作表和单元格

在 Excel 中,一个工作簿可以包含多个工作表,每个工作簿内最多可以含有 255 个工作表,工作表是处理数据的主要场所,每个工作表由单元格、行号、列标、工作表标签等组成。单元格是工作表中最基本的存储和处理数据的单位。三者是包含的关系,即工作簿包含工作表,工作表包含单元格。

（1）工作簿。

在 Excel 中,工作簿就是文件,用于保存表格中的数据,一个工作簿就是一个 Excel 文件,其扩展名为.xlsx。启动 Excel,新建一个"空白工作簿"之后,系统会自动新建一个名为"工作簿 1"的工作簿。

用户除了使用默认的工作簿设置外,还可以自定义工作簿的设置。选择"文件"选项卡,单击"选项"命令,弹出"Excel 选项"对话框,在该对话框中,可以根据需要修改配色方案、新建工作簿时的包含工作表数、修改文件保存时的自动恢复信息时间间隔等信息。

（2）工作表。

工作表是构成工作簿的主要元素,主要用于存储和处理数据,常称为电子表格。在默认情况下,工作簿中包含一张工作表,缺省标签为"Sheet1",工作表标签右侧"＋"按钮为添加"新工作表"按钮,上浮且显示为白色的标签为当前工作表的标签。

（3）单元格。

单元格是 Excel 表格中行和列的交叉部分,是 Excel 中存储数据的最小单位,通过对应的列标和行号进行命名和引用。例如在第 B 行第 2 列的单元格就命名为"B2",如图 3-3-2(a)

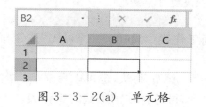

图 3-3-2(a)　单元格

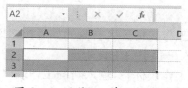

图 3-3-2(b)　单元格区域

所示。任何数据都只能在单元格中输入,多个单元格为单元格区域,单元格区域的命名由所在区域左上角的单元格名加上冒号再加上右下角的单元格名组成,如图3-3-2(b)所示的"A2：C3"单元格区域。在 Excel 中,一个工作表有 1 048 576 行、16 384 列组成。

### 3. 工作表的基本操作

工作表是工作簿的基本组成单位,为了便于工作簿的管理,用户可以对工作表进行选定、添加、删除、重命名、移动、复制等操作,这些操作通常是通过工作表标签来完成的。

（1）撤消和选择工作表。

选择单个工作表,只需要单击该工作表的标签。如图3-3-3所示,如果要查看一月份的天气数据,只需单击"一月份"工作表标签,此时该工作表标签变为白色,表明被选中。

如果要选择多个工作表,如图3-3-3所示：用户要同时对一月份和二月份的工作表进行操作,按住〈Ctrl〉不放,单击"一月份"和"二月份"两个工作表标签,则两个表同时被选中。

（2）插入、删除、重命名和隐藏工作表。

在工作表标签右击,从弹出的快捷菜单中选择"插入"、"删除"、"重命名"以及"隐藏"命令即可完成操作,如图3-3-4所示。

图 3-3-3　选中多个工作表

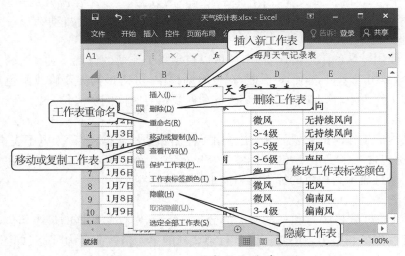

图 3-3-4　工作表快捷菜单功能

① 单击工作表标签区右侧的加号按钮即"新工作表（〈Shift〉＋〈F11〉）"按钮,可在当前工作表之后插入一张空白工作表。

② 双击工作表标签,输入新的工作表名,按〈Enter〉键确认,也可以重命名当前工作表。

③ 右击任意工作表标签,选择"取消隐藏"命令,可选择取消隐藏的工作表。

（3）移动和复制工作表。

单个工作表：选中某个工作表，拖动该工作表标签到新的位置，黑色三角形所处的位置即为工作表移动到的位置。若在拖曳过程中，按住〈Ctrl〉键，则是完成工作表的复制。

多个工作簿：在多个不同的工作簿之间完成工作表的移动与复制，需要将目标工作簿和源工作簿打开，然后右击需要移动或复制的工作表，选择"移动或复制工作表"命令，在弹出的对话框中，在"将选定工作表移至工作簿"的下拉列表中选择需要移动或者复制过去的工作簿即可，如图 3-3-5 所示。

将当前工作簿中的工作表移动或复制到一个新工作簿时，在下拉列表中选择"新工作簿"选项，系统会自动生成一个新工作簿，将该工作表移动或复制到新的工作簿中。

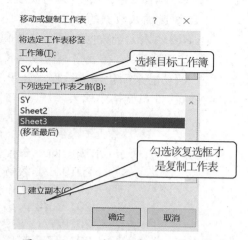

图 3-3-5　移动或复制工作表菜单

例 3-3-1　创建新工作簿文件 L3-3-1，并在工作表 Sheet1 中输入自己感兴趣的内容，重命名 Sheet1 为 SY，然后插入两个新的工作表 Sheet2、Sheet3，再将工作表 Sheet1 移动到同一工作簿中的 Sheet3 之前。

① 启动 Excel，双击"空白工作簿"，系统自动新建一个名为"工作簿 1"的空白工作簿，选择"文件"选项卡中的"保存"命令，保存文件名为"L3-3-1. xlsx"。

② 在 Sheet1 中输入自己感兴趣的内容之后双击 Sheet1 的工作表标签，将 Sheet1 为 SY。

③ 单击工作表标签后的"新工作表"按钮，插入两个新的工作表 Sheet2、Sheet3。

④ 右击 SY 工作表标签，在弹出的快捷菜单中选择"移动或复制工作表"命令，如图 3-3-5 所示，在"下列选定工作表之前"列表中选择 Sheet3，单击确定按钮完成。

⑤ 该对话框表示将 SY 移动到 Sheet3 之前，如果要复制到 Sheet3 之前，只需勾选"建立副本"复选框即可。

（4）格式化工作表标签。

为方便区分不同的工作表，可右击工作表标签，在弹出的快捷菜单中选择"工作表标签颜色"命令，即可完成工作表标签颜色的修改，如图 3-3-4 所示。

### 4. 数据输入和编辑

在工作表中输入和编辑数据是使用 Excel 时最基本的操作项目之一。工作表中的数据都保存于单元格之中，准确、高效地输入和编辑不同类型的数据是后续所有数据处理的基础。

（1）输入数据的方法。

单击单元格，在编辑栏里直接输入数据，按〈Enter〉键完成。

单击单元格，输入数据之后，后续输入数据可以按〈Enter〉键实现按列输入，按〈Tab〉键实现按行输入。

按〈Alt〉＋〈Enter〉组合键即可实现单元格的文字换行。如果需要在一个单元格中显示多行文本，可以通过设置单元格"自动换行"来实现。

按〈Ctrl〉＋〈Enter〉组合键可实现在多个单元格中输入相同数据。

（2）快速输入数据的方法。

当需要输入大量数据时，Excel 提供了提高效率、减少差错的手段，方法如下：

① 记忆式输入：在表格中输入字符的过程中，往往有重复性输入固定词汇，可以利用"记忆式输入"功能来简化输入过程。如图 3-3-6 所示：由于 B2 单元格中已经输入过"教务处"的字符，在 B6 单元格中输入"教"字符时，系统会自动提示"务处"两个字符。

| | A | B | C | D | E |
|---|---|---|---|---|---|
| 1 | 出席时间 | 参加部门 | 应到人数 | 实到人数 | |
| 2 | 2019/6/1 | 教务处 | 12 | 12 | |
| 3 | 2019/6/7 | 实设处 | 10 | 9 | |
| 4 | 2019/6/8 | 人事处 | 17 | 15 | |
| 5 | 2019/7/1 | 科技处 | 18 | 18 | |
| 6 | 2019/7/3 | 教务处 | | | |
| 7 | | | | | |

图 3-3-6　记忆式输入

② 下拉列表输入：在一个单元格中输入文本型数据后，如果想在该列下一行输入相同类型的数据时，可如图 3-3-7 所示操作。

图 3-3-7　下拉列表式输入

③ 自动填充输入：当输入的数据相同或者有一定规律时，所谓有规律是指等差数列、等比数列、系统预先定义的数据填充序列等，通过"填充柄"可以完成根据初始值自动填充数据的功能。所谓的填充柄就是将光标移动到任一单元格或区域的右下角，光标会由一个粗的空心十字变成一个黑色的实心十字。操作时只需选中含有初始值的单元格或区域，拖曳填充柄向水平或者垂直的方向即可完成数据的输入。拖曳完毕后点击浮动菜单"自动填充选项"可选择是否输入相同数据还是填充序列，如图 3-3-8 所示。

（3）输入不同类型的数据。

文本型数据：英文字母、汉字、数字字符、空格以及符号都是文本型数据，输入文本型数据时，系统自动左对齐。

输入数字字符的文本数据，例如电话号码、身份证号时，可在数字字符前加一个英文单引号，再输入数字字符，以免系统将数字字符文本数据自动认定为数值型数据，此时单元格左上角会有绿色小三角显示。

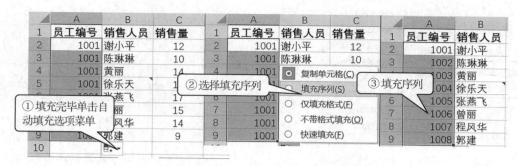

图 3-3-8 自动填充式输入

数值型数据：数字、运算符号、标点符号、小数点以及一些特殊符号如 $、%等都属于数值型数据。输入数值型数据时，系统自动右对齐；输入数值型数据长度过长，系统会自动用科学计数法来表示数据，例如 1.23456E+15；小数部分如果超过格式的设置，会根据设置将超过的部分四舍五入；输入分数时，应先输入"0"加一个空格，然后再输入分数，否则系统会将分数默认成日期格式的数据；当数据列宽比单元格列宽更宽时，单元格可能会显示"＃＃＃＃＃＃"，要查看所有数据，必须增加列宽。

日期型数据：Excel 内置了一些日期和时间格式，当输入的数据与内置格式相匹配时，系统自动将数据处理成日期或时间，并自动右对齐。输入日期时，通常用斜线"/"、连字符"－"分隔，输入时间时通常用冒号"："分隔，默认情况下，系统以 24 小时制显示。

（4）批注应用。

为了理解单元格的信息，可以为单元格添加批注。添加批注的方式如图 3-3-9 所示。

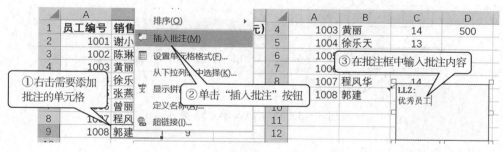

图 3-3-9 添加批注

通常情况下批注是隐藏的，只有当鼠标移动到该单元格时，批注才会显示。添加好的批注可以进行编辑、删除、显示/隐藏操作，只需右键点击单元格，在弹出的快捷菜单中选择相应的命令，如图 3-3-10(a)所示。

在批注处于显示状态时，将鼠标指针移动到批注框的边框上，出现四个箭头的指针，右击选择"设置批注格式"对话框，可设置批注的字体、大小、颜色等，如图 3-3-10(b)所示。

（5）移动、复制及选择性粘贴数据。

移动、复制：在 Excel 中进行数据的复制、粘贴操作后，可单击弹出的浮动菜单"粘贴选项"，根据需要选择粘贴、值、公式、格式链接、图片等，如图 3-3-11 所示。

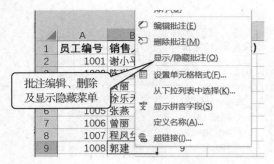

图 3-3-10(a)　批注编辑菜单

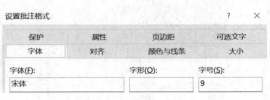

图 3-3-10(b)　设置批注格式

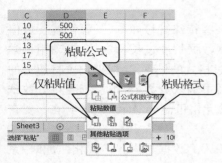

图 3-3-11　粘贴选项

选择性粘贴：将选中的单元格复制之后，到目标单元格右击选择"选择性粘贴"命令，也可实现如图 3-3-11 所示的单元格的内容或属性复制粘贴。

## 5. 单元格操作

（1）插入、删除单元格。

选中单元格，在快捷菜单中选择"插入"、"删除"命令时，会弹出"插入"、"删除"对话框，即可选择插入或删除单元格的位置，如图 3-3-12 所示。

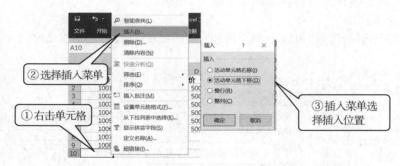

图 3-3-12　插入单元格操作

（2）选取、命名单元格或区域。

选取单元格或区域：单击要选择的单元格可选中单个单元格，选中一个单元格，按住鼠标左键拖曳，可选定一片单元格区域。

若需要选择不连续的单元格，可先按住〈Ctrl〉键，然后依次单击需要的单元格；若需要选择连续的单元格，可先选中连续区域左上角的单元格，然后按住〈Shift〉键，单击连续区域右下角的单元格；若需要选择工作表中所有单元格，只需单击行号与列标交界处的全选按钮或是快捷键〈Ctrl〉＋〈A〉；清除选中区域，只需单击任一单元格。

命名单元格或区域：选中单元格或区域，在名称栏中输入名称。也可在选中单元格或区域后右击，选择"定义名称"命令，在弹出的对话框中输入名称，如图 3-3-13 所示。

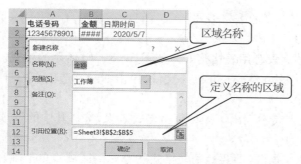

图3-3-13　定义区域名称

### 6. 行和列的操作

（1）调整列宽和行高。

单元格有默认的列宽，而行高则会配合字体的大小自动调整。

将鼠标停留在相邻的行号或列标的分隔线上，当光标呈现双向箭头时，即可拖动该分隔线调整列宽和行高。也可选中需要调整的列或行右击，在弹出的菜单中选择"列宽"或者"行高"命令，输入精准的数值调整列宽和行高。将鼠标停留在列标的分隔线上，当光标呈现双向箭头时双击，可自动调整列宽。

（2）隐藏与显示行列数据。

设置隐藏：隐藏行的方法如图3-3-14所示。隐藏列的方法与隐藏行的方法一致。

图3-3-14　隐藏行的方法

取消隐藏：选中被隐藏行列相邻两侧的行列并右击，在弹出菜单里选择"取消隐藏"命令。如图3-3-14所示，第3、4、6行被隐藏，选中第2到6行右击，选择"取消隐藏"即可。或者将鼠标移动至被隐藏的行列的行标列号处，待光标变成双线双箭头时双击，也可取消隐藏。

### 7. 打印、预览和页面设置

在Excel中，打印、打印预览和页面设置可通过单击"文件"选项卡选择"打印"按钮，打开打印选项卡完成。在Excel中，打印选项卡的设置与word基本相同，在此就不再赘述。

### 8. 工作表格式化

在工作表中输入数据之后，需要对工作表进行修饰，使工作表的整体更美观、简洁。

（1）自动套用表格格式。

Excel提供了许多预定义的表格格式，从表格的标题，到普通的单元格，都可以套用。用户也可以创建并应用自定义的表格格式。

**例 3-3-2　将数据表套用表格格式为如图 3-3-15 所示的格式。**

① 打开配套素材中的 L3-3-2.xlsx 文件,单击"开始"选项卡的"样式"组中的"套用表格格式"按钮;

② 在弹出的下拉列表中列出了多种表格格式效果,选择其中的选项后,弹出"套用表格格式"对话框;

③ 选中 A2:M18 数据源(即要套用表格式的单元格区域),单击"确定"并返回工作表

此时选中的单元格区域就会套用用户选中的表格格式,同时文档窗口上方的功能区自动切换到"表格工具/设计"动态选项卡,如图 3-3-15 所示。套用表格格式之后,单击列标题的右侧的下三角按钮,可对数据信息进行排序和筛选等设置,如图 3-3-16 所示。

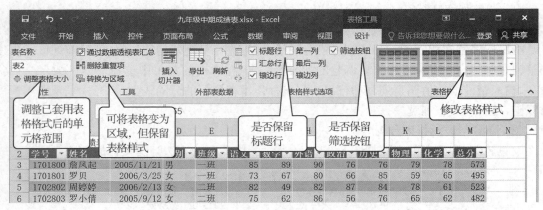

图 3-3-15　自动套用表格格式

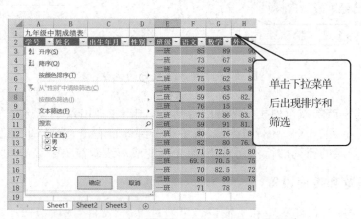

图 3-3-16　套用表格格式后的下拉菜单

① 通过选择"表格样式选项"组中的表元素(如标题行和汇总行、第一列和最后一列、镶边行)可以进一步调整表格格式。

② 通过选择"属性"组中的"调整表格大小"按钮可以调整已套用表格格式后的单元格区域范围。

③ 通过单击"工具"组中的"转换为区域"按钮,可以将套用了表格格式的单元格区域转换为普通区域,即取消其筛选和排序的功能,此时列标题右侧的下三角按钮都会消失。

应用表格格式之后,还可以使用系统提供的"页面布局"选项卡的"主题"组中的选项继续美化表格。系统提供的主题样式主要包括字体、颜色以及效果等。

（2）设置单元格格式。

设置单元格的格式时,可以从单元格的字体、对齐方式、数字、边框和底纹等几个方面进行设置。

**字体:** 在"开始"选项卡的"字体"组中完成。

**对齐方式:** 在"开始"选项卡的"对齐方式"组中完成,如图 3-3-17 所示。其中"合并后居中"下拉列表中有合并后居中、跨越居中、合并单元格、取消单元格合并命令等。

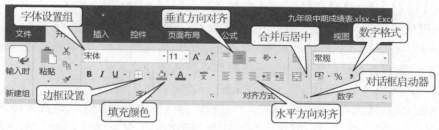

图 3-3-17　单元格格式设置

**数字:** 在"开始"选项卡的"数字"组可设置数字类型单元格的格式。其中"数字格式"的下拉列表中的"其他数字格式"命令有更加详细的数字格式设置。

**边框:** 单击"开始"选项卡的"字体"组中边框右侧的下三角按钮,在下拉列表可选择不同的边框线应用到当前的单元格或单元格区域。通过"边框"下拉列表中的"绘制边框"区域的命令也可以设置边框线。

**填充颜色(底纹):** 在"开始"选项卡的"字体"组中"填充颜色"按钮,可以为选定的单元格或区域设置颜色。

**单元格样式:** Excel 软件预设了 5 种类型的单元格样式,对于不同内容的单元格,可直接应用相应的样式。用户还可以通过"新建单元格样式"命令来自定义单元格的样式,将其存储后以备使用,如图 3-3-18 所示。

图 3-3-18　单元格样式设置

对单元格的格式进行设置,还可选中单元格或单元格区域右击,点击"设置单元格格式",在弹出"设置单元格格式"对话框中设置。

通过浮动工具栏来设置单元格格式会更加便捷,选中文本后右击,会显示一个工具栏,称为浮动工具栏。通过浮动工具栏可以帮助用户进行字体、字号、对齐方式、文本颜色、填充边框线、会计数字格式、格式刷等功能的设置。如图 3-3-19 所示。

图 3-3-19　浮动单元格格式对话框

（3）应用条件格式。

条件格式主要包括 5 种默认的规则:突出显示单元格规则、项目选取规则、数据条、色阶和图标集,用户可以根据自己的需要为单元格添加不同的条件格式。

突出显示单元格规则:对规定区域的数据进行特定的格式设置。

项目选取规则:通过项目选取规则选项,在选定的区域中根据指定的值查找该区域中的最高值、最低值等;还可以快速将该区域中高于或低于平均值的单元格设置成合适的格式。

数据条:使用数据条进行渐变或实心填充,数据条的长度代表单元格中数据的值。数据条越长,代表值越高:反之数据条越短,代表值越低。当在观察大量数据中的较高值和较低值时,数据条显得比较有效。

色阶:色阶是通过颜色刻度,比较直观地了解数据分布和数据变化。通常有双色和三色,用颜色的深浅来表示某个区域中数值的高低。

图标集:图标集有方向、形状、标记、等级 4 种样式,通过它对数据进行图标注释。

若用户要清除条件格式,可以选择"条件格式"下拉列表中的"清除规则"选项,再在其展开的子列表中选择"清除所选单元格的规则"或"清除整个工作表的规则"命令。

例 3-3-3　打开 L3-3-3.xlsx 进行格式设置,工作表的标题大小 28 磅,加粗,合并居中;填充标题背景填充为"深蓝,文字 2,淡色 60%";平均分栏数据设置为整数;表格外边框设置为"深蓝,文字 2,淡色 40%"的双线,内部边框为同色单线;表格内部设置单元格样式为"20%-着色 1";将各科成绩不及格的突出显示为红色;将所有的数字类型的数据设置为"右对齐"。

① 选中 A1 单元格,单击"开始"选项卡中的"字体"组中"字号"右侧的下三角按钮,在下拉列表中选择"28"磅,并点击下方的"加粗"按钮。

② 选中 A1:N1 单元格,单击"开始"选项卡中的"对齐方式"组中的"合并后居中"按钮,完成标题的合并居中。

③ 选中合并后的标题 A1 单元格,单击"开始"选项卡中的"字体"组中"填充颜色"右侧的下三角按钮,在下拉列表中选择"深蓝,文字 2,淡色 60%"颜色。

④ 选中 M3:M18 单元格区域,单击"开始"选项卡中的"数字"组中的"减少小数位"按钮,五次后小数位就取消,平均分变成整数。

⑤ 选中 A1:N18 单元格区域,单击"开始"选项卡中的"字体"组中"边框"右侧的下三角按

钮,在下拉列表中选择"其他边框"命令,在弹出的"设置单元格格式"菜单"边框"选项卡中样式选择双线,颜色选择"深蓝,文字 2,淡色 40％",预置"外边框",预置"内部"为同色单线。

⑥ 选中 A2:N18 单元格区域,单击"开始"选项卡中的"样式"组中"单元格样式"下方的三角按钮,在下拉列表中选择"主题单元格样式"中的"20％–着色 1"。

⑦ 选中 F3:L18 单元格区域,单击"开始"选项卡的"样式"组中的"条件格式"下方的三角按钮,在下拉列表中选择"突出显示单元格规则"命令,在其展开的子列表中选择"小于"命令,弹出"小于"对话框,在"为小于以下值的单元格设置格式"文本框中输入"60",在"设置为"下拉列表中选择"红色文本"格式。(此处的格式还可以通过选择"自定义格式"命令来进行其他格式的设置)

⑧ 选中 F3:L18 单元格区域,单击"开始"选项卡的"对齐方式"组选择"右对齐"按钮。

(4)复制和删除格式。

将工作表中的某一区域的格式复制到另一区域的方法有多种。方法如下:

直接用"文件"选项卡的"剪贴板"组中的"格式刷"。

先复制原来区域的值,在目标区域右击,择"选择性粘贴"命令,在弹出对话框中选择"格式"选项。

选择原来区域复制后,在目标区域右击,选择"粘贴选项"中的"格式"按钮。

将已有格式删除,选择"开始"选项卡的"编辑"组中的"清除"下拉列表中的"清除格式"命令。

## 3.3.2　公式与函数

Excel 具备强大的数据分析与处理功能,其中公式和函数提供了强大的计算功能,用户可以运用公式和函数实现对数据的分析和处理。

### 1. 公式

公式就是从"＝"开始的一个表达式,当单元格中首先输入"＝"时,Excel 就会识别其为公式输入的开始,公式可以在编辑栏或单元格中输入。

公式是由数据、函数、运算符、单元格或区域引用等组成,类似于文本型数据的输入。如图 3-3-20 所示中,在 N3 单元格中输入公式"＝F3＋G3＋H3＋I3＋J3＋K3＋L3",表示将这七个单元格中的数据进行求和,即求所有科目的总分,计算结果在 N3 单元格中显示,而公式本身则在该单元格的编辑栏中显示。单元格的公式可以像其他数据一样进行编辑,包括修改、复制、移动。如果希望在连续的区域中使用相同算法的公式,可以通过"双击"或拖动单元格右下角的填充柄来进行公式的复制。

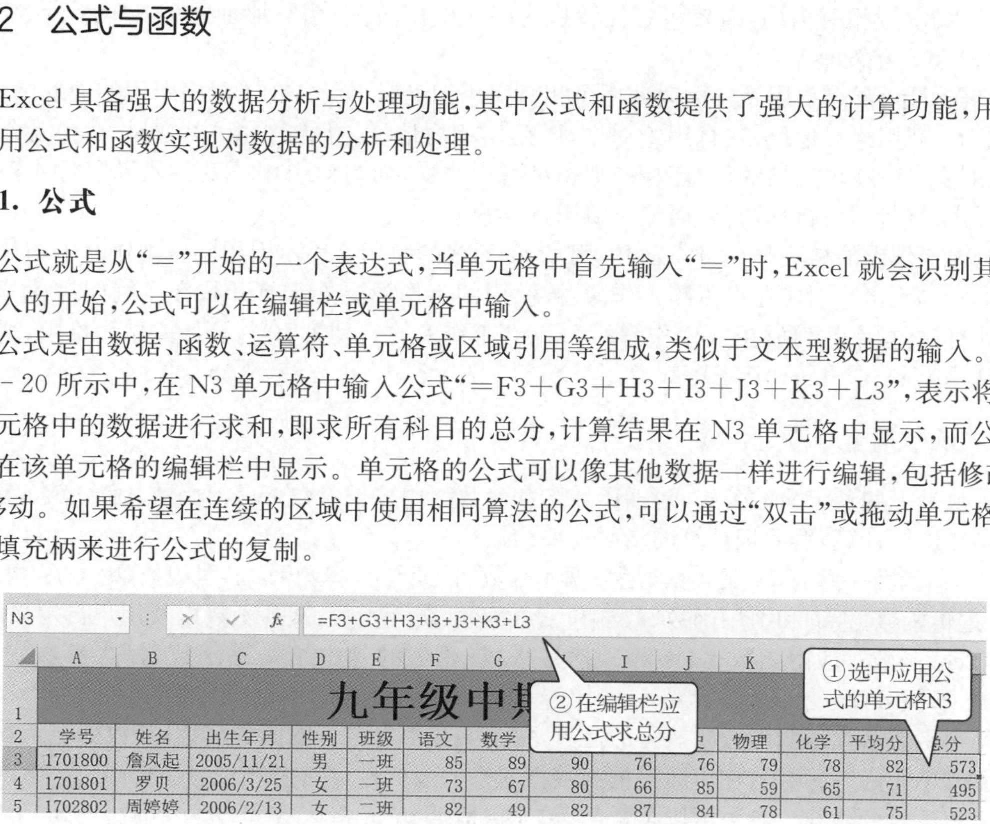

图 3-3-20　公式应用

公式中的常量可以是数值型和文本型。运算符是构成公式的基本元素之一,公式中的运算符有四类:算术运算符(+、-、*、/、%、^)、字符运算符(&)、关系运算符(=、>、<、>=、<=、<>)和引用运算符(:、,和空格)。当公式中出现多个运算符时,Excel 对运算符的优先级做了规定,算术运算符从高到低分 3 个级别:%、^、* 、/、+、-,关系运算符优先相同。四类运算符优先顺序由高到低依次为引用运算符、算术运算符、字符运算符、关系运算符。优先级相同时,按从左到右顺序计算。

## 2. 引用单元格

在利用公式、函数的场合,单元格的引用具有十分重要的地位和作用。引用即标识工作表上的单元格或单元格区域,并指明公式中所使用数据的位置。如果要在不同的单元格中输入相同的公式,就可以用到公式的引用功能。引用单元格数据后,公式的运算值将随着被引用的单元格数据的变化而变化。单元格引用可分为相对引用、绝对引用和混合引用。

**相对引用**:相对引用是指当公式所在的单元格位置发生变化的时候,公式中引用的单元格地址也会发生相应的变化。如果多行或多列地复制公式,引用会自动调整。默认情况下,新公式使用相对引用,此时被单元格引用的地址称为相对地址,例如 F10 表示为相对地址。

**绝对引用**:如果说相对引用强调的是单元格地址的变化,而绝对引用就是强调单元格地址的固定性,无论公式放在什么单元格中,公式中引用的单元格地址都不会发生改变。如果多行或多列地复制公式,绝对引用不作调整,此时被单元格引用的地址称为绝对地址。默认情况下,新公式使用相对引用,需要将它们转换为绝对引用时,在相对地址中加入"$"符号,例如$F$10 就是绝对地址。

**混合引用**:混合引用就是同时使用了相对引用和绝对引用。在单元格引用的地址中,行用相对地址,列用绝对地址;或行用绝对地址,列用相对地址。例如:$A2,A$2。在混合引用中,如果公式所在单元格的位置改变,则相对引用改变,而绝对引用不变。如果多行或多列地复制公式,相对引用自动调整,而绝对引用不作调整。

引用工作表的格式是〈工作表的引用〉!〈单元格的引用〉,表示引用同一工作簿中的其他工作表中的单元格。引用还可以跨工作簿,被引用的工作簿要处于打开状态。例如在计算商品价格的时,折扣率数列放在 A 工作簿的 Sheet3 工作表的 F 列第 10 行开始的单元格中,那么引用就是:[A. xlsx]Sheet3!$F10。

## 3. 函数简介

函数是一些预定义的公式,包括函数名和参数。用户把参数传递给函数,函数按特定的指令对参数进行计算,然后把计算的结果返回给用户。

Excel 函数一共有 11 类,分别是数据库函数、日期与时间函数、工程函数、财务函数、信息函数、逻辑函数、查询和引用函数、数学和三角函数、统计函数、文本函数以及用户自定义函数。

Excel 函数一般由函数名、参数和括号构成;函数的基本结构是函数名称(参数 1,参数 2,……,参数 n)。

其中函数名称说明函数要执行的运算,每个函数都有唯一的函数名称;参数指定函数使用的数值或单元格。函数名称后面是把参数括起来的圆括号,在有多个参数的情况下,参数之间要用半角逗号分隔开。参数可以是常数、单元格地址、单元格区域、单元格区域名称或函数等。如图 3-3-20 所示,求所有科目的总分,也可用函数来完成。

方法1：如图3-3-21所示，在N3单元格中输入"＝SUM(F3：L3)"，其中SUM是函数名，说明函数要执行求和运算，区域F3：L3是参数。如果对区域F3：L3利用名称框定义名称为AA，那么参数可以直接用名称来代替，即："＝SUM(AA)"，也可求出区域F3：L3的和。

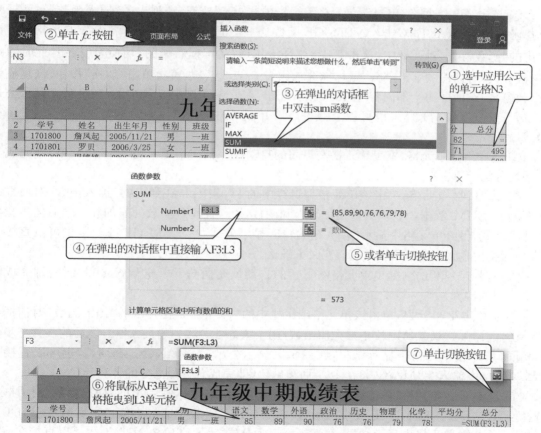

图3-3-21 求和函数应用

方法2：利用"公式"选项卡中的"插入函数"命令，方法如图3-3-22所示：

图3-3-22 使用插入函数方法应用函数

## 4. 常用函数

Excel中其中较常用的统计函数有SUM、AVERAGE、COUNT、MAX、MIN、RANK、

COUNTIF、SUMIF 等，常用日期函数有 YEAR、MONTH、DAY、NOW、TODAY、EDATE、DATEDIF 等，另外常用的函数还有 IF 及分别表示逻辑与、或、非的 AND、OR、NOT 函数。

IF 函数：IF 函数是条件函数，它根据逻辑条件的值返回不同的结果，其语法格式为 IF (Logical_test,Value_if_true,Value_if_false)。

Logical_test 为逻辑条件，若其值为真，返回 Value_if_true 表达式的值；否则返回 Value_if_false 表达式的值。

**例 3 - 3 - 4** 打开 L3 - 3 - 4.xlsx，统计有多少位同学；计算每位同学的平均分、总分；计算总分的最高分、最低分；并对每位同学的评分均进行评价，平均分大于等于 80 分的为"优秀"，平均分大于等于 70 分，小于 80 分的为"良好"，平均分小于 70 分的为"一般"；并将各位同学的总分进行降序排名；统计"一班"所有同学的总分，同时统计三班有多少同学；计算各位同学的年龄，并计算每个同学成年时的日期。

① 选中 M3 单元格，单击该单元格编辑栏中的"ƒx"按钮，在弹出的"插入函数"对话框中选择函数"AVERAGE"双击，AVERAGE 函数是平均值函数，用于计算各参数的平均值。在弹出的"函数参数"对话框中，单击第 1 行"Number1"文本框右侧的"切换🔳"按钮，此时隐藏"函数参数"对话框的下半部分，鼠标拖选工作表 F3：L3 区域，再次单击"切换"按钮，恢复显示"函数参数"对话框的全部内容，单击"确定"按钮，在此单元格中显示结果，在编辑区显示公式"＝AVERAGE(F3：L3)"，也可以直接在 M3 单元格中输入"＝AVERAGE(F3：L3)"回车确认。

② 选中 M3 单元格，拖曳单元格右下角的自动填充柄向下填充至 M18 单元格，即完成学生平均分的计算。

③ 选中 N3 单元格，单击该单元格编辑栏中的"ƒx"按钮，在弹出的"插入函数"对话框中选择函数"SUM"双击，SUM 函数是汇总求和函数，用于计算各参数的累加和。之后的步骤与步骤①相同，最终单元格中显示结果，在编辑区显示公式"＝SUM(F3：L3)"，也可以直接在 N3 单元格中输入"＝SUM(F3：L3)"回车确认。

④ 选中 N3 单元格，拖曳单元格右下角的自动填充柄向下填充至 N18 单元格，即完成学生平均分的计算。

⑤ 选中 B22 单元格，单击该单元格编辑栏中的"ƒx"按钮，在弹出的"插入函数"对话框中选择函数"MAX"双击，MAX 是最大值函数，用于统计各参数中的最大值。之后的步骤与步骤①相同，最终在单元格中显示结果，在编辑区显示公示"＝MAX(N3：N18)"，也可以直接在 B22 单元格中输入"＝MAX(N3：N18)"回车确认，即完成总分最高分的计算。

⑥ 选中 C22 单元格，单击该单元格编辑栏中的"ƒx"按钮，在弹出的"插入函数"对话框中选择函数"MIN"双击，MIN 是最小值函数，用于统计各参数中的最小值。之后的步骤与步骤①相同，最终在单元格中显示结果，在编辑区显示公式"＝MIN(N3：N18)"，也可以直接在 C22 单元格中输入"＝MIN(N3：N18)"回车确认，即完成总分最低分的计算。

⑦ 选中 B23 单元格，单击该单元格编辑栏中的"ƒx"按钮，在弹出的"插入函数"对话框中选择函数"COUNT"双击，COUNT 函数是计数函数，用于统计各参数中数值型数据的个数。之后的步骤与步骤①相同，最终在单元格中显示结果，在编辑区显示公式"＝COUNT(A3：A18)"，也可以直接在 B23 单元格中输入"＝COUNT(A3：A18)"回车确认，即完成统计人数

的计算。

⑧ 选中 O3 单元格，单击该单元格编辑栏中的"$fx$"按钮，在弹出的"插入函数"对话框中选择函数"IF"双击，弹出"函数参数"对话框，在"Logical_test"文本框中先用鼠标选定 M3 单元格，再输入">=80"，输入的">="应该为西文字符输入法下的符号。在 Value_if_true 文本框中输入文字"优秀"，如图 3-3-23 所示。

⑨ 然后将鼠标移动到 Value_if_false 文本框，此时"优秀"两个字被自动加了一对西文字符的引号。当光标在第三个文本框中的时候，鼠标

图 3-3-23　使用插入函数方法应用 if 函数

单击工作表的名称框下拉列表，如图 3-3-24 所示，选择左上角的"IF"函数，弹出新的"函数参数"对话框，在"Logical_test"文本框中先用鼠标选定 M3 单元格，再输入">=70"，在 Value_if_true 文本框中输入文字"良好"，在第 3 行的 Value_if_false 文本框中输入"一般"，单击"确定"按钮，在此单元格中显示结果，在编辑区显示公式"=IF(M3>=80,"优秀",IF(M3>=70,"良好","一般"))"，也可以直接在 O3 单元格中输入"=IF(M3>=80,"优秀",IF(M3>=70,"良好","一般"))"回车确认。

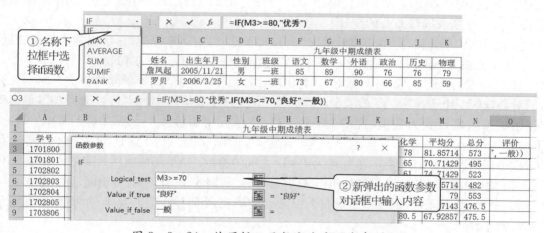

图 3-3-24　使用插入函数方法应用嵌套 if 函数

⑩ 选中 P3 单元格，单击该单元格编辑栏中的"$fx$"按钮，在弹出的"插入函数"对话框中选择函数"RANK"双击，RANK 函数是排名函数，返回一个数字在一组数字中的位次。在弹出的"函数参数"对话框中，单击第 1 行"Number1"文本框右侧的"切换"按钮，此时隐藏"函数参数"对话框的下半部分，鼠标选中工作表 N3 单元格，单击"切换"按钮返回，然后单击"函数参数"对话框中第 2 行"Ref"文本框右侧的"切换"按钮，鼠标选中工作表 N3:N18 区域，再次单击"切换"按钮，因排名的参考区域为固定区域，需将参考区域改成绝对地址引用。选中文本框中的"N3:N18"，将"N3:N18"修改为"$N$3:$N$18"（或按功能键〈F4〉），恢复显示"函数参数"对话框的全部内容，在第 3 行"Order"文本框中输入"0"，也可不空缺不输，该参数决定排序顺序，"0"或者不输表示降序，非"0"表示升序，单击"确定"按钮，在此单元格中显示结果，在

编辑区显示公式"＝RANK(N3,＄N＄3:＄N＄18,0)",也可以直接在P3单元格中输入"＝RANK(N3,＄N＄3:＄N＄18,0)"回车确认。

⑪ 选中P3单元格,拖曳单元格右下角的自动填充柄向下填充至P18单元格,即完成学生总成绩排名的计算。

⑫ 选中B24单元格,单击该单元格编辑栏中的"$fx$"按钮,在弹出的"插入函数"对话框中搜索函数文本框中输入"COUNTIF"单击"转到"按钮,双击下方列表中的"COUNTIF"函数。COUNTIF函数是单条件统计函数,用于统计符合条件的数据的个数。单击第一行"Range"右侧的"切换"按钮,此时隐藏"函数参数"对话框的下半部分,鼠标选中工作表E3:E18区域,再次单击"切换"按钮,在第二行的"Criteria"文本框中输入"三班",单击"确定"按钮,最终在单元格中显示结果,在编辑区显示公式"＝COUNTIF(E3:E18,"三班")",也可以直接在B24单元格中输入"＝COUNTIF(E3:E18,"三班")"回车确认,即完成三班人数的统计。

⑬ 选中C24单元格,单击该单元格编辑栏中的"$fx$"按钮,在弹出的"插入函数"对话框中双击下方列表中的"SUMIF"函数。SUMIF函数是单条件求和函数,用于统计符合条件的单元数据的累加和。单击第一行"Range"右侧的"切换"按钮,此时隐藏"函数参数"对话框的下半部分,鼠标选中工作表E3:E18区域,再次单击"切换"按钮,在第二行的"Criteria"文本框中输入"一班",单击第三行"Sum_Range"右侧的"切换"按钮,鼠标选中工作表N3:N18区域,单击"确定"按钮,最终在单元格中显示结果,在编辑区显示公式"＝SUMIF(E3:E18,"一班",N3:N18)",也可以直接在B24单元格中输入"＝SUMIF(E3:E18,"一班",N3:N18)"回车确认,即完成一班所有同学总分的统计。

⑭ 选中Q1单元格,在单元格中输入"＝TODAY()",按回车确认,显示当前的系统日期。选中R1单元格,在单元格中输入"＝NOW()",按回车确认,显示当前时间。

⑮ 选中Q3:Q18区域,右击鼠标,在弹出的快捷菜单中选择"设置单元格格式"命令,在弹出的对话框框汇中选择"数字"选项卡,在"分类"中,选择"数值",小数点位数选择"0",单击确定按钮将该区域设置为数值,选中Q3单元格,在单元格中输入"＝YEAR(TODAY())－YEAR(C3)",按回车确认,显示该同学年龄。YEAR函数返回某日期的年份,同样的MONTH函数返回日期的月份,返回值为1～12之间的整数,DAY函数返回日期的天数,返回值为1～31之间的整数,用系统日期的年份减去同学出生日期的年份即可计算出同学的年龄。

⑯ 选中Q3单元格,拖曳单元格右下角的自动填充柄向下填充至Q18单元格,即完成学生年龄的计算。

在年龄的计算中,还可使用Excel中的一个隐藏的,功能强大的函数DATEDIF来计算,主要用于计算两个日期之间的天数、月数或年数,语法格式为DATEDIF(start_date,end_date,unit)。

DATEDIF函数中的start_date和end_date表示起始日期和结束日期,起始日期不可晚于结束日期,第三个参数unit为"y"则返回时间段中的整年数,为"m"返回时间段中的整月数,为"d"返回时间段中的天数。

使用DATEDIF计算年龄的方法如下:选中Q3单元格,在单元格中输入"＝DATEDIF(C3,TODAY(),"y")",按回车确认,显示该同学年龄。

⑰ 选中R3:R18区域,右击鼠标,在弹出的快捷菜单中选择"设置单元格格式"命令,在弹出的对话框框汇中选择"数字"选项卡,在"分类"中,选择"日期",类型选择默认,单击确定按钮将该区域设置为日期,选中R3单元格,在单元格中输入"＝EDATE(C3,18＊12)",按回车确

认,显示该同学成年的日期。EDATE 函数用于计算某个日期隔指定月份后的日期,其语法格式为 EDATE(start_date, months),start_date 为指定的日期,months 是间隔的月份,为正数时返回未来的日期,为负数时返回过去的日期。

⑱ 选中 R3 单元格,拖曳单元格右下角的自动填充柄向下填充至 R18 单元格,即完成学生成年日的计算。

### 3.3.3　数据分析技术

**1. 排序**

Excel 软件中提供了简单排序、复杂排序和自定义排序等多种排序方法。

**简单排序:**是根据数据表中的某一字段进行排序。可先将光标停在要进行排序的列的任意单元格,单击"开始"选项卡的"排序和筛选"组中的"升序"或"降序"按钮;或者单击"数据"选项卡的"排序和筛选"组中的"排序"按钮,在弹出的"排序"对话框中进行排序项目的设置。

**复杂排序:**是对两组或两组以上的数据进行排序。选择"数据"选项卡的"排序和筛选"组中的"排序"按钮,在弹出的"排序"对话框中,先设置"主要关键字"的排序依据和次序,再单击"添加条件"按钮,增加设置"次要关键字"的排序依据和次序,可以添加多个次要关键字的排序,也可以通过删除条件来减少次要关键字的排序。数据先根据主要关键字排序,当主要关键字中有相同值时,再根据次要关键字排序,以此类推。

**例 3-3-5**　打开 L3-3-5.xlsx,将所有同学按照总分从高到低排序,若总分一样的,再按外语成绩从高到低排序。

将 Sheet1 工作表中 A2:O18 区域的数据复制到 Sheet2 的 A2:O18 区域。

在 Sheet2 工作表中,选中数据区域,单击"数据"选项卡的"排序和筛选"组中的"排序"按钮,在弹出的"排序"对话框中,如图 3-3-25 设置。

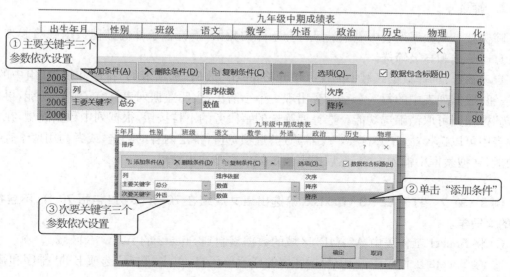

图 3-3-25　复杂排序

● **自定义排序**：当简单排序和复杂排序都无法满足排序要求的时候，用户可自定义排序，选择"数据"选项卡的"排序和筛选"组中的"排序"按钮，在弹出的"排序"对话框中将次序设定为"自定义序列"。自定义排序只能应用在"主要关键字"框中的特定列。

**例3-3-6** 打开 L3-3-5.xlsx，将所有同学按照"一班、二班、三班"的班级顺序排序，再按总分从高到低排序。

① 将 Sheet1 工作表中 A2：O18 区域的数据复制到 Sheet2 的 A2：O18 区域。

② 在 Sheet2 工作表中，选中数据区域，单击"数据"选项卡的"排序和筛选"组中的"排序"按钮，在弹出的"排序"对话框中，将"主要关键字"设置为"班级"，"排序依据"为设置"数值"，"次序"设置为"自定义序列"，如图3-3-26所示。

图3-3-26 自定义序列

③ 在弹出的"自定义序列"对话框中右侧"输入序列"，输入"一班，二班，三班"。注意输入序列中间的符号为西文字符中的逗号。

④ 再单击"添加条件"按钮，将添加的次要关键字设置为"总分"，"排序依据"为设置"数值"，"次序"设置为"降序"，按确定按钮，即完成先按班级排序再按总分降序排列。

## 2. 筛选

筛选就是从数据列表中显示满足符合条件的数据，不符合条件的其他数据隐藏起来。筛选有自动筛选和高级筛选。

自动筛选：选择数据区域中的任一单元格，单击"数据"选项卡的"排序和筛选"组中的"筛选"按钮，数据列表中的每一个字段旁出现一个小箭头，表明数据列表具有了筛选功能，再单击"筛选"按钮则可取消筛选功能。选择要筛选的字段旁的下拉按钮，根据列中数据类型，在弹出的列表中可以选择"数字筛选"或"文本筛选"选项，进行指定内容的筛选；或者利用搜索查找筛选功能，在搜索框中输入内容，然后根据指定的内容筛选出结果。

**例3-3-7** 打开 L3-3-5.xlsx，筛选出语文成绩在70到80分（包括70分，不包括80分）的女同学。

① 将 Sheet1 工作表中 A2：O18 区域的数据复制到 Sheet2 的 A2：O18 区域。

② 在 Sheet2 工作表中，选中数据区域的任意单元格，单击"数据"选项卡的"排序和筛选"组中的"筛选"按钮。

③ 在"性别"字段的下拉按钮的"文本筛选"中选择"女"。

④ 在"语文"字段的下拉列表的"数字筛选"中选择"介于"命令,弹出如图 3-3-27 所示的"自定义自动筛选方式"对话框。

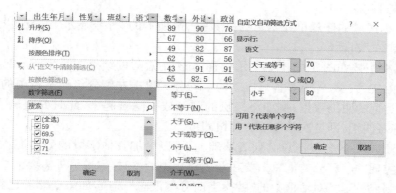

图 3-3-27　自定义自动筛选

⑤ 在对话框中,设置"语文"大于或等于 70,同时用"与"表示小于 80,筛选的结果如图 3-3-28 所示。

| | A | B | C | D | E | F | G | H | I | J |
|---|---|---|---|---|---|---|---|---|---|---|
| | | | | | | | 九年级中期成绩表 | | | |
| | 学号 | 姓名 | 出生年月 | 性别 | 班级 | 语文 | 数学 | 外语 | 政治 | 历史 |
| | 1701801 | 罗贝 | 2006/3/25 | 女 | 一班 | 73 | 67 | 80 | 66 | 85 |
| | 1702803 | 罗小倩 | 2005/9/12 | 女 | 二班 | 75 | 62 | 86 | 56 | 76 |
| | 1703807 | 刘琴 | 2006/7/22 | 女 | 三班 | 75 | 86 | 83.5 | 80 | 76 |
| | 1701811 | 付小美 | 2005/11/10 | 女 | 一班 | 71 | 72.5 | 80 | 81 | 82 |

图 3-3-28　筛选结果

● **高级筛选**:对于条件更为复杂的筛选,则需要高级筛选。使用高级筛选时,必须在工作表的无数据区域先输入要筛选的一个或多个条件,作为条件区域来存放筛选条件,然后将筛选的结果显示在指定位置。

### 3. 分类汇总

分类汇总是依据列表中的某一类字段将数据进行汇总,汇总时可根据需要选择汇总方式(例如,求和、平均、计数等 6 种),对数据进行汇总后,同时会将该类字段组合为一组,可以进行隐藏。在创建分类汇总前,必须根据分类字段对数据列表进行排序,让同类字段集中显示在一起,然后再进行分类汇总。

创建分类汇总的方法是:先根据分类字段进行排序,然后选择"数据"选项卡的"分级显示"组中的"分类汇总"按钮,在弹出的"分类汇总"对话框中进行设置。在"分类字段"下拉列表框中选择已经排序好的分类字段,在"汇总方式"下拉列表中选择汇总的方式,在"选定汇总项"下拉列表中,选择一个或多个需要分类汇总的字段,单击"确定按钮,即显示分类汇总后的结果。同时在屏幕左边自动显示一些分级显示符号("+"或"-"),单击这些符号可以显示或隐藏对应层上的明细数据。

**例3-3-8　打开L3-3-5.xlsx,按班级分类汇总各门功课的平均成绩。**

① 将 Sheet1 工作表中 A2:O18 区域的数据复制到 Sheet2 的 A2:O18 区域。

② 利用例 3-3-5 的方法,将 Sheet2 中的数据先按班级"一班、二班、三班"升序排序。(若已排序就跳过此操作)

③ 选中数据区域的任意单元格,选择"数据"选项卡的"分级显示"组中的"分类汇总"按钮,弹出"分类汇总"对话框。

④ 在对话框中按如图 3-3-29 所示设置,分类汇总后的结果如图 3-3-30 所示,即完成按班级统计出语文、数学、外语等各科成绩的平均分。单击左侧分级显示符中的"—"按钮,可以隐藏该对应类型的明细数据,例如将二班的明细数据隐藏起来,此时分级显示符为"+"按钮,若要取消隐藏明细,则再次单击"+"按钮即可。

⑤ 在已经建立好的分类汇总的列表基础上,可以增加其他字段的分类汇总,这便是嵌套分类汇总。要实现"嵌套"分类汇总只要在新创建分类汇总时,勾选另外需要汇总的选项,同时特别注意取消"分类汇总"对话框中的"替换当前分类汇总"选项,如果要删除已经建立的分类汇总,单击"分类汇总"对话框中"全部删除"按钮,如图 3-3-29 所示。

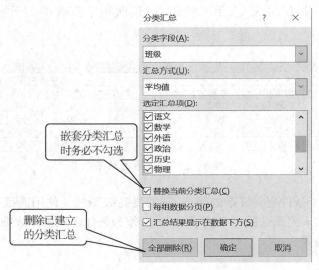

图 3-3-29　分类汇总对话框

| 1 2 3 | | A | B | C | D | E | F | G | H | I | J | K | L |
|---|---|---|---|---|---|---|---|---|---|---|---|---|---|
| | 1 | | | | | 九年级中期成绩表 | | | | | | | |
| | 2 | 学号 | 姓名 | 出生年月 | 性别 | 班级 | 语文 | 数学 | 外语 | 政治 | 历史 | 物理 | 化学 |
| + | 9 | | | | | 一班 平均值 | 75 | 77.5 | 80.5 | 73.08333 | 74.33333 | 68.5 | 75.75 |
| + | 15 | | | | | 二班 平均值 | 77.2 | 59.8 | 82.9 | 70.4 | 72.8 | 78.4 | 71.6 |
| + | 21 | | | | | 三班 平均值 | 72.3 | 68.5 | 79.3 | 71.9 | 77.6 | 77.4 | 77.7 |
| − | 22 | | | | | 总计平均值 | 74.84375 | 69.15625 | 80.875 | 71.875 | 74.875 | 74.375 | 75.0625 |

图 3-3-30　分类汇总结果

### 4. 数据透视表

数据透视表是一种对大量数据进行快速汇总和建立交叉列表的交互式表格,它不仅可以转换行和列来查看源数据的不同汇总结果,也可以显示不同页面已筛选的数据,还可以根据需要显示区域中的细节数据。数据透视表是一个动态的图表,它可以将创建的数据透视表以图表的形式显示出来。

**例 3-3-9**  打开 L3-3-5.xlsx,汇总出各班男女生的总分的平均分。

① 将 Sheet1 工作表中 A2:O18 区域的数据复制到 Sheet2 的 A2:O18 区域。

② 选中数据区域的任意单元格,选择"插入/表格"组中的"数据透视表"下拉按钮,在列表中选择"数据透视表"选项,弹出如图 3-3-31 所示"创建数据透视表"对话框。

③ 在弹出的对话框中系统会自动将单元格区域添加到"表/区域"文本框中,在"选择放置数据透视表的位置"选项中选择放置数据透视表的位置,可以放置到新工作表中,也可以放置在现有工作表中,单击"确定"按钮。

④ 出现放置数据透视表的区域,"数据透视表字段"任务窗格和"数据透视表工具"选项卡,如图 3-3-32 所示。

图 3-3-31  创建数据透视表

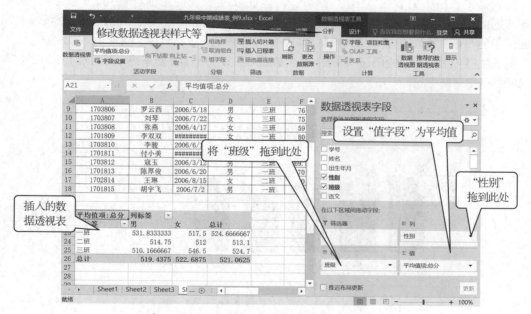

图 3-3-32  数据透视表字段设置及结果

⑤ 在"数据透视表字段"任务窗格中设置需要的选项。例如拖曳"班级"字段到"数据透视表字段列表"任务窗格的"行标签"处,将"性别"字段拖曳到"数据透视表字段列表"任务窗格的"列标签"处。

⑥ 将"总分"字段拖曳到"数据透视表字段列表"任务窗格的"数值"处。拖曳的数据项默认为"求和项",若要修改为其他计算类型,选择某个需要修改的"求和项"的下拉列表,在弹出

的快捷菜单中选择"值字段设置"菜单,在弹出的"值字段设置"对话框中,选择"计算类型"中的"平均值"、"计数"等选项,在此处选择"平均值"选项。

对创建好的数据透视表也可以进行单元格格式的修改、数据字段添加或删除、汇总方式的修改。将光标停留在建好的数据透视表中右击,在弹出的快捷菜单中,可快速设置数据透视表的数据格式,或是单击"数据透视表工具"选项卡进行移动数据透视表、更改数据源、排序等操作。

### 5. 数据透视图

数据透视图是对数据透视表显示的汇总数据的一种图解表示方法。数据视图基于数据透视表的,不能在没有数据透视表的情况下只创建一个数据透视图。

创建透视图的方法是:单击"插入"选项卡的"表格"组中的"数据透视表"下拉按钮,在列中选择"数据透视图"选项,在弹出的"创建数据透视表及数据透视图"对话框中设置,这和创建数据透视表的过程相似,只不过在创建透视图时同时产生一张数据透视图,Excel 的图表特性大多数都能应用到数据透视图中。

## 3.3.4 信息可视化技术

图表是将表格中的数据以图形的形式表示,使数据表现得更加可视化、形象化,方便用户了解数据的内容、宏观走势和规律。除了常用的柱形图、折线图、饼图等图表之外,Excel2016还提供了旭日图、瀑布图、直方图、树状图、箱型图等图表,大大丰富了图形的表现形式。

图表主要有图表区、绘图区、图表标题、数值轴、分类轴、数据系列、网格线以及图例等组成,如图 3-3-33 所示:

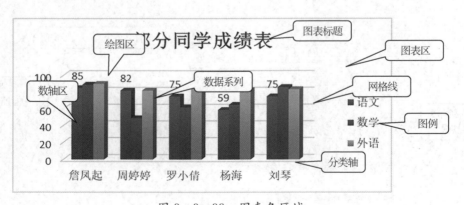

图 3-3-33  图表各区域

### 1. 创建图表

先选择创建图表的数据源,再选择"插入"选项卡的"图表"组中的图表类型,在其下拉列表中进一步选择合适的图表类型,即完成插入图表的操作。例如,先选择数据源,再插入图表,选择"推荐的图表",在弹出的"插入图表"对话框中选择"所有图表"下拉列表中的"柱形图"组中的"三维簇状柱形图",产生图表。当图表创建完后,在选中图表状态时,会自动显示"图表工具"动态标签及下面的"设计"和"格式"两个选项卡,如图 3-3-34 所示。

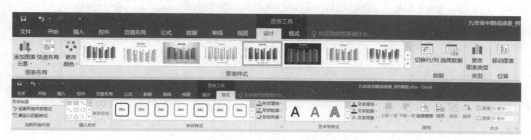

图 3-3-34  图表工具选项卡

"图表工具/设计"选项卡是对图表整个格局的设置,如图表布局、图表样式、更改图表类型等,以及对图表数据源设置;"图表工具/格式"选项卡是对图表中对象格式的设置,例如形状样式、艺术字样式等。

还可以通过对话框来创建图表,选择数据源后,单击"插入"选项卡的"图表组的对话框启动器,弹出"插入图表"对话框,在对话框中进行选择并完成图表的创建。

图表旁边的选项卡可对图表的对象进行编辑,"图表元素"菜单可以对图表标题、坐标轴标题、图例等进行设置,如图 3-3-35 所示:

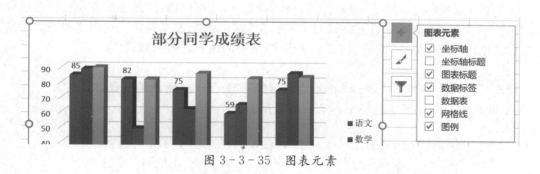

图 3-3-35  图表元素

## 2. 编辑图表中的对象

(1)更改图表类型。

已经创建好的图表也可以重新选择图表类型。

● 选中要更改类型的图表,单击"插入"选项卡的"图表"组中的图表类型按钮,在弹出的下拉列表中选择合适的图表类型。

● 选中要更改类型的图表,单击"图表工具/设计"选项卡,在"类型"组中单击"更改图表类型"按钮,在弹出的"更改图表类型"对话框中重新设置所需的图表类型。

(2)更改图表数据源。

创建图表时,Excel 根据数据源中的行与列自动产生图表的分类轴和数据轴,用户可在选中图表的状态下进行修改。如选择"图表工具/设计"选项卡的"数据"组中的"切换行/列"按钮,可将数据进行行与列的切换;选择"图表工具/设计"选项卡的"数据"组中的"选择数据"按钮,在弹出的"选择数据源"对话框中,可重新选择数据区域,如图 3-3-36 所示。

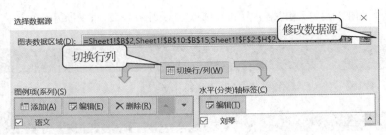

图 3-3-36　选择数据源

（3）快速设置图表布局和样式。

创建好图表后，在选中图表的状态下，单击"图表工具/设计"选项卡的"图表布局"组中的"快速布局"列表，选择一种布局，可快速地设置图表标题和图例的位置。

图表样式包括图表中绘图区、背景、系列标题等一系列元素的样式，Excel 软件预设了多种图表的样式。单击"图表工具/设计"选项卡的"图表样式"组中的"图表样式"列表可快速完成图表样式的重新设置。

（4）自定义图表布局和样式。

除了利用预设的布局和样式来设置图表中的标题、背景、坐标轴、图表区、绘图区等一系列图表对象外，用户还可自定义图表对象，比如在图表中添加或删除坐标轴标题、图例、数据标签等。这些图表对象的文本除了一般的字体格式设置外，还可以通过"图表工具/格式"选项卡的"艺术字样式"组中的选项来设置标题的文本填充、文本轮廓、文本效果。选中这些图表对象还可以通过"图表工具/格式"选项卡的"形状样式"组中的按钮进行外观设置。

**例 3-3-10　打开 L3-3-5.xlsx，创建出如图 3-3-33 所示的图表。**

① 如图 3-3-37 所示选中工作表中的数据源。

| | A | B | C | D | E | F | G | H | I | J | K | L |
|---|---|---|---|---|---|---|---|---|---|---|---|---|
| 1 | | | | | | 九年级中期成绩表 | | | | | | |
| 2 | 学号 | 姓名 | 出生年月 | 性别 | 班级 | 语文 | 数学 | 外语 | 政治 | 历史 | 物理 | 化学 |
| 3 | 1701800 | 詹凤起 | 2005/11/21 | 男 | 一班 | 85 | 89 | 90 | 76 | 76 | 79 | 78 |
| 4 | 1701801 | 罗贝 | 2006/3/25 | 女 | 一班 | 73 | 67 | 80 | 66 | 85 | 59 | 65 |
| 5 | 1702802 | 周婷婷 | 2006/2/13 | 女 | 二班 | 82 | 49 | 82 | 87 | 84 | 78 | 61 |
| 6 | 1702803 | 罗小倩 | 2005/9/12 | 女 | 二班 | 75 | 62 | 86 | 56 | 76 | 65 | 62 |
| 7 | 1702804 | 高原 | 2005/12/21 | 男 | 二班 | 90 | 43 | 91 | 91 | 59 | 98 | 81 |
| 8 | 1702805 | 杨海 | 2005/10/4 | 男 | 二班 | 59 | 65 | 82.5 | 46 | 81 | 71 | 72 |
| 9 | 1703806 | 罗云西 | 2006/5/18 | 男 | 三班 | 76 | 15 | 80 | 52 | 82 | 90 | 80.5 |
| 10 | 1703807 | 刘琴 | 2006/7/22 | 女 | 三班 | 75 | 86 | 83.5 | 76 | 89 | 80 | |

图 3-3-37　选择数据

② 选择"插入"选项卡，在"图表"组选择"推荐的图表"，在弹出的"插入图表"对话框中选择"所有图表"下拉列表中的"柱形图"组中的"三维簇状柱形图"。

图 3-3-38　设置图例位置

③ 双击生成图表的"图表标题"，修改文字为"部分同学成绩表"。

④ 选择"图表工具/设计"选项卡的"图表样式"组中的"样式 5"。

⑤ 单击图表旁边的"图表元素"按钮，点击"图例"右侧的按钮，选择"右"。如图 3-3-38 所示：

⑥ 单击图表中语文成绩的蓝色柱形，单击图表旁边的“图表元素”按钮，勾选“数据标签”。

### 3. 迷你图

迷你图相对于前面介绍的图表，是存在于单元格中的小图表，以单元格为绘图区域，可以快速便捷地为用户绘制出简明的数据小图表，方便把数据以小图的形式呈现。可以快速查看迷你图与其基本数据之间的关系，当数据发生更改时，用户可以立即在迷你图中看到相应的变化。

需要创建迷你图时选择“插入”选项卡的“迷你图”组中的迷你图类型（“折线图”、“柱形图”或“盈亏”），弹出“创建迷你图”对话框，如图 3－3－39 所示，在该对话框中可以设置要创建迷你图的数据范围（如 B3：F3），以及放置迷你图的位置（如：＄G＄3），确定后迷你图创建完成，如图 3－3－40 所示。

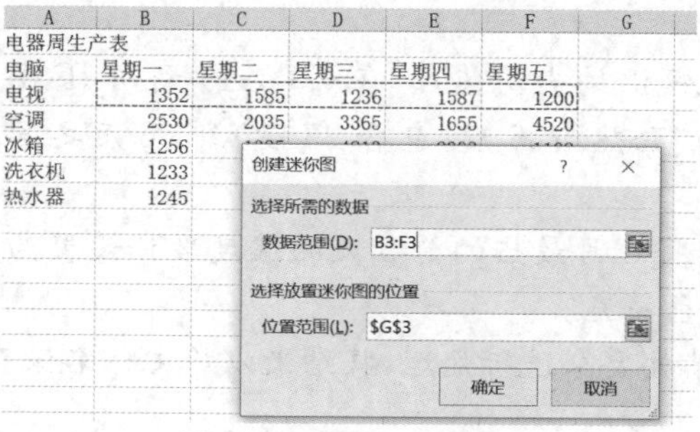


图 3－3－39　创建迷你图

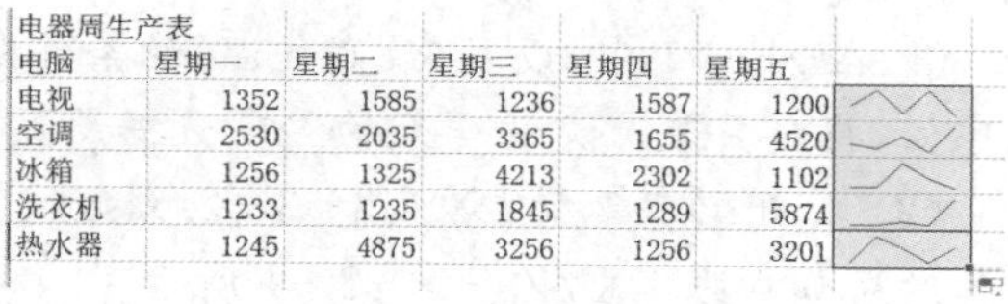

| 电器周生产表 | | | | | | |
|---|---|---|---|---|---|---|
| 电脑 | 星期一 | 星期二 | 星期三 | 星期四 | 星期五 | |
| 电视 | 1352 | 1585 | 1236 | 1587 | 1200 | |
| 空调 | 2530 | 2035 | 3365 | 1655 | 4520 | |
| 冰箱 | 1256 | 1325 | 4213 | 2302 | 1102 | |
| 洗衣机 | 1233 | 1235 | 1845 | 1289 | 5874 | |
| 热水器 | 1245 | 4875 | 3256 | 1256 | 3201 | |

图 3－3－40　创建好的迷你图

迷你图和普通数据一样，可通过拖动填充柄的方法来快速创建迷你图，选中该单元格（如：＄G＄3），拖曳填充柄至其他单元格（：＄G＄7），如图 3－3－40 所示。

在选中迷你图所在的单元格时，会自动显示“迷你图工具”动态标签及下面的“设计”选项卡，在该选项卡中用户可以修改迷你图的数据源和类型，套用迷你图样式、修改迷你图颜色以及更改迷你图标记的颜色等。

## 3.3.5　习题

1. 单选题

(1) 在 Excel 中，若在工作表中插入一列一般插入在当前列的________。

A. 左侧　　B. 右侧　　C. 上方　　D. 下方

(2) 在 Excel 单元格中输入“＝4＞5”，运行结果是________。

A. T　　B. F　　C. False　　D. True

(3) 在 Excel 中，公式或者函数必须以________开头。

A. ％　　B. ＝　　C. ＃　　D. ＄

(4) 函数 Min(0，7，10，12)的返回值是________。

A. 7　　B. 10　　C. 12　　D. 0

(5) 在 Excel 中建立数据透视表时，默认的汇总方式是________。

A. 求和         B. 求平均值       C. 最大值       D. 计数

2. 是非题

(1) 格式刷可以复制单元格合并。

(2) 删除 Excel 的 C 列,则 Excel 中就不再有 C 列。

(3) 函数的参数可以是函数。

(4) 在 Excel 中分类汇总前一定要排序。

(5) 在 Excel 中,筛选就是将符合条件的记录保留,不符合条件的记录删除。

3. 操作题

(1) 打开配套素材 LXSC3-3-1.xlsx 文件,请按要求进行处理,将结果以原文件名保存,如样张 LXYZ3-3-1 所示。(计算必须用公式)

① 在 Sheet11 中,在表格第一行输入标题文字"上海市 8 月天气情况表",在 A1:G1 区域跨列居中,并设置字体为华文琥珀,字体大小为 16;日期数据设置为"X 月 Y 日"的格式(其中 X、Y 表示数字)。

② 在 F3:F19 计算平均气温(最高气温和最低气温的平均值)。在 G3:G19 利用 IF 函数判断气温情况:最高气温高于 38 度(包含 38 度)为"酷热";35 度(包含 35 度)到 38 度之间为"炎热";低于 35 度为"闷热"。

③ 在 Sheet1 中,设置"最高气温"的条件格式:将 8 月最热的前 5 天的温度数据设置为红色字体,将 8 月最凉爽的 4 天的温度数据设置为黄色填充。

(2) 打开配套素材 LXSC3-3-2.xlsx 文件,请按要求进行处理,将结果以原文件名保存,操作结果如样张 LXYZ3-3-2-1 所示。

① 在 Sheet1 中,为 D4 单元格添加"最高气温"的批注,设置批注字体为加粗,红色,隶书,为表格添加绿色双线外边框和单线内边框。

② 将 Sheet 中 A1:E18 的数据复制到 Sheet2,在 Sheet2 中,筛选出刮"西南风"和"北风"并且除天气以外的所有数据信息,如图 LXYZ3-3-2-2 所示;将 Sheet1 中 A1:E7 数据复制后转置粘贴到 Sheet3 中 A1 起始的位置,使得行列互换,并自动调整列宽,如图 LXYZ3-3-2-3 所示。

③ 在 Sheet1 中的 H2:M18 区域,为"多云"天气制作最高气温数据列的"带数据标记的折线图",套用"样式 3"的图表样式,并显示 8 月 16 日最高气温的数据标签。

(3) 打开配套素材 LXSC3-3-3.xlsx 文件,请按要求进行处理,将结果以原文件名保存,操作结果如样张 LXYZ3-3-3-1 所示。

① 在第一行单元格前插入一行单元格,写入标题为"图书发放",对 A1:H1 单元格合并居中,修改标题文字为华文行楷,大小 18;对 A2:H23 套用"表样式中等深浅 5"的表格样式,取消筛选按钮。

② 在 H 列中计算每位学生的"结余"金额(结余=已收金额—已用金额),并将结余为负数的金额设置为红色;在 B25 单元格计算出总结余。

③ 将 Sheet1 中 A2:H23 的数据复制到新建的 Sheet2,将数据按照"生物系,化学系,政法系"排序,并对数据按照系别对"已收金额"、"已用金额"、"结余"进行合计的分类汇总,如图 LXYZ3-3-3-2 所示。

(4) 打开配套素材 LXSC3-3-4.xlsx 文件,请按要求进行处理,将结果以原文件名保存,操作结果如样张 LXYZ3-3-4 所示。

① 隐藏 H 列;将 F 列中"已用金额"小于 1000 的数据设置为"浅红填充色深红色文本"格式。

② 分别在 E23 和 F23 单元格中统计"册数"的最小值和"已用金额"的平均值；在 J2:P17 区域,利用法律事务班级 4 名学生的"已用金额"和"已收金额"数据生成一张"簇状柱形图",并显示"已收金额"的数据标签,并把图例放置在图表右侧。

③ 在 A25 开始的单元格中生成数据透视表,按"系列"统计"册数"的总和以及"已用金额"的平均值,数值保留 2 位小数。

(5) 打开配套素材 LXSC3-3-5.xlsx 文件,请按要求进行处理,将结果以原文件名保存,操作结果如样张 LXYZ3-3-5-1 所示。

① 将 F4:G15 区域命名为"DATA";计算结余为:如果已用金额小于已收金额,则为有结余,否则为无结余。

② 将 I 列标题名称设置为均价,利用公式在单元格 I2:I22 中计算每名学生所发图书的平均价格;在 I23 单元格中使用公式计算出总人数,并将该单元格设置为没有小数的数值类型。

③ 将 Sheet1 中 A1:I22 的数据复制到新建的 Sheet2 中从 A1 单元格开始,将 Sheet1 命名为"购书表",并将标签颜色设置为"橙色";将 Sheet2 的数据根据系列对数据表进行升序排序,若系列名称相同的数据则按照学号降序排序,按系列进行分类汇总,对均价求平均值,结果按样张 LXYZ3-3-5-2 所示。

# 3.4 信息的展示

在日常工作和学习中，都需要进行信息的展示，而演示文稿可以很好地表达观点。演示文稿是一个由幻灯片、备注页和讲义组成的文档文件，广泛应用于工作汇报、企业宣传、产品推介、婚礼庆典、项目竞标、管理咨询等领域，其核心是幻灯片。演示文稿中的每一页叫做幻灯片，每张幻灯片都是演示文稿中既相互独立又相互联系的内容。

## 3.4.1 常用演示文稿软件简介

演示文稿软件帮助用户以简单的可视化操作、快速创建具有精美外观和富有感染力的演示文稿，帮助用户图文并茂地向观众传达自己的观点和信息，达到良好的多媒体演示效果。毋庸置疑，Microsoft Office 是使用最广泛的办公软件，其中的 PowerPoint 是最常见的演示文稿制作软件，但是演示文稿软件不止有 PowerPoint，还存在其他一些优秀的演示文稿软件，表3-4-1 中罗列了常用的演示文稿软件。

表 3-4-1  常用的演示文稿软件

| 软件名称 | 软 件 特 点 |
| --- | --- |
| WPS Presentation | 内存占用低、运行速度快、云功能多、强大插件平台支持、提供大量在线版式和模板库 |
| iWork Keynote | 界面简洁优雅、设计模板美观、动态效果创意十足、支持高清视频导出 |
| LibreOffice Impress | 开放源代码的自由免费办公软件，兼容微软的 PowerPoint 格式，能将演讲稿制作成 Animate 文件 |
| Prezi | 在演讲的过程中用户可以通过界面缩放使观众随着演讲节奏观看细节内容或全局内容，做出电影镜头的效果 |
| Focusky | 能缩放演示文稿让观众的注意力从整体到局部，再从局部到整体，并做出 3D 的效果 |
| Microsoft Office PowerPoint | 可将文本、图像、声音、视频等多种要素集于一体，具备链接外部文件的功能，制作简单易学，实用性强 |

## 3.4.2 演示文稿制作

PowerPoint 是一种常用的演示文稿制作软件，它可以利用文字、图形、图像、声音和视频等多种媒体元素制作演示文稿。要制作精彩的演示文稿，首先需要掌握 PowerPoint 的基本操作。本小节介绍 PowerPoint 的基本功能，包括演示文稿的创建与保存、编辑演示文稿和放映演示文稿。

### 1. 新建演示文稿

创建演示文稿主要有以下两种方式：创建空白演示文稿，使用主题和模板创建。

（1）创建空白演示文稿。

空白演示文稿是利用空白幻灯片去制作演示文稿，空白幻灯片没有任何设计风格和示例文本，根据用户的需要选择幻灯片版式开始演示文稿的制作。

单击"文件"选项卡，在出现的菜单中单击"新建"按钮，在打开的"新建"窗口中单击"空白演示文稿"按钮，即可完成空白演示文稿的创建，如图 3-4-1 所示。

图 3-4-1　创建空白演示文稿

（2）使用主题和模板创建演示文稿。

主题和模板规定了演示文稿的颜色、字体和效果等设置，使用主题和模板可以简化演示文稿设计的大量工作，快速创建所选主题和模板的演示文稿。

单击"文件"选项卡，在出现的菜单中选择"新建"按钮，在打开的"新建"窗口中选择需要的主题和模板，单击选择后进一步选择主题的类型，单击"创建"按钮，即可完成对应主题和模板的演示文稿创建，如图 3-4-2 所示。

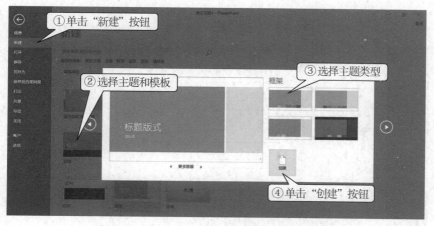

图 3-4-2　使用主题和模板创建演示文稿

如果当前的主题和模板不符合需求，可以在"搜索联机模板和主题"文本框中输入关键词，进一步搜索对应关键词的"联机模板和主题"，进行相应模板和主题的下载和创建。

## 2. 保存和关闭演示文稿

使用以上两种方式创建演示文稿后，需要保存演示文稿。在 PowerPoint 中保存和退出演示文稿的方法与在 Word 中保存和退出 Word 文档的方法类似，请参见 3.2 节的相关内容。

## 3. 打印演示文稿

演示文稿制作完成后，可以将所有幻灯片进行打印，便于参考、交流和存档。可以采用多种方式进行打印，在打印演示文稿前可以通过页面设置对幻灯片大小、方向和编号等进行设置。

（1）页面设置。

单击"设计"选项卡下的"幻灯片大小"下拉列表，可以设置幻灯片以"标准（4：3）"或"宽屏（16：9）"的尺寸显示，单击"自定义幻灯片大小"按钮，出现如图 3-4-3 所示的"幻灯片大小"对话框，在此对话框中可以设置幻灯片尺寸。

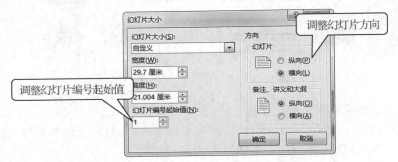

图 3-4-3 "幻灯片大小"对话框

（2）打印。

单击"文件"选项卡，在出现的菜单中单击"打印"按钮，出现如图 3-4-4 所示的"打印"窗口，在该窗口中可以设置并打印演示文稿。

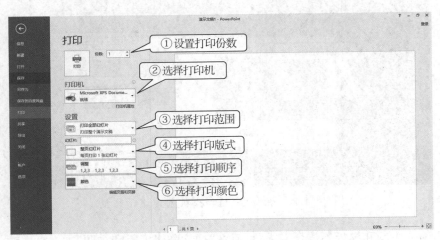

图 3-4-4 打印设置

### 4. 编辑演示文稿

PowerPoint 提供了多种视图显示方式来有效地编辑和管理演示文稿,演示文稿由若干张幻灯片组成,幻灯片根据需要可以插入文本、图像、表格等对象,以此来表达观点和信息,因此掌握编辑演示文稿的操作十分重要。

（1）演示文稿的视图方式。

PowerPoint 提供了普通视图、大纲视图、幻灯片浏览视图、备注页视图和阅读视图五种视图方式,用户可以根据自身的需求,以不同的方式显示演示文稿的内容。

单击"视图"选项卡,在"演示文稿视图"组中单击"普通"、"大纲视图"、"幻灯片浏览"等视图方式中的某一项,或者单击位于屏幕右下方的对应按钮,可以打开相应的视图,如图 3-4-5 所示。

图 3-4-5　视图选项卡

普通视图是默认的视图方式,在普通视图下,窗口由三个窗格组成:左侧的"幻灯片浏览"窗格、右侧上方的"幻灯片"窗格和右侧下方的"备注"窗格,如图 3-4-6 所示。通过选择"幻灯片浏览"窗格中列出的每张幻灯片的缩略图,可以在"幻灯片"窗格里进行编辑,也可以预览编辑好的各张幻灯片的效果。

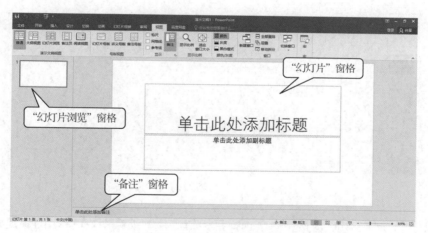

图 3-4-6　"普通"视图

大纲视图是另一种普通视图模式,包含"大纲"窗格、"幻灯片"窗格和"备注"窗格,在"大纲"窗格中显示演示文稿的文本内容和组织结构,不显示其他对象。用户既可以编辑大纲层次也可以编辑幻灯片的文本内容。

在幻灯片浏览视图中,演示文稿的所有幻灯片被缩小后按顺序排列。可以通过拖曳右下角的缩放比例滑块,改变"显示比例"的值,使其能容纳更多幻灯片。在这种视图方式下,可以通过拖曳某一张幻灯片的方式重新排列幻灯片,也可以对幻灯片进行移动、复制、删除等操作。

在备注页视图中,可以在幻灯片下方显示幻灯片的备注,可以在该处编辑幻灯片的备注内容,在放映演示文稿时不会显示备注。

在阅读视图中，用户可以对演示文稿进行预览，修改不满意的地方。可以在放映过程中右击，在弹出的快捷菜单中快速切换到指定的幻灯片或结束放映。

（2）插入、删除、复制和移动幻灯片。

演示文稿由多张幻灯片组成，创建空白演示文稿时会自动生成一张空白幻灯片，当这张幻灯片编辑完成后，需要继续制作后续幻灯片，此时需要插入新幻灯片。而对某些不再需要的幻灯片需要进行删除，对某些幻灯片需要进行复制和移动的操作。

① 选择幻灯片。

若要插入新幻灯片，首先要确定当前幻灯片，它代表了插入的位置，新幻灯片将插入到当前幻灯片之后。若要复制、移动、编辑或删除幻灯片，也要选中目标幻灯片，使其成为当前幻灯片，再进行相应操作。

② 插入幻灯片。

在"幻灯片浏览"窗格中选择目标幻灯片的缩略图，在"开始"选项卡下单击"幻灯片"组的"新建幻灯片"下拉列表，在出现的"幻灯片版式"列表中选择需要的版式，会在目标幻灯片之后插入一张指定版式的新幻灯片，如图 3-4-7 所示。

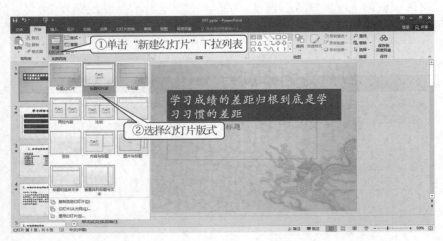

图 3-4-7　插入幻灯片

也可以在"幻灯片浏览"窗格中右击选择目标幻灯片的缩略图，在弹出的快捷菜单中单击"新建幻灯片"按钮，此时会在目标幻灯片之后插入一张新幻灯片。

③ 删除幻灯片。

在"幻灯片浏览"窗格中右击选中要删除幻灯片的缩略图，在弹出的快捷菜单中单击"删除幻灯片"按钮，或按〈Delete〉键可以删除所选幻灯片。如需删除多张幻灯片，则要先选中这些幻灯片，再进行删除。

④ 复制幻灯片。

● 相邻位置复制。

在"幻灯片浏览"窗格中右击选中要复制幻灯片的缩略图，在弹出的快捷菜单中单击"复制幻灯片"按钮，此时复制幻灯片会复制到所选幻灯片的下方。

● 任意位置复制。

在"幻灯片浏览"窗格中右击选中要复制幻灯片的缩略图，在弹出的快捷菜单中单击"复制"按钮,或按〈Ctrl〉+〈C〉键复制幻灯片,然后选择要复制幻灯片的目标位置右击,在弹出的快捷菜单中选择"粘贴"按钮,或按〈Ctrl〉+〈V〉键粘贴幻灯片,此时复制幻灯片会复制到目标位置的下方。

⑤ 移动幻灯片。

在"幻灯片浏览"窗格中选中要被移动的幻灯片,按住鼠标左键,将其拖曳到某张幻灯片的前面,然后释放鼠标,则幻灯片被移动到新的位置。

（3）设置幻灯片背景。

幻灯片的背景对幻灯片放映的效果起到重要的作用,可以对幻灯片背景的颜色、纹理、图案等进行调整,也可以使用特定的图片作为幻灯片的背景。

设置幻灯片的背景首先需要选中目标幻灯片,在"设计"选项卡的"自定义"组中,单击"设置背景格式"按钮,在出现的窗口可以选择多种方式设置背景格式。

① 纯色填充。

单击"纯色填充"单选按钮,如图 3-4-8 所示,可以设置"纯色填充"背景。单击"颜色"按钮,可以设置"主题颜色"、"标准色"、"其他颜色",也可以通过"拾色器"选择喜欢的颜色。可以通过移动"透明度"滑块改变背景颜色的透明度,透明度的百分比可以从 0%（完全不透明）变化到 100%（完全透明）。

② 渐变填充。

单击"渐变填充"单选按钮,如图 3-4-9 所示,可以设置"渐变填充"背景。

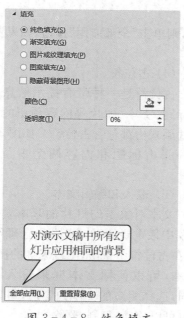

图 3-4-8　纯色填充

图 3-4-9　渐变填充

③ 图片或纹理填充。

单击"图片或纹理填充"单选按钮,如图 3-4-10 所示,可以设置"图片或纹理填充"背景。

④ 图案填充。

单击"图案填充"单选按钮,如图 3-4-11 所示,可以设置"图案填充"背景。在图案列表

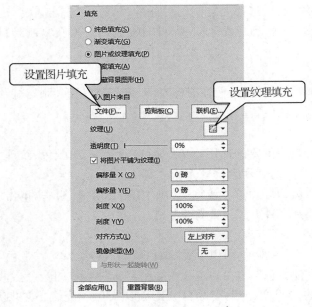

图 3-4-10　图片或纹理填充

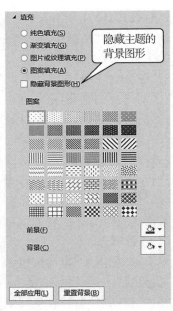

图 3-4-11　图案填充

中选择需要的图案,通过"前景"和"背景"按钮自定义图案的前景色和背景色。

若已经设置主题,则所设置的背景格式可能会被主题背景图形所覆盖,此时可以勾选"隐藏背景图形"复选框,就可以隐藏主题的背景图形。

完成设置后如果要将背景应用于所有幻灯片,则单击"全部应用"按钮,如果要撤消应用的背景设置,则单击"重置背景"按钮。

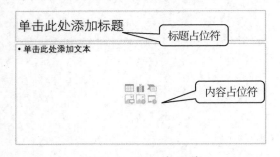

图 3-4-12　占位符

（4）占位符。

占位符是一种带有提示信息的虚线框,是为标题、文本、图片等内容预留的位置,所有幻灯片版式中都包含占位符。如图 3-4-12 所示是一张由标题和内容两个占位符组成的幻灯片。

（5）输入和编辑文本。

文本对象是幻灯片的基本要素,也是演示文稿中最重要的组成部分。合理组织文本对象可以使演示文稿更清楚地说明问题。将鼠标光标在占位符中单击,出现闪烁的插入点后,就可以输入文本内容。如需在占位符以外添加文本,可以使用文本框来输入和编辑文本。PowerPoint 中文本的编辑方法和 Word 基本相同,选择相应的文本内容后,可以在"开始"选项卡的"字体"组和"段落"组中设置文本的格式,也可以移动、复制、删除文本。

（6）应用图像、形状、艺术字、SmartArt 图形、图表和表格。

在 PowerPoint 中应用图像、形状、艺术字、SmartArt 图形、图表和表格的方法和在 Word 的应用方法类似,请参见 3.2 节的相关内容。

（7）应用音频和视频。

可以在演示文稿中插入音频或视频对象,达到声情并茂的效果。

① 插入音频。

想要插入音频,需要单击"插入"选项卡"媒体"组的"音频"下拉列表,在下拉列表中单击"PC上的音频"按钮,在打开的"插入音频"窗口中选择需要插入的音频文件,单击"确定"按钮完成音频插入。可以通过"音频工具/播放"动态选项卡设置音频的参数。

② 插入视频。

想要插入视频频,需要单击"插入"选项卡"媒体"组的"视频"下拉列表,在下拉列表中选择"PC上的视频"按钮,在"插入视频"窗口中选择需要插入的视频文件,单击"确定"按钮完成视频插入。可以通过"视频工具/播放"动态选项卡设置视频的参数。

（8）应用逻辑节。

通过使用"节"功能可以组织大型幻灯片版面,便于演示文稿的管理和导航,通过对幻灯片进行标记并将其分为多个节,可以使演示文稿层次更分明。可以为演示文稿新增节,也可以对现有的节进行重命名和删除,如图3-4-13所示为新增逻辑节的操作过程。

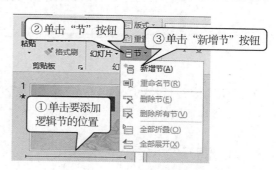

图3-4-13　新增逻辑节

## 5. 放映演示文稿

创建演示文稿,目的是向观众演示和放映,以此来表达观点和信息,可以通过"幻灯片放映"选项卡进行放映设置和放映演示文稿。

（1）放映演示文稿。

在"幻灯片放映"选项卡"开始放映幻灯片"组中单击"从头开始"按钮,即可从头开始放映幻灯片,单击"从当前幻灯片开始",可以从当前幻灯片开始放映。

（2）设置放映方式。

若不采用默认的放映方式,可以自行设置放映方式,单击"幻灯片放映"选项卡"设置"组中"设置幻灯片放映"按钮,打开"设置放映方式"对话框,可以设置放映类型、放映选项、放映范围和换片方式等内容。

（3）排练计时放映。

使用排练计时放映可以在全屏的方式下放映幻灯片,排练计时就是将每张幻灯片播放的时间记录下来,以便用来自动放映幻灯片。

图3-4-14　排练计时放映

单击"幻灯片放映"选项卡"设置"组中"排练计时"按钮,进入幻灯片放映,弹出"录制"工具栏,如图3-4-14所示。在"计时"文本框中自动记录每张幻灯片的停留时间,并在工具栏右侧累计所有幻灯片的放映时间。

（4）自定义放映。

同一个演示文稿对于不同的观众,如需放映不同的内容,可以采用自定义放映功能。单击"幻灯片放映"选项卡,在"开始放映幻灯片"组中单击"自定义幻灯片放映"下拉列表中的"自定义放映"按钮打开"自定义放映"对话框,单击"新建放映"按钮,打开的"定义自定义放映"对话框如图3-4-15所示。输入"幻灯片放映名称"并选择需要放映的幻灯片编号,然后单击"添

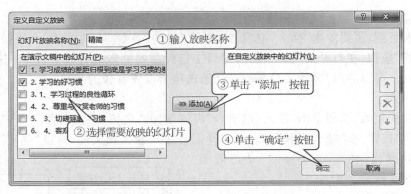

图 3-4-15　自定义放映

加"按钮完成幻灯片的添加,单击"确定"按钮完成自定义幻灯片放映设置。

需要播放"自定义放映"时,选择对应的"自定义放映"后单击右侧的"放映"按钮,即可放映。

### 3.4.3　演示文稿设计

创建演示文稿,目的是向观众传达观点和信息,为了达到良好的效果,除了精心设计演示文稿的风格和内容外,更重要的是设计演示过程。动画效果、幻灯片切换效果可以显著提高演示文稿的放映效果,使演示文稿能给观众带来绚丽多彩的视觉享受。

本小节进一步介绍演示文稿的设计风格和动画效果,包括主题、母版和版式的应用;页眉和页脚的设置、幻灯片切换效果、动画效果、超链接和动作按钮的制作。

#### 1. 应用主题

主题是主题颜色、字体、效果三者的结合,可以作为一套独立的设计方案应用于演示文稿中,PowerPoint 预设了很多标准主题,还可以通过更改颜色、字体和效果生成自定义主题,使用主题可以简化演示文稿的创建过程,使演示文稿具有统一的风格。

(1) 设置主题。

单击"设计"选项卡,在"主题"组中显示了部分预设主题,单击列表右下角的"其他"按钮,可以显示全部预设主题。鼠标移到某个主题上会显示该主题的名称,单击该主题可以将其应用于当前演示文稿中所有的幻灯片,之后添加的新幻灯片也会应用该主题。如果只需要对选定幻灯片应用主题,可以右击该主题,在弹出的快捷菜单中单击"应用于选定幻灯片"按钮,如图 3-4-16 所示。

图 3-4-16　设置主题

（2）自定义主题。

单击"设计"选项卡"变体"组右下角的"其他"按钮，在展开的下拉列表中可以对已经应用的主题进行设置，通过选择颜色、字体和效果生成自定义主题，如图 3-4-17 所示。

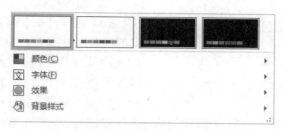

图 3-4-17  自定义主题

### 2. 应用母版和版式

在幻灯片母版中可以预先定义背景、图形图像、文本效果等内容，若要使所有幻灯片包含相同的字体、图像等内容，可以在幻灯片母版中操作。一个演示文稿可以包含多个母版，每个母版可以拥有多个版式，版式是预设的幻灯片版面格式，每张幻灯片都是基于版式创建的，对母版的修改会直接作用在使用该母版的幻灯片上。母版视图包括"幻灯片母版"、"讲义母版"和"备注母版"。

（1）幻灯片母版。

单击"视图"选项卡"母版视图"组中的"幻灯片母版"按钮，进入幻灯片母版视图，如图 3-4-18 所示。母版中包括标题区、对象区、日期区、页脚区和数字区，这些区域由占位符组成，通过对占位符进行格式设置，可以统一设置所有基于该母版创建的幻灯片的相应格式。母版可以拥有多个版式，对母版的更改会作用于该母版下所有的版式，而对某个版式的更改不会作用于其他版式。完成母版设置后单击"幻灯片母版"选项卡中的"关闭母版视图"按钮可以退出母版视图。

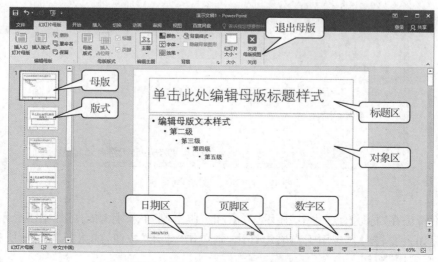

图 3-4-18  幻灯片母版视图

（2）编辑母版和版式。

在幻灯片母版视图中可以通过设置文件格式、调整占位符、设置背景和插入对象对母版和版式进行编辑。

图 3-4-19　选择版式

（3）选择版式。

版式是文本、图像、表格等对象在幻灯片中的布局方式，可以在新建幻灯片时选择版式，也可以对已经输入内容的幻灯片通过更改版式来改变布局。单击"开始"选项卡"幻灯片"组中的"版式"下拉列表可以对当前幻灯片的版式进行调整，在缩略图中可以看到文字和其他内容在各种版式中的排列位置，如图 3-4-19 所示。

（4）讲义母版和备注母版。

讲义母版视图提供在一张打印纸上同时打印多张幻灯片的讲义版面布局设置，在备注母版视图中可以设置幻灯片"备注"文本的默认格式。

### 3. 应用页眉和页脚

通过页眉和页脚可以将日期、重要信息和幻灯片编号批量添加到每张幻灯片上，单击"插入"选项卡"文本"组的"页眉和页脚"按钮，在弹出的"页眉和页脚"对话框中，通过勾选"日期和时间"、"幻灯片编号"、"页脚"复选框可以插入对应的内容，其中"日期和时间"分为"自动更新"和"固定"两种，如图 3-4-20 所示。

图 3-4-20　页眉和页脚

如果不希望在"标题幻灯片中"显示"页眉和页脚"，则勾选"标题幻灯片中不显示"复选框，完成设置后如果要将内容应用于当前幻灯片，则单击"应用"按钮，如果要应用于所有幻灯片，则单击"全部应用"按钮。

### 4. 幻灯片的动画效果

动画效果可以使幻灯片内容以生动的形式展示给观众，可以将动画效果应用于演示文稿中的文本、图像、形状等对象，赋予它们进入、退出、大小或颜色变化等视觉效果。这样既能突出重点，吸引观众的注意力，又能使放映过程更有趣。

（1）添加动画。

选中要添加动画效果的对象，在"动画"选项卡的"动画"组中单击动画样式列表右下角的"其他"按钮，出现各种动画效果的下拉列表，如图 3-4-21 所示，选择一种动画效果，则所选对象被赋予该动画效果，有以下四种不同类型的动画效果可供添加。

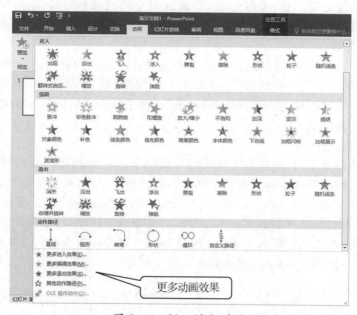

图 3-4-21　添加动画

"进入"动画：使对象从外部进入幻灯片播放画面的动画效果。

"强调"动画：对播放画面中的对象进行突出显示、起到强调作用的动画效果。

"退出"动画：使播放画面中的对象离开播放画面的动画效果。

"动作路径"动画：播放画面中的对象按指定路径移动的动画效果。

除了动画样式列表中列出的动画效果外，还可以单击动画样式下拉列表下方的"更多进入效果"等按钮，打开"更多进入效果"等对话框，选择其中列出的更多动画效果。

如果需要取消为对象添加的动画，在"动画"选项卡的"动画"组中单击动画样式列表右下角的"其他"按钮，在展开的下拉列表中选择"无"即可。

（2）设置动画属性。

为对象添加动画效果后，系统将采用默认的动画属性，如果对默认的动画属性不满意，可以进一步对动画效果选项、动画开始方式、动画音效等进行设置。

① 设置动画效果选项。

动画效果选项指动画的方向和形式。选择设置动画效果的对象，单击"动画"选项卡的"动画"组中"效果选项"按钮，在展开的下拉列表中选择需要的效果选项。

图 3-4-22　设置动画属性

② 设置动画开始方式、持续时间和延迟时间。

动画开始方式指开始播放动画的方式，持续时间指动画开始后整个播放时间，延迟时间指播放开始后延迟播放的时间。单击"动画"选项卡的"计时"组中"开始"按钮，在展开的下拉列表中选择动画开始方式，在"持续时间"栏调整动画持续时间，在"延迟"栏调整动画延迟时间，如图 3-4-22 所示。

动画开始方式有三种，"单击时"、"与上一动画同时"和"上一动画之后"。"单击时"指单击鼠标时开始播放动画。"与上一动画同时"指播放前一动画的同时播放该动画，"上一动画之后"指前一动画播放完毕后开始播放该动画。

③ 设置动画音效。

对象添加的动画效果默认没有音效，可以通过设置添加动画音效。选择设置动画效果的对象，单击"动画"选项卡"动画"组右下角的"显示其他效果选项"按钮（位于"效果选项"按钮下方），弹出该动画效果对话框。在对话框的"效果"选项卡中单击"声音"栏后的下拉列表，在展开的列表中选择一种音效。

（3）调整动画播放顺序。

在对象添加动画效果后，对象旁出现的序号反映了该动画播放的先后顺序。系统默认按照设置动画的先后顺序播放动画。如果要调整默认的播放顺序，可以单击"动画"选项卡中"高级动画"组的"动画窗格"按钮，打开如图 3-4-23 所示的"动画窗格"。动画窗格中会显示所有的动画对象，其中对象左侧的数字表示该动画对象播放的顺序，与幻灯片中对象旁的序号相同。选中动画对象，单击"动画"选项卡的"计时"组中"对动画重新排序"命令下方的"向前移动"或"向后移动"按钮，可以调整该动画对象的播放顺序。

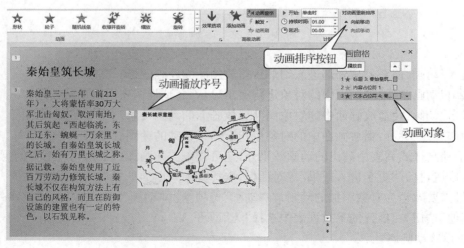

图 3-4-23　动画窗格

（4）预览动画效果。

动画设置完毕后，可以单击"动画"选项卡"预览"组中的"预览"按钮来预览效果。

### 5. 幻灯片的切换效果

幻灯片切换效果是指在演示过程中从一张幻灯片移到下一张幻灯片时的动画效果。幻灯片切换效果可以使幻灯片过渡衔接更自然生动，同时能吸引观众的注意力。可以设置切换效果、声音和换片方式等属性。可以为当前选择的部分幻灯片设置切换效果，也可以为所有幻灯片设置相同的切换效果。

（1）添加切换效果。

选中要添加切换效果的幻灯片，在"切换"选项卡的"切换到此幻灯片"组中单击切换样式列表右下角的"其他"按钮，出现各种切换效果的下拉列表，如图 3 - 4 - 24 所示。选择一种切换效果，则所选幻灯片被赋予该切换效果。如果要将所选的切换效果应用于所有幻灯片，则单击"计时"组中的"全部应用"按钮。

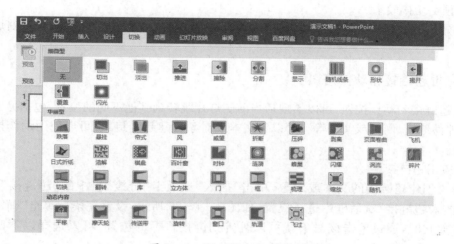

图 3 - 4 - 24　添加切换效果

如果需要取消幻灯片切换效果，在"切换"选项卡的"切换到此幻灯片"组中单击切换样式列表右下角的"其他"按钮，在展开的下拉列表中选择"无"即可。

（2）设置切换属性。

为幻灯片添加切换效果后，系统将采用默认的切换属性，如果对默认的切换属性不满意，可以进一步对"效果选项"、"声音"、"持续时间"和"换片方式"进行设置，如图 3 - 4 - 25 所示。

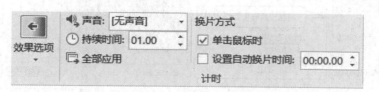

图 3 - 4 - 25　设置切换属性

① 设置切换效果选项。

切换效果选项指切换的方向和形式。选择设置切换效果的幻灯片，单击"切换"选项卡"计时"组中的"效果选项"按钮，在展开的下拉列表中选择需要的效果选项。

② 设置切换音效和持续时间。

幻灯片添加的切换效果默认没有音效,可以通过设置添加切换音效。选择设置切换效果的幻灯片,单击"切换"选项卡"计时"组中"声音"栏后的下拉列表,在展开的列表中选择一种音效。

持续时间指整个切换效果的播放时间,可以在"持续时间"栏调整切换效果的持续时间。

③ 设置换片方式。

根据需要可以自由设置幻灯片切换的方式,在"切换"选项卡"计时"组中"换片方式"栏勾选相应的换片方式进行设置,有以下两种方式。

● "单击鼠标时":勾选"单击鼠标时"复选框,此时只有单击鼠标时才会切换幻灯片。

● "设置自动换片时间":勾选"设置自动换片时间"复选框并设置时间,经过该时间段后会自动切换到下一张幻灯片。

(3) 预览切换效果。

切换效果设置完毕后,可以单击"切换"选项卡"预览"组中的"预览"按钮,预览幻灯片切换效果。

### 6. 应用超链接和动作按钮

通过超链接和动作按钮,可以实现从当前幻灯片跳转到其他不同的位置,包括另一张幻灯片、电子邮件地址、网页或文件等。可以为文本或对象创建超链接,也可以使用动作按钮设置交互效果。

(1) 应用超链接。

选择要创建超链接的文本或对象,单击"插入"选项卡"链接"组中的"超链接"按钮,在弹出的"插入超链接"对话框中进行设置,如图 3-4-26 所示,设置完毕后单击"确定"按钮。当幻灯片放映时,通过单击该对象就可以跳转到链接目标的位置,可以选择以下四种链接目标。

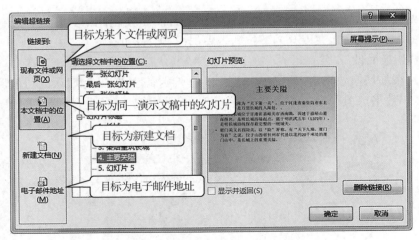

图 3-4-26　应用超链接

如果需要取消超链接,单击"插入"选项卡"链接"组中的"超链接"按钮,在弹出的"插入超链接"对话框中单击"删除链接"按钮即可。

（2）添加动作按钮。

动作按钮是系统预设的一组带有特定动作的图形按钮，可以实现在放映幻灯片时跳转的目的。选择要添加动作按钮的幻灯片，单击"插入"选项卡"插图"组中的"形状"下拉列表，在展开的形状列表中最后一组形状就是动作按钮。选择要添加的动作按钮，拖曳鼠标在目标幻灯片上绘制动作按钮，在弹出的"操作设置"对话框中，通过"单击鼠标"、"鼠标悬停"选项卡中"超链接到"下拉列表设置相应的动作。

## 3.4.4 习题

1. 单选题

（1）在 PowerPoint 中，幻灯片中占位符的作用是＿＿＿＿＿。

A. 表示文本长度　　　　　　　　B. 限制插入对象的数量

C. 表示图形大小　　　　　　　　D. 为文本、图形等对象预留位置

（2）在 PowerPoint 中，幻灯片应用逻辑节，需要通过"开始"选项卡＿＿＿＿＿组来实现。

A. 幻灯片　　　　B. 编辑　　　　C. 绘画　　　　D. 段落

（3）在 PowerPoint 中，若要在每张幻灯片相同位置都显示作者名字，应在＿＿＿＿＿中进行插入操作。

A. 普通视图　　　B. 幻灯片母版　　　C. 幻灯片浏览视图　D. 阅读视图

（4）在 PowerPoint 中的超链接可以使幻灯片播放时可以自由跳转到＿＿＿＿＿。

A. 某个网页　　　　　　　　　　B. 某个 Office 文档或文件

C. 演示文稿中某一指定的幻灯片　　D. 以上都可以

（5）在 PowerPoint 中，下列关于幻灯片播放说法正确的是＿＿＿＿＿。

A. 只能按幻灯片编号的顺序播放

B. 部分播放时，只能放映相邻连续的幻灯片

C. 可以按任意顺序播放

D. 不能倒回去播放

2. 是非题

（1）在 PowerPoint 各种视图中，幻灯片浏览视图可以同时浏览多张幻灯片，便于选择、添加、删除、移动幻灯片等操作。

（2）在 PowerPoint 中，若要为幻灯片文字设置主题字体，可以通过"设计"选项卡上的相应字体设置完成。

（3）在 PowerPoint 中，不能将图片设置为幻灯片的背景。

（4）在 PowerPoint 中，若要按用户需求放映部分幻灯片，可以通过"幻灯片放映"选项卡上的"自定义放映"进行设置。

（5）在 PowerPoint 中，所有幻灯片必须设置同样的幻灯片切换效果。

3. 操作题

（1）启动 PowerPoint，打开 LXSC3 - 4 - 1. pptx 文件，按下列要求操作，将结果以文件名 LXJG3 - 4 - 1. pptx 保存。

① 为所有幻灯片应用"大都市"主题；设置所有幻灯片的切换方式为"溶解"，持续时间均为 1.5 秒。

② 将第二张幻灯片的版式改为"标题和竖排文字";设置第二张幻灯片标题自左侧"飞入"的动画效果。

③ 为第二张幻灯片中文字"特点"建立超链接,指向第四张幻灯片;将第一张幻灯片中的图片复制到最后一张幻灯片中,建立超链接到第一张幻灯片。

(2) 启动 PowerPoint,打开 LXSC3－4－2.pptx 文件,按下列要求操作,将结果以文件名 LXJG3－4－2.pptx 保存。

① 为所有幻灯片应用"回顾"主题;为所有幻灯片添加幻灯片编号和自动更新的日期(××年×月××日)。

② 为第二张幻灯片中的文字"区别"建立超链接,指向第三张幻灯片;设置所有幻灯片的切换方式为"百叶窗"。

③ 在最后一张幻灯片中插入艺术字"创新创业",样式为"填充-白色,轮廓-着色 2,清晰阴影-着色 2";并为该艺术字添加"轮子"的进入动画。

(3) 启动 PowerPoint,打开 LXSC3－4－3－1.pptx 文件,按下列要求操作,将结果以文件名 LXJG3－4－3.pptx 保存。

① 为所有幻灯片添加"浅色渐变-个性色 6"渐变填充的背景格式;删除第一张幻灯片中的副标题占位符;隐藏最后一张幻灯片。

② 为所有幻灯片添加幻灯片编号;为所有幻灯片添加自左侧"推进"的切换效果。

③ 将第三张幻灯片的版式修改为"两栏内容",并在右侧占位符中插入文件名为 LXSC3－4－3－2.jpg 的图片,并为正文添加"上下向中央收缩"的"劈裂"动画效果。

(4) 启动 PowerPoint,打开 LXSC3－4－4.pptx 文件,按下列要求操作,将结果以文件名 LXJG3－4－4.pptx 保存。

① 将所有幻灯片的主题设置为"基础";在第三张幻灯片右下角添加"后退"动作按钮,并超链接到上一张幻灯片;将最后一张幻灯片删除。

② 设置第一张幻灯片的切换方式为"库",其余幻灯片的切换方式为"涟漪",持续时间均为 1.5 秒。

③ 为第二张幻灯片中标题文字设置"弹跳"效果的进入动画,正文文字按段落设置"浮入"效果的进入动画,正文动画的开始方式设置为"与上一动画同时"。

(5) 启动 PowerPoint,打开 LXSC3－4－5.pptx 文件,按下列要求操作,将结果以文件名 LXJG3－4－5.pptx 保存。

① 将所有幻灯片的主题设置为"包裹";第一张幻灯片中主标题文字设置艺术字样式"填充-白色,文本 1,轮廓-背景 1,清晰阴影-背景 1",字号 72;录入副标题文字"上海市青年创业就业促进会";将第三张幻灯片背景设置为"再生纸"纹理填充。

② 将第四张幻灯片中列表文字转换成 SmartArt 图形"棱锥型列表",图形颜色更改为"彩色范围-个性色 5 至 6";为所有幻灯片添加幻灯片编号和页脚"中国-上海"。

③ 为所有幻灯片设置"随机线条"水平效果的切换方式;为第三张幻灯片中正文按段落自右侧设置"擦除"动画效果。

# 主题小结

　　本章介绍用于信息的表达、处理和展示的重要软件，并着重以其中的 Office 为例，介绍具体使用方法。

　　以 Word 为学习平台，介绍文档的新建和保存，文本的输入、剪贴板、文档导航和特殊字符的查找、替换，文档管理和打印等基本功能；学习了文档的格式编排，表格、艺术字、图片、公式、图表和媒体等对象的插入和编辑方法；介绍了分栏、样式和模板的概念和设置方法；以及长文档写作常用的引用、邮件合并和修订等功能。

　　以 Excel 为学习平台，学习了电子表格的基本工作环境和操作方法，详细介绍了电子表格的基本功能、公式、函数的应用；单元格格式、条件格式和自动套用格式的设置；数据排序和筛选以及图表、分类汇总与数据透视表的创建和编辑等功能。

　　以 PowerPoint 为学习平台，介绍电子演示文稿的创建和保存，幻灯片的添加、删除、移动和复制，幻灯片放映和打印等基本功能；占位符、文本、表格、图片、相册、音频、视频和逻辑节等各种对象应用；模板、主题、母版、版式和背景配色方案的运用，幻灯片母版的编辑、版式选择和背景的设置；幻灯片切换和动画效果等动作设置，以及常用的放映控制和文件输出方法。

# PART 04

# 主题 4　计算机网络基础及应用

　　随着计算机和网络通信技术的高速发展,计算机网络已经深入到了各行各业以及人们生活的方方面面,对社会发展和人们的生活产生了深刻的影响。本主题主要围绕数据通信基础、计算机网络基础、互联网基础、物联网基础及信息安全主要技术等方面展开介绍。

## ＜学习目标＞

　　通过本主题的学习,要求达到以下目标:

　　1. 理解数据通信基本概念和常用的通信网络。

　　2. 理解计算机网络的概念和分类;理解计算机网络体系结构;理解计算机网络传输介质与常用设备;知道计算机网络的发展。

　　3. 理解什么是 IP 地址、域名系统和万维网;知道无线网络和网络存储;理解互联网主要应用;掌握 ipconfig 和 ping 命令。

　　4. 知道什么是物联网、物联网的应用以及主要技术,包括传感器技术、RFID 技术和 NFC 技术。

　　5. 理解信息安全主要技术,包括防病毒技术、数据加密与数字签名以及防火墙技术;知道远程控制以及备份与还原。

# 4.1 数据通信技术基础

数据通信是通信技术和计算机技术相结合而产生的一种新的通信方式,实现了计算机与计算机之间,计算机与终端之间的数据传输。本节将介绍数据通信技术的基础知识。

## 4.1.1 数据通信系统

数据通信系统(Data Communication System),指的是通过数据电路将分布在远地的数据终端设备与计算机系统连接起来,实现数据传输、交换、存储和处理的系统。在数据通信系统中,数据需要转换成适合传输的信号。数据既可以用模拟信号来表示和传输,也可以用数字信号来表示和传输。例如,普通电话线上传输的是模拟信号,而局域网传输线上传输的是数字信号。

数据通信系统模型由数据源、数据通信网和数据宿三部分组成,如图 4-1-1 所示。数据源发送数据,数据通信网传输数据,数据宿接收数据。数据源和数据宿是数据通信网络的终端,如计算机、数据终端设备等。数据通信网介于数据源和数据宿之间,通常由发送设备、传输信道和接收设备组成,起到数据转换和传输的功能。

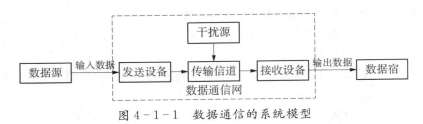

图 4-1-1 数据通信的系统模型

信号传输的通路称为信道。在数据通信中,可以按不同的方法对信道进行分类。

(1) 按传输信号的类型,信道可分为模拟信道和数字信道。模拟信道传输的是模拟信号,数字信道传输的是二进制数字信号。

(2) 按传输线路是否有形,信道可分为有线信道与无线信道。比如,电话线、双绞线、同轴电缆、光纤等是有线信道;无线电、微波通信和卫星通信技术采用的传播空间是无线信道。

(3) 按使用权限的不同,信道可分为专用信道和公共交换信道。专用信道是连接用户设备之间的固定线路,一般适用于距离较短或数据传输量较大、对数据安全性要求较高的场合。公共交换信道是一种通过公共交换机转接、为大量用户提供服务的信道,如公共电话交换网、综合业务数字网络等。

## 4.1.2 数据通信的主要技术指标

数据通信系统可以用技术指标来衡量其特性,主要有传输速率、差错率、可靠性和带宽。

**1. 传输速率**

传输速率是指数据从一点向另一点传输的速率,是衡量系统传输能力的主要指标,一般用比特率或波特率来表示。

比特率:线路中每秒传送的二进制位数,单位为比特每秒(b/s)。

波特率:线路中每秒传送的码元符号的个数,单位为波特(Baud)。1 波特率即指每秒传输 1 个码元。在数字通信中,常常用时间间隔相同的符号来表示一个二进制数字,这样的时间间隔内的信号称为码元。

**2. 差错率**

差错率(也成为误码率)是衡量传输质量的主要指标,一般包括比特差错率或码元差错率。

比特差错率:在传输的比特总数中发生差错的比特数所占的比例,一般用符号 $P_{eb}$ 表示。

$$P_{eb} = 差错比特数 / 总比特数$$

码元差错率:在传输的码元总数中发生差错的码元数所占的比例,一般用符号 $P_e$ 表示。

$$P_e = 差错码元数 / 总码元数$$

在计算机通信系统中,一般要求误码率低于 $10^{-6}$。

**3. 可靠性**

可靠性是衡量传输系统质量的一个重要指标,一般用可靠度来衡量。可靠度指在全部工作时间内系统正常工作时间所占的百分比,用符号 $p_r$ 表示。

$$p_r = 正常工作时间 / 全部工作时间$$

**4. 带宽**

带宽应用的领域非常多,在数据通信系统中、计算机总线系统中都有带宽。本节主要介绍数字通信系统和模拟通信系统中的带宽。

对于数字信号和数字信道,带宽用来标识通讯线路所能传送数据的能力,即在单位时间内通过网络中某一点的最高数据传输率,单位为 b/s(即比特率)。例如,网络的带宽为 10 M,指的是网络中所能达到的最高速率是 10 Mb/s。

对于模拟信号和模拟信道,带宽用来标识传输信号所占有的频率宽度,这个宽度由传输信号的最高频率和最低频率决定,两者的差值就是带宽,单位为 Hz(赫兹)。例如,在移动通信中,GSM 的工作带宽为 25 MHz,WCDMA 和 CDMA 均为 30 MHz。

## 4.1.3　常用通信网络

通信网络可以实现人与人、人与计算机、计算机与计算机之间的信息交互,从而达到资源共享和通信。常用通信网络有以下三种,如图 4-1-2 所示。

(1)公共交换电话网络(PSTN,Public Switched Telephone Network):一种语音通信电路交换网络,提供实时语音通信服务。

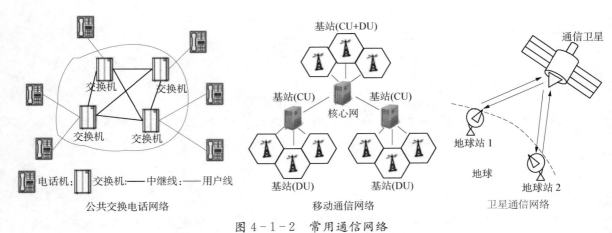

图 4-1-2 常用通信网络

（2）移动通信网络：一种无线电通信系统，利用无线电波进行信息传输和通信。移动通信系统经历了 1G、2G、3G 和 4G，目前 5G 已逐步进入商用阶段。5G 网络的理论传输速度可达10Gb/s，比 4G 网络传输速度快数百倍。

（3）卫星通信网络：一种微波通信，以卫星作为中继站转发微波信号，在多个地面站之间通信。卫星通信网络覆盖范围大，受自然灾害影响小，已成为全球信息高速公路的重要组成部分。

## 4.1.4  习题

1. 单选题

（1）在数据通信系统模型中，下列_____不是构成数据通信网的要素。

A. 传输信道　　　　　B. 干扰源　　　　　C. 计算机　　　　　D. 发送/接收设备

（2）下列_____不是数据通信的主要技术指标。

A. 完整率　　　　　B. 传输速率　　　　　C. 差错率　　　　　D. 带宽

（3）卫星通信系统由卫星和地球站两部分组成，其中卫星在空中起_____作用。

A. 信号转换　　　　　B. 中继站　　　　　C. 信号发生器　　　　　D. 信号存储站

（4）一个数据通信的系统模型不包括_____部分。

A. 数据源　　　　　B. 数据通信网　　　　　C. 数据宿　　　　　D. 数据内容

（5）数据传输速率的单位是_____。

A. 帧数/秒　　　　　B. 文件数/秒　　　　　C. 二进制位数/秒　　　　　D. 米/秒

2. 是非题

（1）误码率是数据通信的重要指标。

（2）在计算网络通信系统中，作为信源的计算机发出的信号都是数字信号。

（3）信息、数据、信号三者都是数据通信中的常用术语，其中信息是数据在传输过程中的表示形式。

（4）传输速率是衡量系统传输能力的主要指标，一般可以用比特率或波特率来表示。

（5）按传输信号的类型不同，信道可以分为有线信道和无线信道。

# 4.2　网络技术基础

计算机网络是通信技术与计算机技术密切结合的产物。计算机网络没有统一的定义，一般把计算机网络描述为"多台地理上分散的、具有独立功能的计算机通过传输介质和通信设备连接，实现数据通信和资源共享的系统"。具体地讲，就是指将地理位置不同的具有独立功能的多台计算机及其外部设备，通过通信线路连接起来，在网络操作系统、网络管理软件及网络通信协议的管理和协调下，实现资源共享和信息传递。

## 4.2.1　网络的起源与发展

1969 年，美国国防部高级研究计划署（ARPA）成功建立了 ARPANet（Advanced Research Project Agency Network）网络，通过多台计算机互连实现资源共享。ARPANet 被认为是现代计算机网络的起源。随后，计算机网络经历了从简单到复杂的发展过程，直到 20 世纪 90 年代形成全球互联的因特网。今天，计算机网络已经成为当代科技发展最快的领域之一，随着无线网络和物联网技术的发展，一个万物互联的时代正在形成，互联网与各行各业进行有机融合，对社会各个领域都带来了巨大的影响。

随着计算机技术和通信技术的不断发展，计算机网络经历了四个阶段的发展过程。

（1）第一阶段，面向终端的计算机网络（20 世纪 60 年代中期之前）。以单个计算机为中心，多个终端（由简单外部设备组成的计算机，如显示器和键盘）围绕中心计算机分布在其他地方，除了中心计算机，其他终端都没有数据处理能力。

（2）第二阶段，计算机通信网络（20 世纪 60 年代中期至 70 年代）。多台计算机通过通信线路互联，提供资源共享，ARPANet 是这一阶段网络的典型代表，实现了真正意义上的计算机网络。

（3）第三阶段，开放的标准化计算机网络（20 世纪 70 年代末至 90 年代）。这一阶段的计算机网络具有统一的网络体系结构，是遵守国际标准的开放式网络。

（4）第四阶段，高速计算机网络（20 世纪 90 年代至今）。互联网是这一阶段网络的典型代表。随着网络技术的发展，各种类型的网络全面互联，并向宽带化、高速化、智能化方向发展。

## 4.2.2　网络的分类

计算机网络的分类标准有很多，可以按网络覆盖范围、使用范围、传输介质、拓扑结构、传播方式等进行分类。

### 1. 按网络覆盖范围分类

根据网络覆盖范围大小可以把计算机网络分为局域网、城域网、广域网。

（1）局域网（Local Area Network，LAN）。局域网的覆盖范围一般在几千米之内，如一个办公室、一栋大楼、一个企业、一个学校等。小到几台计算机,大到几千台计算机都可以组成局域网。局域网可以分为有线局域网和无线局域网。局域网的特点是:覆盖范围较小,数据传输率高,传输时延小,易于安装、便于维护。

(2) 城域网(Metropolitan Area Network,MAN)。城域网的覆盖范围一般在几十千米,如一个城市或地区。一个城域网连接着多个局域网,如政府机构的局域网、企业的局域网、医院的局域网、学校的局域网等。城域网的传输介质主要采用光纤,传输速率较高,传输时延较小。

(3) 广域网(Wide Area Network,WAN)。广域网的覆盖范围比城域网更大,从几十千米到几千千米,能连接多个城市或国家,甚至横跨几个洲提供远距离通信,形成国际性的远程网络。因特网是世界范围内最大的广域网。

### 2. 按网络使用范围分类

根据网络使用范围可以把计算机网络分为公用网和专用网。

(1) 公用网。公用网是向公众开放、为社会提供服务的网络。一般由网络服务提供商建设、管理和控制,交纳规定费用的单位和个人都可以使用。

(2) 专用网。专用网是专为一些保密性要求较高的部门提供服务的网络,比如企业内部专用网、政府部门专用网、学校专用网、军队专用网等。一般由某个组织建设、管理和控制,具有内部资源的安全性和保密性协议。

### 3. 按网络传输介质分类

根据网络传输介质可以把计算机网络分为有线网和无线网。

(1) 有线网。有线网是采用有线传输介质传输数据的网络,如双绞线、同轴电缆、光纤等。

(2) 无线网。无线网是采用无线传输介质传输数据的网络,如无线电波、微波、红外线、卫星、激光等。

### 4. 按网络拓扑结构分类

网络拓扑结构是指把网络中的计算机和设备抽象成节点,把传输介质抽象成线,将计算机网络抽象成由节点与线组成的几何图形。根据网络拓扑结构可以把计算机网络分为总线型网、环型网、星型网、树型网和网状型网。

(1) 总线型网。总线型网是将各个网络节点设备用一根公共主线相连,网络中所有节点都通过公共主线传输信息,如图4-2-1所示。总线型网布线容易、易于安装和扩充,但是故障诊断和隔离困难,公共主线或某一接口点出现故障,会导致整个网络瘫痪。

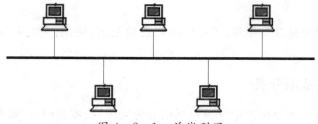

图4-2-1 总线型网

（2）环型网。环型网是指各个网络节点通过一条头尾相连的通信线路连接起来形成一个闭合的环，如图 4-2-2 所示。环型网布线容易、易于安装，但是网络不易扩充，当网络中的某个结点出现故障，会导致整个网络瘫痪。

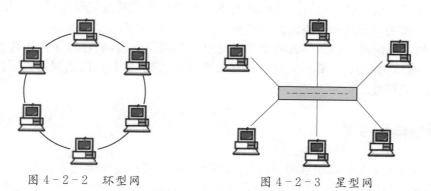

图 4-2-2　环型网　　　　　　　　　　图 4-2-3　星型网

（3）星型网。星型网由中心节点和分支节点构成，各分支节点与中心节点之间均有点到点的物理通路相连，分支节点之间没有直接的物理通路，如图 4-2-3 所示。分支节点之间的信息传输需要通过中心节点进行转发。学生机房网络大多是星型网，机房中的计算机通过独立的网线与机房的交换机相连，数据通过交换机转发。星型网系统稳定性好、易于扩充、故障率低，是应用最广、实用性最好的一种拓扑结构，目前的局域网大多采用星型拓扑结构。

（4）树型网。树型网是从星型拓扑结构变化而来的，各节点按一定层次连接，形状像一棵倒立的树，最顶端是根节点，如图 4-2-4 所示。树型网中有多个中心节点形成一种层级式网络，主要用于军事单位、政府部门等上、下界限严格和层次分明的单位或部门，如图 4-2-4 所示。树型网易于扩充，但是整个网络对根节点的依赖性很大，如果根节点发生故障，那么整个系统将不能正常工作。

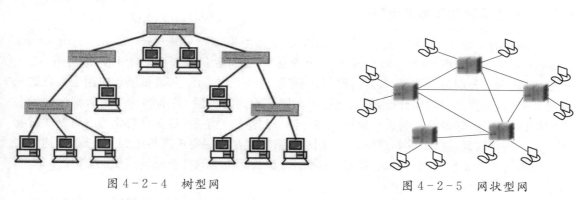

图 4-2-4　树型网　　　　　　　　　图 4-2-5　网状型网

（5）网状型网。网状型网是由分布在不同地理位置的计算机经传输介质和通信设备连接而成的，每两个节点之间的通信线路可能有多条，如图 4-2-5 所示。网状型网可靠性高，但是结构复杂、联网成本较高。

### 5. 按网络传播方式分类

根据网络传播方式可以把计算机网络分为广播式网络和点对点式网络。

（1）广播式网络。网络中的计算机或设备使用一个共享的通信介质进行数据传播，网络中的所有节点都能收到任一节点发出的数据。

（2）点对点式网络。网络中的两个节点通过一条线路连接，两台计算机通常通过一个或多个节点连接。如果两台计算机之间没有直接连接的线路，那么它们之间的数据传输需要通过中间节点进行转发。

## 4.2.3　网络体系结构

计算机网络将多台计算机或通信设备（即网络节点）用传输介质互连起来，实现了网络节点间的数据通信和资源共享。网络体系结构就是构成计算机网络的软硬件产品的标准。

### 1. 网络协议

网络协议（Network Protocol）是计算机网络中相互通信的对等实体间为进行数据通信而建立的规则、标准或约定。网络协议规定了一整套通信双方相互了解和共同遵守的格式和约定，根据网络协议，网络中的不同设备能进行数据通信。

网络协议是网络通信的语言，是通信的规则和约定。网络协议由语义、语法、时序三个要素构成。

语义：指构成协议元素的含义，包括需要发出何种控制信息，完成何种动作及做出何种应答。

语法：指数据或控制信息的格式或结构形式。

时序：指事件执行的顺序及其详细说明。

### 2. 开放系统互连参考模型

国际标准化组织 ISO 提出了"开放系统互连参考模型"（Open System Interconnection Reference Model，OSI/RM），即 OSI/RM 参考模型，简称为 OSI 模型。OSI 模型是一个七层模型，自底向上分别为物理层、数据链路层、网络层、传输层、会话层、表示层和应用层。发送端发送数据后，数据从应用层开始，依次通过下一层传输到物理层，数据到达每层后都会被加上本层的标识信息，好像给礼物进行层层包装一样。到达物理层后，数据被转化为二进制通过物理传输介质传输到接收端的物理层。在接收端，数据从物理层再依次传送到上一层，到达每层后删除本层的标识信息，好像给礼物层层拆除包装，最后传输到接收端的应用层，如图 4-2-6 所示。

OSI 模型是一个定义良好的协议规范集，规定了各层提供的服务、层与层之间的接口以及对等层之间的协议。但是，OSI 模型并没有提供一个可以实现的方法，而是一个在制定标准时所使用的概念性框架。

### 3. TCP/IP 体系结构

TCP/IP 体系结构包含了上百个各种功能的协议，其中传输控制协议 TCP（Transmission

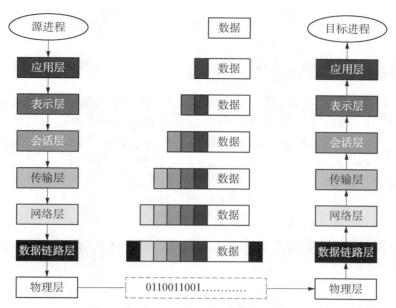

图 4-2-6　OSI 模型及数据传输过程

Control Protocol)和互联网协议 IP(Internet Protocol)是最重要的两个协议。TCP/IP 体系结构是互联网中重要的通信规则,是公认的互联网工业标准。它定义了电子设备如何连入互联网,以及数据如何在它们之间传输的标准。

　　TCP/IP 体系结构在一定程度上参考了 OSI 模型,将 OSI 的七个层次简化为了四个层次。TCP/IP 四层模型从底向上分别为网络接口层、网络层、传输层和应用层。TCP/IP 模型和 OSI 模型的对应关系如图 4-2-7 所示。

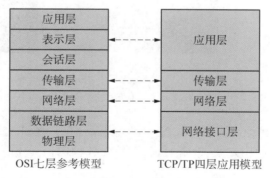

图 4-2-7　TCP/IP 模型和 OSI 模型的对应关系

　　(1) 应用层:应用层的主要功能是定义面向互联网应用的协议,例如,发邮件使用的简单邮件传输协议 SMTP,接收邮件使用的邮局协议 POP3,浏览网页使用的超文本传输协议 HTTP,网络文件上传或下载使用的文件传输协议 FTP,远程登录使用的网络终端协议 Telnet 等。

　　(2) 传输层:传输层的主要功能是在源节点和目的节点之间提供可靠的端到端的数据传输,避免报文的出错、丢失、延迟等差错。传输层使用传输控制协议 TCP 和用户数据报协议

UDP（User Datagram Protocol）。TCP 是一个面向连接的传输层协议，提供可靠的数据报传输，用于一次传输大量数据的应用，如文件传输、远程登录等。UDP 是一个无连接的传输层协议，提供不可靠的数据报传输。UDP 比 TCP 更简单高效，非常适合通信实时性要求高而数据完整性要求不是很高的应用，如网络聊天、网络数据库查询等。

（3）网络层：网络层的主要功能是负责相邻节点之间的数据传送，使用的是 IP 协议。IP 协议是一个不可靠、无连接的传输服务协议。IP 协议将报文分割成适当大小的分组，再将分组根据路由选择的路径传送到目的地，不同的分组通过的路径可能不同，送达的先后顺序也可能不一致，甚至不保证成功送达。但是 IP 协议可以提高整个网络通信链路的利用率，而把可靠性交给传输层协议处理。

（4）网络接口层：网络接口层的主要功能是通过网络发送和接收 IP 数据报。它采取开放的策略，允许使用局域网、城域网与广域网的各种协议，任何一种流行的底层传输协议都可以与网络接口层对接。这体现了 TCP/IP 体系结构的开放性和兼容性的特点，也是 TCP/IP 成功应用的基础。

## 4.2.4 网络传输介质

网络传输介质是网络中传输数据的物理线路，分为有线传输介质和无线传输介质。

常用的有线传输介质包括双绞线、同轴电缆和光纤，如图 4-2-8 所示。

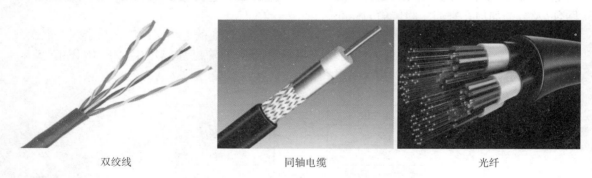

双绞线　　　　　　　　　　同轴电缆　　　　　　　　　光纤

图 4-2-8　有线传输介质

（1）双绞线：两根互相绝缘的铜导线按一定规则绞合在一起，4 对绞合线组成一根双绞线。双绞线用于近距离通信，使用方便，价格便宜，但易受各种电信号干扰，可靠性较差，不适用于高速远距离通信。

（2）同轴电缆：同轴电缆由同一轴心的铜线导体和绝缘层组成。同轴电缆比双绞线的屏蔽性好，信号可以传输得更远，价格较高。

（3）光纤：光纤由能传导光波的石英玻璃作为芯线，加上防护外皮制作而成。光纤可以传输光脉冲信号，一个光脉冲表示二进制中的 1，没有光脉冲表示进制作中的 0。光纤的数据传输速率高，延迟低，误码率低，不受电磁干扰，安全性和保密性好，质量轻、体积小、易铺设，适合长距离传输。

常用的无线传输介质包括微波和红外线等。

（1）微波：微波一般指频率在 300 MHz 至 300 GHz 的电磁波。微波通信传输一般发生在两个地面站之间,具有直线传播、易受环境条件影响的特点。如果要实现长途传输,可以通过设置中继站进行微波接力,如图 4-2-9 所示。中继站将信号传递给相邻的站点,这种传递不断持续下就可以实现被地表切断的两个站点间的传输。微波常用于电视信号、移动电话等无线通信。卫星通信也是一种微波通信,它的中继站点是绕地球轨道运行的卫星。

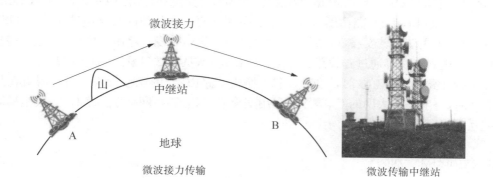

图 4-2-9　微波传输

　　(2) 红外线:红外线一般指频率在 $10^{12}$ Hz 至 $10^{14}$ Hz 的电磁波,频率比可见光频率低,是不可见光线。红外线通信不受电磁干扰,可靠性高,但是无法穿过障碍物,适合近距离的数据传输。电视机、空调、投影仪等电器设备使用的遥控器通常使用红外线传输信号,如图 4-2-10 所示。

　　(3) 蓝牙:蓝牙是一种支持设备短距离通信(一般 10 m 内)的无线电技术,可以支持笔记本电脑、手机、PAD、无线耳机等多种设备之间进行无线信息交换,具有方便快捷、灵活安全、低成本、低功耗等特点。

图 4-2-10　红外线传输

## 4.2.5　常见的网络设备

　　网络设备可以将计算机连入网络,并实现不同网络的互联。常见的网络设备有集线器、交换机、路由器等,如图 4-2-11 所示。

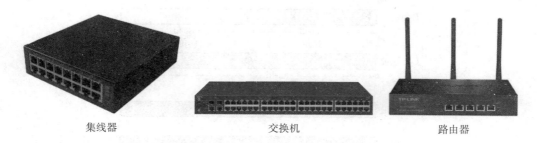

集线器　　　　　　交换机　　　　　　路由器

图 4-2-11　常见的网络设备

（1）集线器（Hub）：集线器的主要功能是对接收到的信号进行再生整形放大，以扩大网络的传输距离。集线器工作在 OSI 模型中的物理层，每个接口都可以接收和发送比特数据。

（2）交换机（Switch）：交换机可以把多台计算机连接起来组成网络，例如，利用交换机将多台计算机组成一个小型局域网。交换机采用储存转发技术实现数据交换，首先接收并存储数据，然后根据数据帧中的目的 MAC 地址，将数据帧转发到目的端口。交换机工作在 OSI 模型中的数据链路层。

（3）路由器（Router）：路由器可以实现不同网络的互联和访问。路由器工作在 OSI 模型中的网络层，采用储存转发技术，根据 IP 地址进行数据包转发。路由器中有一张路由表，所有数据包的发送和转发都通过查找路由表进行路由选择，从源端口发送到目的端口。

在进行计算机网络互联时，一般采用"交换机＋路由器"的连接方式。当只需要在数据链路层互联时，一般是以太网的互联，尽量采用交换机；当需要在网络层互联时，一般是局域网和因特网互联，可采用路由器。

## 4.2.6 互联网基础

互联网，又称为因特网（Internet），起源于 20 世纪 60 年代，在 20 世纪 90 年代得到了飞速发展。所有使用 TCP/IP 协议的计算机和设备都可以连入互联网相互通信。现在的互联网已经发展成为了分布众多网络系统，涵盖海量信息资源的计算机网络。

### 1. IP 地址

互联网上的每台主机都有一个唯一的地址标识，就像电话号码、身份证号一样，这个地址标识就是 IP 地址。IP 协议根据 IP 地址来标识网络上的主机，并且通过 IP 地址来发送和接收分组。当前广泛使用的 IP 协议是第四版的协议，称为 IPv4，对应的地址为 IPv4 地址，通常称为 IP 地址。IP 地址是一个 32 位的二进制数，按字节分成 4 组，每组一个字节，即 8 位二进制。为了便于表示，将每组的二进制转化为十进制，并用圆点相连，即点分十进制表示法表示 IP 地址，例如，IP 地址是 192.168.120.56（对应的二进制分别为：11000000、10101000、01111000、00111000）。

（1）IP 地址分类。

为适应不同规模网络的需要，Internet 委员会将 IP 地址分为 5 类：A 类、B 类、C 类、D 类和 E 类，适合不同容量的网络，根据 IP 地址的前面几位可以确定 IP 地址的类型，如图 4-2-12 所示。

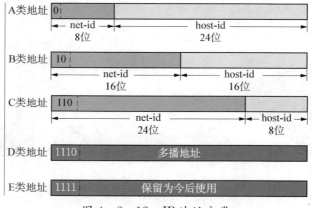

图 4-2-12　IP 地址分类

其中 A 类、B 类和 C 类地址是基本的互联网地址,供互联网用户使用。D 类和 E 类地址是特殊地址。IP 地址由网络号(net - id)和主机号(host - id)两部分组成。网络号表示 IP 地址所属的网络地址,在互联网范围内统一分配。主机号是每台主机在该网络内被分配的主机地址,在该网络内唯一。在表 4 - 2 - 1 给出了 IP 地址空间列表。

表 4 - 2 - 1　IP 地址空间列表

| IP 地址 | 地址范围 | 默认子网掩码 | 网络号 | 主机号 | 应用 |
|---|---|---|---|---|---|
| A 类 | 1.0.0.1 - 126.255.255.254 | 255.0.0.0 | 第一个字节 | 后三个字节 | 大型网络 |
| B 类 | 128.0.0.1 - 191.255.255.254 | 255.255.0.0 | 前两个字节 | 后两个字节 | 中型网络 |
| C 类 | 192.0.0.1 - 223.255.255.254 | 255.255.255.0 | 前三个字节 | 最后一个字节 | 小型网络 |
| D 类 | 224.0.0.1 - 239.255.255.254 | | 介于 224—239 | | 多播地址<br>多路广播 |
| E 类 | 240.0.0.1 - 255.255.255.254 | | 介于 240—255 | | 保留地址<br>以后待用 |

(2)特殊 IP 地址。

在 A、B、C 类地址中,有少量 IP 地址不可以分配给主机,仅用于特殊用途,即特殊 IP 地址,主要有以下几种:

① 自测地址:127. X. X. X,其中访问本机使用 127.0.0.1。

② 全 0 地址:0.0.0.0 表示本网络中的本机。

③ 广播地址:主机号为全 1 的地址,表示在本网络内进行广播。例如,168.108.255.255 表示将数据广播到网络号为 168.108 中的所有主机上。

④ 有限广播地址:255.255.255.255,在不知道本网络编号时,可以用这个地址来实现本网内的广播。

⑤ 网络地址:网内编号位全部为 0 时,表示本网络。例如 168.126.0.0,表示网络 168.126。

⑥ 私有地址:在 IP 地址空间中专门保留了 3 个区域,使用这些地址只能在网络内部进行通信,不能与其他网络互连。这些区域是:

- 10.0.0.0——10.255.255.255
- 172.16.0.0——172.31.255.255
- 192.168.0.0——192.168.255.255

在配置 IP 地址时,必须遵守以下规则:

① 一个网络中的主机的 IP 地址是唯一的。

② 主机号和网络号不能全为 0 或 255。

③ 网络号不能为 127。

(3)IPv6。

IPv6 是 IP 协议第六版的协议。IPv6 中规定的 IP 地址长度为 128,目的是取代现有的 IPv4。随着互联网接入主机的大量增加和新应用的不断涌现,传统的 IPv4 协议已经难以支持互联网的进步扩张和新业务的特性。IPv6 解决了 IPv4 地址不足的难题,它正在不断发展、完善和商用的过程中，在不久的将来将取代目前被广泛使用的 IPv4。

## 2. 域名系统

IP 地址很难记忆，使用也不方便，为了用户能够更方便地使用互联网，引入域名来标识计算机的 IP 地址，如图 4-2-13 所示。域名由一串有意义的字母组成。域名系统（Domain Name System，DNS）将域名和 IP 地址进行相互映射。一个域名只能对应一个 IP 地址，因此域名在互联网上是唯一的。但是，多个域名可被映射到同一个 IP 地址。有了域名就不需要记忆 IP 地址，只需要记住域名就可以访问网络中的主机。

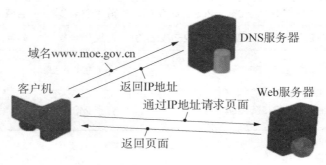

图 4-2-13　DNS 服务

域名系统采用分级管理名字的方法来管理域名。域名的一般形式为：

主机名. 网络名. 机构名. 顶级域名

例如：访问华东师范大学网站所在的服务器，在浏览器中不必输入服务器的 IP 地址，只需要输入华东师范大学的域名"www. ecnu. edu. cn"就可以访问。在这个域名中，从右向左，顶级域名是 cn，表示这台主机在中国这个域；edu 表示该主机为教育领域的；ecnu 表示华东师范大学的网络名；最左边的子域是 www，表示该主机的名字。

互联网中的顶级域名可以分为两大类：基于机构的顶级域名和基于地理位置的顶级域名，如表 4-2-2 和 4-2-3 所示。如果这两类域名同时出现在同一个域名中，则地理位置为顶级域名，机构为第二级域名。

表 4-2-2　基于机构的顶级域名

| 域名 | 组织 | 域名 | 组织 |
| --- | --- | --- | --- |
| org | 非营利组织 | edu | 教育部门 |
| net | 网络组织 | gov | 政府部门 |
| com | 商业机构 | mil | 军事部门 |
| int | 国际组织 | | |

表 4-2-3　基于机构的顶级域名

| 域名 | 国家/地区 | 域名 | 国家/地区 | 域名 | 国家/地区 |
|------|-----------|------|-----------|------|-----------|
| CN | 中国 | UK | 英国 | RU | 俄罗斯 |
| US | 美国 | HK | 香港 | FR | 法国 |
| JP | 日本 | TW | 台湾 | DE | 德国 |
| CA | 加拿大 | KR | 韩国 | IT | 意大利 |

域名的命名规则如下：

（1）域名无大小写之分。

（2）域名最长为 255 个字符，每一段最长为 63 个字符。

（3）域名只包含 26 个英文字母、数字和连词号"-"。

### 3. 万维网

万维网（World Wide Web，WWW）简称 Web，是一个分布式、跨平台的超媒体信息服务系统，超媒体文档包含文本、图像、声音、动画、视频等多种形式。万维网由 Web 服务器、浏览器（Browser）及通信协议三部分组成。万维网允许用户在一台计算机上通过互联网访问另一台计算机上的信息。Web 服务器通过超文本标记语言（Hyper Text Markup Language，HTML）把信息组织成为图文并茂的超文本，利用链接从一个站点跳到另一个站点。通过万维网提供的服务，人们可以访问世界各地的超媒体文档，即网页。

（1）统一资源定位符 URL。

当你想进入万维网上的一个网页时，通常你要在浏览器上输入访问网页的统一资源定位符（Uniform Resource Locator，URL）。万维网使用 URL 来标志万维网上的各种文档，并使每一个文档在整个互联网的范围内具有唯一的标识符。

URL 的一般形式可以表示为：协议://主机:端口/路径。左边的"协议"最常用的有两种，即 HTTP 和 FTP（文件传输协议）。在"协议"后面的是一个冒号和两个正斜杠，正斜杠右边的"主机"是必须有的，"端口"和"路径"可以省略。HTTP 的默认端口是 80，通常可以省略。

（2）超文本传输协议 HTTP。

万维网采用的通信协议是超文本传输协议（Hyertext Transfer Protocol，HTTP），所有的 WWW 应用都必须遵守 HTTP 协议。

HTTP 协议基于客户机/服务器（Client/Server，简称 C/S）工作模式，万维网上的可用信息分布在不同地区的服务器上，用户可以通过计算机上的客户程序发出请求，访问这些信息，如图 4-2-14 所示。

HTTP 允许将超文本标记语言（Hypertext Markup Language，HTML）文档从 Web 服务器传送到 Web 浏览器。HTML 是一种用于创建网页文档的标记语言，这些文档包含相关信息的链接。用户可以单击一个链接来访问其他文档、图像或多媒体对象，并获得关于链接项的附加信息。

HTTP 协议工作在 TCP/IP 协议体系中的 TCP 协议上。客户机和服务器必须都支持

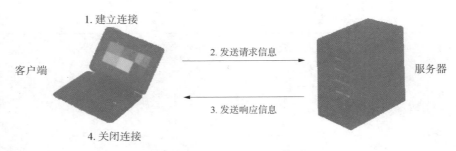

图 4 - 2 - 14　HTTP 工作原理

HTTP 才能在万维网上发送和接收 HTML 文档并进行交互。

## 4. 无线网络

无线网络是指不需要布线就能实现各种通信设备互联的网络。根据网络覆盖范围的不同,可以将无线网络划分为无线广域网(WWAN:Wireless Wide Area Network)、无线城域网(WMAN:Wireless Metropolitan Area Network)、无线局域网(WLAN:Wireless Local Area Network)和无线个人局域网(WPAN:Wireless Personal Area Network)。

无线局域网具有组网灵活、易于扩展、高效便捷、免布线等优点,是目前非常流行的一种局域网组网方式。无线局域网的通用标准是由 IEEE 委员会(国际电气和电子工程师委员会)所制定的 IEEE 802.11 标准。需要注意的是,有时人们会把 Wi-Fi 和无线网络混为一谈,但实际上,两者并不完全等同。Wi-Fi 是 Wi-Fi 联盟的一个商业认证,同时也是一种无线联网的技术,通过无线电波(如无线路由器)进行网络连接。在无线路由器电波覆盖的有效范围内,所有的计算机和通信设备都可以采用 Wi-Fi 连接方式进行联网。

一般说来,无线局域网有两种组网模式,一种是无固定基站的 WLAN,另一种是有固定基站的 WLAN。无固定基站的 WLAN 是一种自组网络(Ad Hoc 网络),主要适用于在安装无线网卡的计算机之间组成的对等状态的网络。在有固定基站的 WLAN 中,安装无线网卡的计算机通过基站(无线 AP 或者无线路由器)接入网络,这种网络的应用比较广泛,通常用于有线局域网覆盖范围的延伸或者作为宽带无线互联网的接入方式。

组建无线局域网所需要的设备包括计算机、无线网卡、无线访问点、无线中继器、无线网关、无线路由器、无线天线等。局域网中无线网卡的能够实现无线局域网各客户机间的连接与通信。无线访问点就是无线局域网的接入点。无线网关的作用类似于有线网络中的集线器。无线路由器可以看作一个转发器,将家中的宽带网络信号通过天线转发给附近的无线网络设备,例如笔记本电脑、支持 Wi-Fi 的手机、平板电脑以及所有带有 Wi-Fi 功能的设备,如图 4 - 2 - 15 所示。

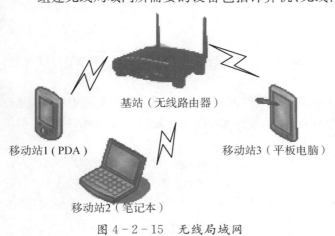

图 4 - 2 - 15　无线局域网

### 5. 网络存储

（1）什么是网络存储。

网络存储也称为云存储，是一种网上在线存储，即把数据存放在由第三方托管的多台虚拟服务器上。简单来说，云存储就是将存储资源放到"云"上供用户存取访问的一种新兴的互联网存储手段，如图 4-2-16 所示。用户可以在任何时间、任何地方，通过任何可连网的设备连接到"云"上方便地存取数据，比如各种云盘、网盘。

图 4-2-16　云存储

云存储是一种基于云计算（Cloud Computing）的网络存储技术。云计算能够通过网络"云"将庞大的数据计算处理程序分解成很多个较小的子程序，再交由网络上的多部服务器所组成的系统进行分析和处理，并将处理结果进行合并，返回给用户。通过云计算技术，网络服务提供者可以在很短的时间之内（如几秒钟），处理数以千万计甚至亿计的信息，达到强大的网络服务。

云存储的概念与云计算类似，是依托于数据存储和管理的云计算系统，云存储可将存储的资源统一到云存储空间中进行处理，让用户可以随时随地地进行调用和操作。只要是有互联网设备的用户都可以对云存储空间中的数据进行实时处理。云存储可以有效地保证数据的安全性，并节约存储空间，具有很强的空间优势。

（2）云存储的特点。

云存储可以降低管理和存储成本，同时还能促进多个用户的协作，增加访问的灵活性。云存储主要有以下优点：

自动化和智能化的存储管理：所有的存储资源整合在一起，提供给用户单一的存储空间，用户可以随时随地访问、共享、管理文件，并能将文件同步到本地计算机或其他移动设备中。

实时协作：多个用户之间可以轻松共享文档，并能够使用熟悉的应用协同办公、避免文件版本冲突。

更大更强的数据访问性能：云存储是一种线上数据存储技术，可以给在线会议视频系统提供文件分享等支持，辅助主持高效的在线会议。

存储效率高：通过虚拟化技术解决了存储空间的浪费，可以自动重新分配数据，提高了存储空间的利用率。

可扩展性好：当用户出现计划外的存储需求时，能够方便地访问更多的数据存储容量。

除了以上优点以外,云存储也存在着一些缺点,比如价格较高,管理复杂,访问速度没有访问本地数据快等。

### 6. 常用的网络命令

在网络组建以及网络维护中,经常需要使用网络命令查看网络配置、诊断与排除网络故障。其中最常用的两个命令是 ipconfig 命令和 ping 命令。

(1) ipconfig 命令:调试计算机网络的常用命令,可用于查看本机的网络配置信息,如 IP 地址、子网掩码、默认网关等信息。

子网掩码:用来指明一个 IP 地址的哪些位标识的是主机所在的子网。子网掩码不能单独存在,它必须结合 IP 地址一起使用。子网掩码可以将 IP 地址划分成网络地址和主机地址两部分。对于 A 类地址来说,默认的子网掩码是 255.0.0.0;对于 B 类地址来说默认的子网掩码是 255.255.0.0;对于 C 类地址来说默认的子网掩码是 255.255.255.0。例如,IP 地址是 192.168.68.5(11000000.10101000.01000100.00000101),子网掩码是 255.255.255.0(11111111.11111111.11111111.00000000),把 IP 地址的二进制和子网掩码的二进制进行逻辑与运算,得到 11000000.10101000.01000100.00000000,将其化为十进制是 192.168.68.0。因此,该主机的网络号是 192.168.68,主机号是 5。

默认网关:默认网关是子网与外网连接的设备,通常是一个路由器。当网络中的一台主机访问本网络中的主机时,可以直接访问。但是,如果要访问的主机在其他网络中,则需要利用网关转发数据。主机把数据发给网关,再由网关转发数据到其他网络中,寻找目标主机。

(2) ping 命令:检查网络是否畅通,常用于分析和判定网络故障。ping 命令通过向特定的目的主机发送 ICMP(Internet Control Message Protocol,因特网报文控制协议)请求报文,再根据返回的信息,测试目的主机是否可达,网络是否通畅。ping 命令也可以根据域名得到服务器 IP 地址。

## 4.2.7 习题

1. 单选题

(1) 某主机的 IP 地址为 92.102.6.206,说明该主机所在的网络属于_____。

A. A 类网络　　　　　B. B 类网络　　　　　C. C 类网络　　　　　D. D 类网络

(2) _____是对可以从 Internet 上得到的资源位置和访问方法的一种简洁表示。

A. TCL　　　　　　　B. IP　　　　　　　　C. URL　　　　　　　D. DNS

(3) _____工作在数据链路层,负责在节点之间建立逻辑连接,一方面将信息进行存储转发,另一方面为连续传输大量数据提供有效的速度保证。

A. 集线器　　　　　B. 交换机　　　　　　C. 路由器　　　　　　D. 网桥

(4) 万维网(WWW)是 Internet 上集文本、声音、动画、视频等多种媒体信息于一身的信息服务器系统,其采用的超文本传输协议是指_____协议。

A. FTP　　　　　　B. HTML　　　　　　C. TCP　　　　　　　D. HTTP

(5) TCP/IP 参考模型是一个用于描述_____的网络模型。

A. 互联网体系结构　　　　　　　　　　B. 局域网网体系结构

C. 城域网网体系结构　　　　　　　　　D. 广域网网体系结构

2. 是非题

（1）Windows 环境下，ping 命令可用于查看本机的网络配置信息。

（2）路由器是网络互联的核心设备，其工作在网络层，一方面连通不同的网络，另一方面选择信息传送的线路。

（3）在因特网域名中，后缀 com 通常表示商业部门。

（4）B 类 IP 地址的子网掩码是 255.255.255.0。

（5）在环型网中任何一个工作站发生故障时，都有可能导致整个网络停止工作。

3. 操作题

（1）用浏览器打开文件夹 LXSC4 中的 LXSC4－2－1.htm，将该网页以 PDF 格式保存在文件夹中，文件命名为 LXSC4－2－1.pdf。

（2）在文件夹 LXSC4 中创建文件 LXSC4－2－2.txt，将当前计算机的 WindowsIP 配置、所有以太网适配器的信息粘贴在内，每个信息独占一行。

# 4.3　网络应用

## 4.3.1　搜索引擎

搜索引擎是指根据一定的策略、运用特定的计算机程序从互联网上搜集信息,在对信息进行组织和处理后,为用户提供检索服务,将用户检索相关的信息展示给用户的系统。搜索引擎的前身是 1990 年由加拿大麦吉尔大学的三名学生发明的 Archie 系统。Archie 是第一个自动索引互联网上匿名 FTP 网站文件的程序,用户输入文件名搜索,系统可以告诉用户下载该文件的 FTP 地址。但它还不是真正的搜索引擎。随着互联网技术的发展,受 Archie 的启发,诞生了许多形形色色的搜索引擎,如 Yahoo!、Google,以及中文搜索引擎百度、搜狗、有道、360搜索等。

### 1. 搜索引擎的工作原理

搜索引擎的工作原理包括以下三个步骤:

(1) 搜集资源信息。

搜索引擎通过一种称为网络爬虫(Spider)的程序跟踪网页的链接来进行资源信息的搜集。像蜘蛛在蜘蛛网上爬行一样,网络爬虫在互联网上浏览信息,它可以从一个链接爬到另外一个链接,然后把这些信息都抓取到搜索引擎的服务器上。网络爬虫的工作必须遵循一定的规则或命令。

(2) 信息预处理以及建立索引。

网络爬虫抓取回来的信息并不能直接进行检索,必须进行预处理,并对这些信息建立索引。预处理一般包括对网页进行文字提取,分词,去噪等,处理后的信息还要将它们按照一定的规则进行编排,即建立索引。这样,搜索引擎根本不用重新翻查保存的所有信息而迅速找到所要的信息。想象一下,如果信息是不按任何规则地随意堆放在搜索引擎的数据库中,那么它每次找信息都得把整个数据库完全翻查一遍,如此一来再快的计算机系统也没有用。

(3) 接受搜索。

用户在搜索框输入关键词后,搜索引擎接受查询并向用户返回结果。目前,搜索引擎的搜索结果主要是以网页链接的形式返回给用户,用户点击链接就可以到达含有自己所需信息的网页。通常搜索引擎会在这些链接下提供简单的网页摘要文字以帮助用户判断此网页是否含有自己需要的内容。

### 2. 搜索引擎使用

搜索引擎为用户查找信息提供了方便,但是如果只是简单地在搜索框中输入关键字,搜索引擎可能会返回大量无关信息,影响搜索效率,不利用于用户找到真正有用的信息。我们可以利用搜索引擎提供的检索语法和高级搜索功能实现高效、快速地信息查找。

百度(http://www.baidu.com)是目前使用最广泛的中文搜索引擎,最早由李彦宏、徐勇于 1999 年在美国硅谷成立。"百度"二字源自中国南宋词人辛弃疾《青玉案·元夕》的一句词:"众里寻他千百度,蓦然回首,那人却在灯火阑珊处"。本节主要以百度搜索引擎为例,介绍搜索引擎的使用方法。

　　(1) 利用检索语法获取信息。

　　为了提高检索的准确性,可以使用搜索引擎中的检索语法编写检索语句来缩小检索范围,提高检索的准确性,表 4-3-1 列出了搜索引擎常用的检索语法。

表 4-3-1　搜索引擎常用检索语法及示例

| 语法 | 含义 | 检索语句示例 | 搜索结果 |
| --- | --- | --- | --- |
| " " | 精确匹配,将引号内容作为整体来搜索 | "生态环境可持续发展" | 搜索包含"生态环境可持续发展"的网页 |
| define: | 搜索定义 | define:物联网<br>注意:define 和关键词之间不要带空格 | 搜索物联网的定义 |
| site: | 限制搜索的域名范围 | site:sina.com.cn 物联网<br>注意:site:和站点名之间,不要带空格 | 搜索新浪网上关于物联网的网页 |
| filetype: | 搜索指定类型的文件 | 物联网 filetype:ppt | 物联网相关的 PPT 文件 |
| inurl: | 搜索包含有特定字符的 URL | photoshop inurl:jiqiao | 搜索有关 photoshop 的网页并且网站 url 中包含 jiqiao |
| intitle:<br>(或 title:) | 搜索网页标题中含有特定字符的网页 | intitle:机器学习 | 搜索网页标题中含有机器学习的网页 |
| and<br>(或空格) | 逻辑"与"运算符,搜索同时包含多个关键词,一般 and 运算符可以用空格代替 | 机器学习　图像处理 | 搜索网页中同时出现机器学习和图像处理的网页 |
| or<br>(或\|) | 逻辑"或"运算符,搜索多个关键词中的任意一个 | 云存储 or 云计算 | 搜索网页中出现云存储或者云计算的网页 |
| - | 逻辑"非"运算符,搜索内容排除"-"后面的内容 | 阿甘正传 intitle:下载 - 在线<br>注意:- 和前一个关键词之间必须有空格 | 搜索电影阿甘正传的下载,而不是在线播放的网页 |

　　需要注意的是,大多数搜索引擎都支持语法检索,但是不同的搜索引擎检索语法定义可能会有差别。

　　(2) 利用高级检索获取信息。

　　除了使用语法检索,许多搜索引擎还提供了高级检索功能,让用户可以不必手工输入语法,就可以进行更专业的检索,提高检索的准确性。

　　**例 4-3-1　利用百度高级检索查询上海或北京有关环保的新闻。**

　　① 在百度主页(http://www.baidu.com)中点击右上角的"设置",然后点击"高级检索",

如图 4-3-1 所示。

图 4-3-1　百度搜索引擎主页

② 打开高级搜索窗口,如图 4-3-2 所示,可以设置以下内容:

图 4-3-2　百度高级搜索

- 搜索结果:包含全部关键词(语法:and)、包含完整关键词(语法:"")、包含任意关键词(语法:or)、不包括关键词(语法:—)。
- 时间:可以选择全部时间、最近一天、最近一周、最近一月和最近一年。
- 文档格式:通过选择文档格式(语法:filetype:),可以选择搜索 PDF 文件、Word 文件、Excel 文件、PPT 文件、RTF 文件和所有格式文件。
- 关键词位置:可以选择网页任何地方、仅网页标题(语法:intitle:)、仅网页标题(语法:inurl:)
- 站内搜索:指定只在某个网站内搜索(语法:site:)

在本例中,在"包含全部关键词"搜索框中输入"环保　新闻",在"包含任意关键词"搜索框中输入"上海　北京"。为了使搜索结果更加准确,需要限制字词出现位置位于网页标题中,否则将搜索到大量环保的新闻,但是并不是上海或北京这两个城市的环保新闻。这是因为在网页的内容中出现"上海"或"北京"一词,而网页内容还包括广告、其他链接等。因此,需要在"关键词位置"中选择"仅网页标题中",通常情况下,网页标题是对网页主体内容的概要描述,可以帮助用户高效快速地找到真正需要的信息。

③ 搜索引擎将查找到的网页链接以列表形式返回给用户查看,如图 4-3-3 所示,用户点击链接进入到相关网页。注意,百度将用户在高级搜索中的设置转换为搜索语句显示在搜索框内。本例的搜索语句为:title:(环保 新闻(北京｜上海))。

(3) 百度百科。

百度百科是一部涵盖了几乎所有领域知识,服务所有互联网用户,内容开放的中文网络在

图 4-3-3 搜索结果页面

线百科全书。百度百科允许每个用户对百度百科全书进行编辑,可以实现知识共享、人人参与,并免费服务于每一个人。同时,百度百科实现与百度搜索、百度知道相结合,从不同的层次上满足用户对信息的需求。

打开百度百科(http://baike.baidu.com/)如图 4-3-4 所示,在搜索框中输入检索关键词,点击"进入词条",打开该关键词在百度百科中的解释页面;点击"全部搜索",则进入该关键词的百度搜索页面。

图 4-3-4 百度百科

### 例 4-3-2 在百度百科中查找"物联网"。

① 打开百度百科,在搜索框中输入"物联网",点击"进入词条",显示页面如图 4-3-5 所示。

② 在词条页面浏览物联网的解释以及参考资料。点击页面中蓝色的文字链接,如"互联网",可以进入"互联网"词条页面。点击词条旁边的"编辑",进入编辑页面对该词条进行编辑。编辑词条之前,需要注册百度用户。注册用户后才能对词条进行编辑。

③ 在页面右侧查看词条的统计信息,如浏览次数、编辑次数、最近更新者,如图 4-3-6 所示。

图 4-3-5　百度百科词条示例

图 4-3-6　百度百科词条统计示例

（4）百度文库。

百度文库是百度发布的供网友在线分享文档的平台，包括教学资料、考试题库、专业资料、公文写作、法律文件、文学小说、漫画游戏等多个领域的资料。百度注册用户可以上传、在线阅读和下载文档，未注册用户只能在线阅读。百度文库的文档都是由百度用户上传，需要经过百度的审核才能发布，百度自身不编辑或修改用户上传的文档内容。用户可以免费下载免费文档，但是对于一些收费文档，需要购买才能下载。

打开百度文库（http://weiku.baidu.com/），在搜索框中输入检索关键词，设置文档类型、时间、排序等，点击"搜索文档"，会显示出检索的结果文档，用户点击某个文档即可打开该文档进行在线阅读或下载，如图 4-3-7 所示。

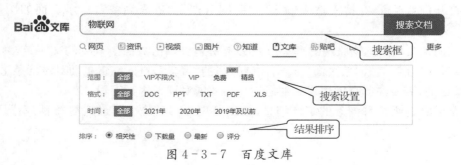

图 4-3-7　百度文库

## 4.3.2　电子邮件

电子邮件(Electronic mail,简称 E-mail)是一种用电子手段提供信息交换的通信方式,是互联网应用中最广泛的服务之一。电子邮件以电子的格式通过互联网为世界各地的网络用户提供了一种快速、简单和经济的通信和交换信息的方法。用户通过电子邮件系统申请电子邮箱(E-mail 地址),与世界上任何一个角落的网络用户联系,发送和接收电子信件。电子邮件的内容包括了文字、图像、声音等多种形式。

**1. 电子邮件的特点**

电子邮件具有以下优点:

(1)快速:通邮地域不受距离和自然条件的限制,发送电子邮件后,只需几秒钟就可通过网络传送到邮件接收人的电子邮箱中。

(2)方便:书写、收发电子邮件都通过计算机完成,双方接收邮件都无时间和地点的限制。

(3)廉价:许多电子邮件服务商都提供免费的电子邮件收发服务,即使是收费的电子邮件服务,平均发送一封电子邮件只需几分钱,比普通信件便宜。

(4)可靠:每个电子邮箱地址都是全球唯一的,可确保邮件按发件人输入的地址准确无误地发送到收件人的邮箱中。

(5)内容丰富:电子邮件不仅可以传送文本,还可以传送声音、视频等多种类型的文件。

**2. 电子邮件的功能**

电子邮件比传统邮件具有更强大的功能。电子邮件不仅可以传递文字信息,还可以传递多媒体信息,如图像、声音、视频等。电子邮件的功能主要有以下两点:

(1)同时向多个收信人发送同一邮件,传递包括文本、声音、视频和图像等多种类型的文件。

(2)同时自动接收几个邮箱中的邮件,并有转发、编组发送等多种辅助功能。

**3. E-mail 地址**

用户在电子邮件系统中注册电子邮箱后,可以得到一个 E-mail 地址。互联网用户通常都有一个或多个 E-mail 地址,并且这些 E-mail 都是唯一的。邮件服务器就是根据这些地址,将每封电子邮件传送到各个用户的邮箱中。E-mail 地址就是邮箱地址,一个完整的 E-mail 地址由三部分组成,格式如下:

用户名@主机名

其中,"用户名"是用户邮箱的账号,是用户在申请时自己指定的,对于同一个邮件接收服务器来说,用户名必须是唯一。"@"是分隔符,是电子邮件的标志。"主机名"是电子邮箱的邮件接收服务器域名,用以标志其所在的位置。例如,张同学在网易邮箱系统中申请了电子邮箱 zhang_2012@163.com,"zhang_2012"是用户名,"163.com"是主机名,即网易邮件服务器域名。

电子邮箱地址的格式需要注意以下两点:

(1)主机名中间的圆点分隔符不能省略。

(2)邮箱地址中不能有空格。

### 4. 电子邮件的传送过程

电子邮件系统主要包括邮件用户代理（Mail User Agent，MUA）、邮件传输代理（Mail Transfer Agent，MTA）、邮件投递代理（Mail Delivery Agent，MDA）、用户及相关协议，如图4-3-8所示。

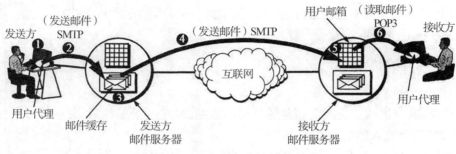

图4-3-8 电子邮件系统

用户使用邮件用户代理收发和管理邮件，而电子邮件的实际传递是由邮件传输代理和邮件投递代理完成的。电子邮件系统采用存储转发机制，收到邮件以后先保存好，当接收者准备好后再转发。这样当接收邮件的主机出现故障，经修复正常后，那些在故障期间无法投递的邮件也可以一起发送。

假设张同学E-mail地址是zhang_2012@163.com，他要发邮件给李同学，李同学的E-mail地址是li_2008@qq.com。首先，张同学可以用电子邮件软件（如Outlook、Foxmail）写好邮件，在收信人地址栏中填入李同学的E-mail地址，点"发送"，电子邮件就发送出去了。其中，用户发送电子邮件的软件就是邮件用户代理MUA。需要注意的是，除了专用的电子邮件软件，用户也可以直接在电子邮箱网站中发送邮件。

E-mail从MUA发出去后，并不是直接到达对方计算机，而是发送到邮件传输代理MTA。MTA是电子邮箱服务提供商，比如网易邮箱、新浪邮箱、腾讯邮箱等。因为张同学的E-mail地址的主机名是163.com，所以，E-mail首先被投递到网易的MTA，再由网易的MTA发送给收件人的MTA，即腾讯（qq.com）的MTA。E-mail到达腾讯的MTA后，会被发送给邮件投递代理MDA，再由MDA投递到收件人的电子邮箱中。当李同学要收取邮件时，可以通过邮件用户代理，从MDA上把邮件提取到自己的计算机中。

电子邮件系统常用的电子邮件协议主要有三个：SMTP（Simple Mail Transfer Protocol，简单邮件传输协议）、POP3（Post Office Protocol 3，邮局协议第三版）、IMAP（Internet Message Access Protocol，互联网邮件访问协议）。这三个协议都在TCP/IP体系结构中定义。

（1）SMTP：SMTP是计算机之间交换邮件的一个标准协议，用于保证不同操作系统的计算机之间能有效传送邮件，主要负责邮件系统如何将邮件从一台机器传至另外一台机器。

（2）POP3：POP3是把邮件从电子邮箱传输到本地计算机的一个标准协议。利用POP3协议，用户可以通过计算机访问接收邮件的主机，并取走存放在上面的邮件。通常把这个主机称为POP3服务器。P0P3服务器不间断地运行着一个邮件传输代理，通过SMTP接收其他主机发来的邮件。用户通过POP3可以管理、保存自己的邮件。

（3）IMAP：目前的版本为 IMAP4，是 POP3 的一种替代协议，提供了邮件检索和邮件处理的新功能。利用 IMAP 协议，用户不下载邮件正文就可以看到邮件的标题和摘要，并通过邮件客户端软件对服务器上的邮件和文件夹目录等进行操作。IMAP 协议增强了电子邮件的灵活性，同时也减少了垃圾邮件对本地系统的直接危害，同时节省了用户查看电子邮件的时间。

### 5. 常用的免费电子邮箱

用户要能收发电子邮件，必须有一台收发邮件的主机为他服务，并且在该主机上注册自己的电子邮箱账号和密码。在电子邮件系统中，账号和密码被一起用于该邮箱登录的身份验证。目前，许有网络服务提供商都提供免费的电子邮箱服务，如网易、腾讯、新浪。除此之外，公司、学校、政府机构等也有专门的电子邮箱服务，服务特定的用户。常用的互联网免费电子邮箱服务的网站如表 4-3-2 所示。

表 4-3-2 常用电子邮箱

| 邮箱 | 网 址 |
|------|------|
| 网易 163 邮箱 | https://mail.163.com |
| 网易 126 邮箱 | https://mail.126.com |
| 腾讯 QQ 邮箱 | https://mail.qq.com |
| 新浪邮箱 | https://mail.sina.com.cn |

**例 4-3-3** 在网易邮箱中注册电子邮箱账号，登录并发送一封电子邮件。

① 打开网易邮箱界面（https://mail.163.com），如图 4-3-9 所示，点击"注册网易邮箱"，打开注册邮箱页面，如图 4-3-10 所示。在"免费邮箱"页面中，输入注册的邮箱地址、密码和手机号，点击"立即注册"，按照操作提示进行注册。

图 4-3-9 网易邮箱登录界面　　　　图 4-3-10 网易邮箱注册界面

② 注册成功后，打开邮箱账号登录页面，如图 4-3-9 所示，输入邮箱账号和密码，点击"登录"，进入到用户邮箱页面，如图 4-3-11 所示。

③ 在邮箱首页页面中，左侧是邮箱功能栏，中间是邮箱主页面，右上角是邮件搜索框。点击

图 4 - 3 - 11　网界邮箱界面

"写信"编辑一封新的邮件，如图 4 - 3 - 12 所示，输入收件人、主题、邮件正文内容，点击"添加附件"为邮件添加文件，点击"发送"即可发送邮件。如果想同时将同一封邮件发送给多人，可以在收件人栏中填入所有人的电子邮箱地址，并用"；"分隔，如：li_2008@qq. com；wang_2012@163. com。

图 4 - 3 - 12　网界邮箱写信界面

## 4.3.3　文件传输

文件传输是将一个文件从一个计算机系统传送到另一个计算机系统。文件传输需要使用文件传输协议（File Transfer Protocol，FTP）。FTP 允许用户（安装有 FTP 客户端的计算机）以文件操作的方式连接到一个远程计算机（FTP 服务器），并可以对远程计算机中的文件进行查看、修改、删除、下载等操作，同时可以把本地计算机的文件上传到远程计算机中，如图 4 - 3 - 13 所示。

图 4 - 3 - 13　FTP 服务

### 4.3.4　移动支付

移动支付(Mobile Payment)是互联网时代一种新型的支付方式,是指使用移动终端完成支付或者确认支付,而不是用现金、银行卡或者支票支付。用户使用移动支付可以购买一系列的服务、数字产品或者商品等。移动支付以移动终端为中心,通过移动终端对所购买的产品进行结算支付,移动终端可以是手机、PAD、移动 PC 等,使用最广泛的是手机支付。

**1. 移动支付分类**

移动支付将移动终端、互联网、应用提供商以及金融机构相融合,为消费者提供货币支付、缴费等金融业务。单位或个人通过移动终端、互联网或者近距离传感,向银行金融机构发送支付指令,产生货币支付与资金转移行为,从而完成移动。移动支付主要分为近场支付和远程支付两种。

(1)近场支付:消费者在购买商品或服务时,即时通过手机向商家进行支付,支付的处理在现场进行。近场支付通常使用手机射频(NFC)、红外线、蓝牙等技术,实现手机与自动售货机或 POS 机的本地通讯,例如,用手机刷卡的方式坐车、购物等,如图 4-3-14 所示。

(2)远程支付:通过发送支付指令(如网银、电话银行、手机支付等)或借助支付工具(如通过邮寄、汇款)进行的支付方式。线上支付一般指的是远程支付,利用移动终端通过移动通信网络接入移动支付后台系统,完成支付行为。例如,在线购物支付。

图 4-3-14　近场支付

**2. 移动支付的特点**

移动支付属于电子支付方式的一种,因而具有电子支付的特征,但因其与移动通信技术、无线射频技术、互联网技术相互融合,又具有自己的特征。

(1)移动性。移动支付不受距离和地域的限制,结合了先进的移动通信技术,使人们能够随时随地获取所需要的服务。

(2)及时性。移动支付不受时间的限制,信息获取更为及时,用户可随时对账户进行查询、转账或进行购物消费。

(3)定制化。移动支付基于先进的移动通信技术和简易的手机操作,用户可以定制自己的消费方式和个性化服务,账户交易更加简单方便。

(4)集成性。运营商将移动通信卡、交通卡、银行卡等各类信息整合到以手机为平台的载体中进行集成管理。

**3. 移动支付方式**

移动支付的方式包括短信支付、扫码支付、指纹支付、声波支付和人脸支付等。

(1)短信支付。短信支付是手机支付的最早应用,将用户手机 SIM 卡与用户本人卡账号建立一一对应关系,用户通过发送短信的方式在系统短信指令的引导下完成交易支付请求,操作简单,可以随时随地进行交易。

(2)扫码支付。扫码支付也称为二维码支付,是一种基于账户体系构建的新一代无线支付方案。商家将账号、商品价格等交易信息汇编成二维码,并印刷在各种报纸、杂志、广告、图书等载体上发布。用户通过手机客户端扫描二维码,便可实现与商家账户的支付结算,如图4-3-15所示。

(3)指纹支付。指纹支付采用指纹系统进行消费认证,顾客使用指纹注册成为商家会员,商家将消费者的指纹数据信息与指定的付款账户(用户在申办业务时指定的银行账户或电子钱包账户)绑定,购物时只要在一台指纹终端机上将手指轻轻一"按",确认是本人后,就可以完成付款,消费的金额会在对应的银行账户中扣除,整个过程仅需几秒钟,方便快捷,如图4-3-16所示。

图4-3-15 扫码支付　　　图4-3-16 指纹支付　　　图4-3-17 人脸支付

(4)声波支付。声波支付是利用声波的传输,完成两个设备的近场识别。在第三方支付人产品的手机客户端里,内置有"声波支付"功能,用户打开此功能后,用手机麦克风对准收款方的麦克风,手机会播放一段"咻咻咻"的声音,从而完成支付。

(5)人脸支付。人脸支付又称刷脸支付,是支付宝推出的一项新功能,如图4-3-17所示。人脸照片由用户上传到支付系统,经过系统分析认证,然后"绑定"自己的支付账户。用户只要在下单购买后,让支付系统扫描自己的脸部并确认身份,即可完成支付。

## 4.3.5　其他网络应用

互联网应用包罗万象,除了以上介绍的网络应用外,主要还有以下几个方面的应用:

(1)电子商务。在互联网开放的网络环境下,买卖双方通过专门的在线交易平台,可以在任何时间、任何地点进行各种商贸活动,实现消费者的网上购物、企业商户之间的网上交易、在线电子支付以及各种商务活动、交易活动、金融活动和相关的综合服务活动。

(2)即时通讯。即时通讯不同于电子邮件,具有实时性,是目前互联网上最流行的通讯方式,例如,在线语音聊天、在线视频会议。随着互联网的发展,各种各样的即时通讯软件层出不穷,服务提供商也提供了越来越丰富的即时通讯服务功能。用户通过网络可以快速获取文字、图片、语音、视频等信息。

(3)网络社区。网络社区为互联网用户提供了相互交流的空间,例如,BBS(论坛)、贴吧、社交网站、微博等都属于网络社区。在网络社区中,我们可以和具有共同兴趣爱好的朋友进行交流和讨论,也可以把自己在生活、学习、工作中的点点滴滴感受记录下来,放在网上,和朋友分享。

(4) 网络娱乐。随着互联网的发展,网络娱乐已经成为了人们日常娱乐的主要形式之一,例如,网络游戏、网络音乐、网络视频、网络文学等。

(5) 在线教育。在线教育也称为在线学习,即 e-Learning,学生与教师即使相隔万里也可以开展教学活动。通过在线学习平台和学习资源,学生可以随时随地进行学习,真正打破了时间和空间的限制。

### 4.3.6　习题

1. 单选题

(1) 利用百度 baidu 搜索信息时,要将检索范围限制在网页标题中,应该使用的语法是_____。

A. site　　　　　　B. intitle　　　　　C. inurl　　　　　D. filetype

(2) 在电子邮件服务中,_____协议用于邮件客户端将邮件发送到服务器。

A. POP3　　　　　B. IMAP　　　　　C. ICMP　　　　　D. SMTP

(3) 云存储的优点不包括_____。

A. 管理和共享文档　　　　　　　　　B. 实时协作

C. 增加用户隐私保护　　　　　　　　D. 高扩展性,提供更强的数据访问能力

(4) FTP 协议的主要功能是_____。

A. 实现电子邮件的传输

B. 使 Internet 用户把文件从一台主机传输到另一台主机

C. 把本地计算机连接并登录到 Internet 主机上

D. 使 Internet 用户把文件从工作站传输到服务器

(5) 使用互联网接入服务时,电子信箱的地址一般是由_____提供的。

A. ISP　　　　　　B. Outlook Express　C. 浏览器　　　　D. IP 协议

2. 是非题

(1) 一个完整的电子邮件地址如 abc@def.com,其中 abc 表示主机名。

(2) 电子邮件采用存储转发机制。

(3) 将移动终端、互联网、应用提供商以及金融机构向相融合,为用户提供货币支付服务的是互联网应用是电子商务。

(4) 云存储是基于云计算的一种新兴数据存储方式。

(5) 利用百度搜索信息时,只想查找某个网站上的信息,应该使用的语法是 inurl。

# 4.4　物联网

物联网(Internet of Things，IoT)是万物互联的网络，是指通过各种信息传感设备，按约定的协议，将物体与互联网相连接形成的一个巨大的网络。物联网的目的是实现物与物、物与人、所有的物品与网络的连接，以实现智能化地识别、定位、管理和控制。物联网的三个特征是：智能、通信与识别、互联。

物联网的体系结构包括感知层、网络层和应用层，如图4-4-1所示。

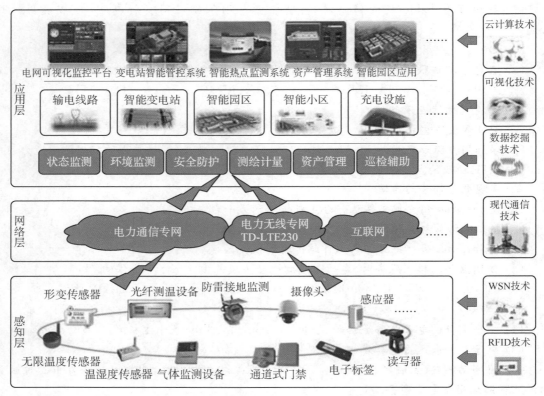

图4-4-1　物联网体系结构

（1）感知层：感知层主要用于采集各种数据，包括各类物理量、标识、音频、视频数据。物联网的数据采集涉及传感器、RFID、多媒体信息采集、二维码和实时定位等技术。

（2）网络层：网络层实现更加广泛的互联功能，能够把感知到的信息无障碍、高可靠性、高安全性地进行传送，需要传感器网络与移动通信技术、互联网技术相融合。

（3）应用层：应用层主要包含应用支撑平台子层和应用服务子层。应用支撑平台子层用于支撑跨行业、跨应用、跨系统之间的信息协同、共享、互通。应用服务子层包括了物联网在各行各业中的应用，如智能交通、智能物流、智能医疗、智能家居、智能电力、公共安全、工业监测、环境监测、食品溯源等。

如果将物联网系统比作人体,那么物联网的感知层就相当于人的五官和皮肤。人在感知外界信息时,需要用到视觉、听觉、嗅觉、触觉等感官系统,五官和皮肤在获取外界信息后,经由神经系统传至大脑,并由大脑进行分析判断和处理,大脑做出决策之后,会传达反馈命令指导人的行为。与之相同,物联网感知层的主要功能也是获取外部数据信息,经由传感网络,汇集海量数据到物联网网络层,数据通过网络传输到物联网应用层,最后,物联网应用层利用感知数据为人们提供相关应用和服务。

物联网的关键技术包括传感器技术、电子标签和嵌入式系统技术。

## 4.4.1　传感器技术

传感器(Transducer/Sensor)是一种检测信息的电子装置,能感知到被测量的信息,并能将感知到的信息,按一定规律变换为电信号或其他所需形式的信息输出,以满足信息的传输、处理、存储、显示、记录和控制等需求,如图4-4-2所示。

图4-4-2　传感器

传感器位于感知层,负责数据的采集。感知层的传感器能全方位、多角度地获取数据,为物联网提供充足的数据资源,从而实现各种物质信息的在线计算和统一控制。一般来说,对于不同的感知任务,多个传感器通常会根据具体情况协同工作。例如,要获取一台机器设备的内部工作动态视频,就需要感光传感器、声音传感器、压力传感器等协同工作,形成一幅有声音、有画面、有动感的机械内部工作动态视频。

传感器一般由敏感元件、转换元件和变换电路三部分组成,转换元件和变换电路一般还需要辅助电源供电,如图4-4-3所示。敏感元件直接感受被测量,并输出与被测量成确定关系的某一物理量的元件。转换元件是传感器的核心元件,以敏感元件的输出为输入,把感知的非电量转换为电信号输出。变换电路把转换元件输出的电信号进行放大调制,转换成便于处理、控制、记录和显示的电信号。

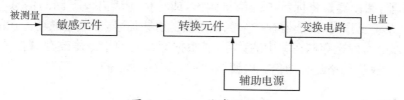

图4-4-3　传感器组成

传感器的种类十分丰富,分类标准不一。按用途分,分为压力传感器、温度传感器、湿度传感器、速度传感器、加速度传感器、位置传感器等。按原理分,分为振动传感器、湿敏传感器、磁敏传感器、气敏传感器、真空度传感器、生物传感器等。

随着物联网的发展,传感器也越来越智能化。传感器不仅可以采集数据,还携带有微处理器,具有可编程性,具备一定的信息处理能力,被称作"智能传感器"。物联网传感器具有微型化、数字化、智能化、多功能化、系统化、网络化的特点。未来,传感器将向着以下六个方向发展。

(1)精度越来越高,可测量物体的极微小变化。

(2) 可靠性越来越强,测量范围大幅提高。

(3) 更加微型、小巧,甚至可以进入生物体内或融入生物细胞。

(4) 向着微功耗方向发展,在没有电源的情况下,可以自身获取能源持续工作。

(5) 数字化程度变得更高,智能化明显。

(6) 构成物联网络,网络化发展不可阻挡。

## 4.4.2　RFID 技术

射频识别 RFID(Radio Frequency Identification)技术是物联网的关键技术。RFID 技术能够给每一件物品贴上标签,使它们拥有自己的"身份证",更容易被识别。除此之外,RFID 技术还可以采集和存储物品信息,之后通过无线数据通信技术传输到互联网上,再由中央信息处理系统将采集到的信息进行统一识别、归类、存储、调配和管理。

RFID 系统的基本组成部分包括电子标签、阅读器和天线。

(1) 电子标签(简称标签):电子标签是 RFID 系统的数据载体,由耦合元件及芯片组成。每个标签具有唯一的电子编码,存储着被识别物体的相关信息,附着在物体上标识目标对象。电子标签形式多样,如图 4-4-4 所示。

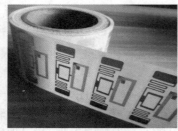  

不干胶标签　　　　　　　　　　抗金属标签　　　　　　　　卡片标签

图 4-4-4　电子标签

(2) 阅读器:阅读器是将标签中的信息读出,或将标签所需要存储的信息写入标签的装置。在 RFID 系统工作时,阅读器在一个区域内发送射频信号,形成电磁场。在阅读器覆盖区域内的标签被触发,发送存储在其中的数据,或根据阅读器的指令修改存储在其中的数据,并能通过接口与计算机网络进行通信。阅读器的形式多样,如图 4-4-5 所示。

手持式阅读器　　　　　　　IC 卡式阅读器　　　　　　　远距离阅读器

图 4-4-5　阅读器

（3）天线：天线在标签和阅读器间传递射频信号。天线是标签与阅读器之间传输数据的发射、接收装置，可分为标签天线和阅读器天线两种类型。

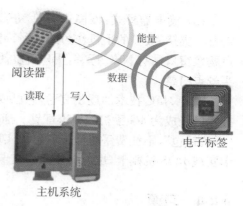

图 4-4-6　RFID 系统工作原理

RFID 采用无线射频方式，在电子标签和阅读器之间进行非接触双向传输，完成目标识别和数据交换，如图 4-4-6 所示。RFID 系统的基本工作原理如下：

（1）阅读器通过发射天线发送一定频率的射频信号。

（2）电子标签接收阅读器发出的射频信号，产生感应电流并获得能量，将存储在芯片中的物品信息通过内置天线发送出云。

（3）阅读器通过接收天线接收标签发送的射频信号，并对信号进行解调后送至中央信息系统进行数据处理。

RFID 的应用非常广泛，典型应用有停车场管理、仓储管理、生产线自动化、动物晶片、汽车晶片防盗器等。

## 4.4.3　NFC 技术

NFC(Near Field Communication，近场通信)是一种近距离无线通信技术，通过在单一芯片上集成感应式读卡器、感应式卡片和点对点通信的功能，利用移动终端(如手机)实现移动支付、电子票务、门禁卡、交通卡、医疗卡、移动身份识别、防伪等应用。

NFC 技术是在 RFID 技术上发展而来，相对于 RFID 来说，NFC 具有距离近、带宽高、能耗低、安全性高等特点，两者区别如表所示。

表 4-4-1　NFC 和 RFID 区别

| 技术 | NFC | RFID |
| --- | --- | --- |
| 工作模式 | 读写器功能和非接触卡功能集成进一颗芯片 | RFID 有阅读器和标签两部分组成 |
| 传输距离 | 10 厘米以内 | 几米、甚至几十米 |

NFC 芯片作用距离一般情况下只有几厘米，将它安装在手机上，手机就可以进行小额电子支付，并且可以读取其他 NFC 设备或标签信息。NFC 的短距离交互大大简化了整个认证识别过程，使电子设备间的互相访问更直接、更安全和更简便。

NFC 主要有三种工作模式：

（1）卡模式：采用 RFID 技术的 IC 卡，可以替代一般的 IC 卡，如公交卡、门禁管理、车票、门票等。

（2）点对点模式：将两个具备 NFC 功能的设备连接，能实现数据点对点传输，如下载音乐、交换图片或者同步设备地址簿。因此通过 NFC，多个设备如数码相机、平板电脑、计算机和手机之间都可以交换资料或者服务。

（3）读卡器模式：该模式下的 NFC 通信使用非接触读卡器，可以从电子标签中读取相关信息。支持 NFC 的手机作为阅读器，可以读写支持 NFC 数据格式标准的标签。例如，旅游景点购票窗口贴有 NFC 标签，用户可以使用支持 NFC 协议的手机读取标签获取景点信息，并购买景点门票。

随着 NFC 技术的逐步完善，它已成为移动运营商寻求业务发展的一个突破口，现在 NFC 技术已经成为 4G 手机的标准配置。通过 NFC 技术与 SIM 卡绑定，用户可以拥有私人定制的"手机钱包"，不耗费手机流量就可以实现简单又安全的手机支付。手机钱包既可以作为银行卡实现 POS 机刷卡，也可以作为公交卡充值、缴费、查询余额，还可以用作商家的会员卡。

## 4.4.4　习题

1. 单选题

（1）下面不属于物联网的关键技术的是_____。

A. 传感器技术　　　　B. 电子标签　　　　C. 电子商务　　　　D. 嵌入式系统

（2）下面不属于 RFID 系统的是_____。

A. RFID 标签　　　　B. RFID 阅读器　　　C. 传感器　　　　D. 天线

（3）智能传感器除了可以采集或捕获信息，还具备一定的_____能力。

A. 存储　　　　　　B. 信息处理　　　　C. I/O　　　　　D. 协同

（4）IoT 是_____的英文缩写。

A. 互联网　　　　　B. 物联网　　　　　C. 车联网　　　　D. 企业网

（5）_____是可检测信息的电子装置，可感知外界环境信息，是物联网中的基础元件之一。

A. RFID　　　　　　B. NFC 卡　　　　　C. 射频设备　　　　D. 传感器

2. 是非题

（1）射频识别的英文简称是 RFDI。

（2）物联网体系架构中，感知层相当于人的大脑。

（3）物联网的体系结构包括感知层、网络层和应用层。

（4）射频识别技术是云计算关键技术之一。

（5）门禁卡属于 NFC 技术的主要应用之一。

# 4.5 网络安全

随着互联网的快速发展和广泛应用,网络安全问题成为了全社会关注的焦点。在网络使用过程中,我们经常会遇到各种各样的网络安全问题,比如,账户密码被窃、数据泄露或损坏,计算机或通信设备硬件损坏等。网络信息共享人人参与,每个人都应该提升网络安全意识,学习网络安全防护技术。

## 4.5.1 网络安全威胁与防范

网络安全是指网络系统的硬件、软件及其系统中的数据受到保护,不会遭到破坏、更改及泄露。网络安全的主要特性有五点:

(1)保密性:信息不泄露给非授权用户、实体或过程,或供其利用。这些信息不仅包括国家机密,也包括企业和社会团体的商业机密和工作机密,还包括个人信息。

(2)完整性:数据未经授权不能进行改变,即信息在存储或传输过程中保持不被修改、不被破坏和不丢失。

(3)可用性:可被授权实体访问并按需求使用。

(4)可控性:对信息的传播及内容具有控制能力,不允许不良内容通过公共网络进行传输。

(5)不可抵赖性:所有参与者都不能否认和抵赖曾经完成的操作和承诺。例如,发送信息方不能否认发送过信息,信息的接收方不能否认接收过信息。数据签名技术是解决不可否认性的重要手段之一。

影响网络安全的因素有很多,包括自然因素和人为因素,其中人为因素危害较大。常见的网络安全威胁主要有以下几种:

非授权访问:对网络设备及网络资源进行非正常使用或越权使用等,例如,黑客通过系统漏洞,远程控制他人计算机。

非法获取他人账号和密码,例如,通过木马程序盗取他人 QQ 账号和密码。

破坏数据的完整性:使用非法手段,删除、修改、重发某些重要信息,以干扰用户的正常使用。

恶意攻击:通过网络传播病毒或恶意代码等,例如,利用操作系统漏洞主动进行攻击的蠕虫病毒。

线路窃听:利用通信介质的电磁泄漏或搭线窃听等手段获取非法信息,例如,通过架设私人免费 Wi-Fi 进行数据窃听。

对于不同的网络威胁,可以采取有针对性的技术措施进行防范,主要的网络威胁防范措施有以下几点:

访问控制:通过建立访问控制体系阻止网络攻击,例如,使用防火墙技术。

检查安全漏洞:很多网络病毒、木马是通过系统漏洞进行传播或攻击,因此通过对系统"打补丁"的方式修补漏洞可以起到一定的安全防范。

攻击监控：通过对特定网段、服务建立的攻击监控体系，实时检测网络攻击，并采取相应的措施，例如，断开网络连接、记录攻击过程、跟踪攻击源。

数据加密：通过数据加密，攻击者不能破解、篡改传输的数据和信息，可以防止数据泄露。

身份认证：通过身份认证可以防止攻击者假冒合法用户。例如，账号密码认证、指纹认证、人脸认证等都属于身份认证。

备份和还原：通过定期的备份和还原，可在攻击造成损失时，尽快地恢复数据和系统服务。

对于不同的安全威胁，可以有针对性地使用一种或多种防范措施进行应对。

## 4.5.2　防病毒技术

计算机病毒（简称病毒）是编制或者在计算机程序中插入的破坏计算机功能或者毁坏数据，影响计算机使用，并能自我复制的一组计算机指令或者程序代码。病毒具有 6 个特点：寄生性、传染性、潜伏性、隐蔽性、破坏性和可触发性。病毒的主要危害包括：破坏系统、文件和数据；窃取机密文件和信息；造成网络堵塞或瘫痪；消耗内存、磁盘空间和系统资源等。

病毒传播途径多样，可以通过电子邮件、光盘、U 盘、网页、即时通信软件、FTP 等途径传播，计算机网络大大加速了病毒的传播。因此，采用有效地防病毒措施非常重要。防病毒措施主要有以下几条：

（1）计算机上安装防病毒和杀毒软件，并及时更新软件。

（2）及时更新操作系统和应用程序的补丁，从而减少系统或软件漏洞。注意，更新补丁要通过官方网站下载。

（3）定期备份重要文件和数据，以防止病毒破坏。

（4）留意计算机出现的异常情况，如操作突然中止、系统无法启动、文件消失、出现异常、计算机发出异常声音等，在出现异常情况时，应该立即更新杀毒软件，并对计算机进行全面杀毒。

（5）建全网络安全管理制度，提升计算机使用人员的安全意识，规范计算机使用人员的操作。

目前，常用的防病毒软件是 360 安全卫士，它具有防毒杀毒、修复系统漏洞、查杀木马、实时系统保护、清理恶意插件等功能。

## 4.5.3　数据加密与数字签名

### 1. 数据加密

数据加密指的是保护数据在网络传输中不被窃听、篡改或伪造。数据加密通过加密算法和加密密钥将明文转变为密文，而数据解密则是通过解密算法和解密密钥将密文恢复为明文，如图 4-5-1 所示。数据加密可以实现信息保护。

数据加密技术主要有两种：

（1）对称加密：加密密钥和解密密钥相同，加密效率较高，应用广泛。

（2）非对称加密：加密密钥（公钥）和解密密钥（私钥）不同。公钥是公开的，可以发给任何

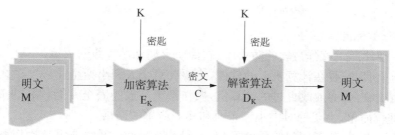

图 4 - 5 - 1 数据加密

请求者,而私钥只能由合法持有者保管,不能外泄。非对称加密安全性更高。

### 2. 数字签名

数字签名又称为公钥数字签名,是目前最常用的安全认证方式。数字签名是只有信息的发送者才能产生的、别人无法伪造的一段数字串,这段数字串同时也是对信息的发送者发送信息真实性的一个有效证明。数字签名的作用类似于手写签名,但是它使用了非对称加密技术来实现的。

目前,数字签名广泛应用于网上支付系统、网上银行、证券系统、网络购物系统等需要进行网络签名认证服务的系统中。

## 4.5.4 防火墙技术

防火墙(Firewall)技术将各类用于安全管理与筛选的软件和硬件设备有机结合,在内部网络和外部网络中间构建一道相对隔绝的保护屏障,以保护内部网络的用户资料与信息安全性,如图 4 - 5 - 2 所示。

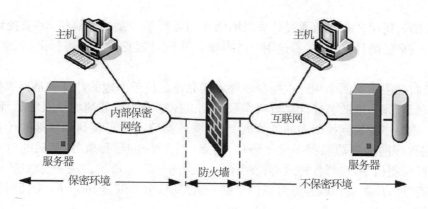

图 4 - 5 - 2 防火墙

防火墙技术具有一定的抗攻击能力,对于外部攻击具有自我保护的作用。防火墙能够对流经它的网络通信进行扫描,过滤掉一些可能对内部网络的攻击。防火墙还可以关闭不使用的端口,禁止特定端口的通信。另外,它还可以禁止来自特殊站点的访问,从而防止外来入侵。防火墙是安全策略的检查站和网络安全的屏障,能够有效防止内部网络相互影响,对网络存取和访问进行监控审计。

防火墙的分类标准有多种。

(1) 按软、硬件形式可分为软件防火墙、硬件防火墙和芯片级防火墙。

① 软件防火墙：安装在计算机上的软件，主要针对个人和小型企业。

② 硬件防火墙：普通或改良过的计算机，操作系统一般为安全性能较高的 Linux 或 Unix 操作系统，管理较简单，主要针对中小型企业和相对简单的网络。

③ 芯片级防火墙：基于专门的硬件平台，一般有专用操作系统或没有操作系统，是目前在结构设计上最安全的防火墙，管理较复杂，主要针对大中型企业、机构和应用复杂的网络。

(2) 按防火墙技术可分为包过滤型防火墙、应用代理类型防火墙和混合型防火墙。

① 包过滤型防火墙：工作在 OSI 模型的网络层与传输层，可以基于数据源头的地址以及协议类型等标志特征进行分析，确定数据包是否可以通过。只有满足过滤条件的数据包才能通过防火墙，其他的数据包则会被防火墙过滤、阻挡。

② 应用代理防火墙：工作在 OSI 模型的应用层，可以完全隔离网络通信流，通过特定的代理程序实现对应用层的监督与控制。应用代理防火墙的优点是安全，缺点是速度较慢。

③ 混合型防火墙：结合了包过滤防火墙和应用代理防火墙技术的优点，是应用最为广泛的防火墙技术。

(3) 按防火墙的应用部署位置可分为边界防火墙和个人防火墙。

① 边界防火墙：位于内网与外网的边界，对内网和外网实施隔离，保护内部网络，一般是硬件防火墙，价格较贵，但性能较好。

② 个人防火墙：在用户计算机上安装的软件防火墙，防止个人计算机中的信息被外部网络侵袭，可以监控、防止任何未经制授权的访问，例如，Windows Defender 防火墙、360 安全卫士等。

## 4.5.5 远程控制

远程控制是指用户在异地通过计算机网络连通需要被控制的计算机，将被控计算机的桌面环境显示到自己的计算机上，通过用户的本地计算机对远程计算机进行配置、软件安装、修改等工作。

远程控制必须通过网络和远程控制软件才能完成。位于本地的计算机是操纵指令的发出端，称为控制端，非本地的被控计算机叫作服务端。控制端和服务端均须安装远程控制软件。通常将客户端程序安装到控制端的计算机上，将服务器端程序安装到服务端的计算机上。使用时客户端程序向服务器端程序发出信号，建立一个特殊的远程服务，然后通过这个远程服务，发送远程控制指令，执行各种远程控制操作，如图 4-5-3 所示。需要注意的一点，远"程"并不是"距离"远，控制端和服务端可以位于同一机房中，也可以是 Internet 中任何位置的两台或多台计算机。

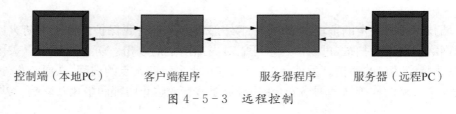

图 4-5-3　远程控制

目前,远程控制有两类。第一类是电脑桌面控制,例如,Windows 系统的远程桌面连接,如图 4-5-4 所示;QQ 的远程控制,如图 4-5-5 所示。第二类是使用手机或电脑控制联网设备,例如,电灯、窗帘、电视机、扫地机器人、投影仪等。远程控制广泛应用于远程办公、远程教育、远程维护、远程协助和设备遥控等方面。

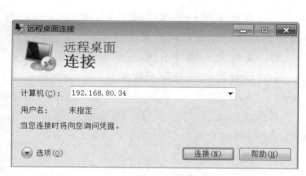

图 4-5-4　Windows 远程桌面连接

图 4-5-5　QQ 远程控制

### 4.5.6　备份与还原

备份是在计算机系统中对程序或文件进行备份,为了防止因计算机故障或者网络安全威胁而造成的系统或数据的丢失及损坏。还原是指利用备份文件将丢失或者损坏的数据恢复到正常使用的状态。

备份按备份对象不同,主要分为系统备份和数据备份。系统备份是针对整个操作系统进行备份,当操作系统损坏或者无法启动时,能通过备份快速恢复。数据备份是针对用户的数据文件、应用软件、数据库进行备份,当这些数据丢失或损坏时,也能通过备份软件安全恢复。常见的备份方式主要有以下几种:

(1) 文件数据备份。

文件数据备份是一种传统的数据备份方式,将数据完整、直接地复制到内置或外置的硬件存储设备中。这种备份需要对文件中的所有数据信息进行备份,数据占据的空间相对较大,花费时间较长,恢复时间也较长。例如,使用存储设备如硬盘、移动硬盘、U 盘等进行文件数据备份。随着网络的发展,越来越多的人选择将文件数据备份到网盘或云盘中,可以实现数据的随时下载和使用。

(2) 数据库数据备份。

数据库数据备份是对数据库中存储的信息或数据,按照一定的方式复制到其他服务器或者储存介质上。当原服务器出现故障或者数据库出现问题时,通过备份文件进行数据还原。

(3) 操作系统备份。

操作系统备份是对操作系统中的核心数据进行备份,通过设置还原点信息或制作系统镜像文件,在数据丢失或者系统崩溃后及时恢复操作系统或恢复系统数据。

## 4.5.7 习题

1. 单选题

(1) 防火墙主要实现的是_____之间的隔断。

A. 公司和家庭      B. 内网和外网

C. 单机和互联网      D. 资源子网和通信子网

(2) 不能够有效地防御未知的新计算机病毒对信息系统造成破坏的安全措施是_____。

A. 经常清洁计算机      B. 及时更新操作系统,安装安全补丁程序

C. 不轻易打开外来文件      D. 给计算机安装防病毒软件

(3) 计算机病毒的特点不包括_____。

A. 传染性      B. 隐蔽性      C. 破坏性      D. 复杂性

(4) 使用远程桌面连接上计算机后,用户可以进行的操作有_____。

A. 运行远程程序      B. 文件复制

C. 关闭系统      D. 以上三项均可

(5) _____不属于数据备份。

A. 用户数据文件备份      B. 操作系统备份

C. 应用软件备份      D. 数据库备份

2. 是非题

(1) 防火墙是将内网与外网相隔离,是提供信息安全服务,实现网络和信息安全的重要基础设备。

(2) 根据加密和解密所使用的密钥是否相同,数据加密可分为对称加密和非对称加密。

(3) 木马程序不能通过系统漏洞进行传播。

(4) 计算机只要安装了防病毒软件就不会中病毒了。

(5) 使用备份软件只能对计算机中的数据进行备份,不能对操作系统进行备份。

# 主题小结

　　本主题主要学习了计算机网络基础及应用，主要包括数据通信技术基础、网络技术基础、网络应用、物联网以及网络安全五个方面内容。本主题的重要知识点有：数据通信的基本概念，计算机网络的概念、分类、体系结构及传输介质，IP 地址，域名系统，常用网络命令，万维网，互联网主要应用，物联网概念、应用及主要技术，信息安全主要技术等。

第二部分

# 实验 1　信息的查找和利用

## 一、实验目的

（1）通过访问上海市（高校）计算机应用基础教学资源平台，熟悉网上信息获取方式。

（2）通过利用网络购物平台，模拟选购台式 PC 机的各个组成部分来搭建个人电脑，从而识别微机的基本组成部分。

## 二、范例

### 1. 范例环境

（1）中文 Windows 10 操作系统。

（2）谷歌浏览器。

（3）能够连接互联网的网络环境。

### 2. 范例内容及步骤

（1）访问上海市高等学校计算机基础教学资源平台（https://www.jsjjc.sh.edu.cn）。

① 双击打开谷歌浏览器，在地址栏中输入需要访问的网站平台网址，按〈Enter〉键确认访问，打开资源平台首页，如实验图 1-1 所示。

实验图 1-1　网页浏览

② 观察网站内容的组成部分,尝试通过"视频资料"菜单找到如实验图 1-2 所示的视频进行观看。

实验图 1-2　浏览资源平台上的视频

③ 观察网站内容的组成部分,尝试通过"教学大纲"菜单,下载"IT 实践基础教学大纲",并保存到自己的硬盘上。

④ 使用自己学校的账号登录,如果没有账号,就跳过此步骤。单击"上海高校认证平台登录"按钮,进入如实验图 1-3 所示界面,在右边用户登录板块选择自己的学校,然后单击"跳转"按钮,进入可以输入自己学校用户名密码登录的画面进行登录。

实验图 1-3　通过教育认证登录

登录后再次找到 IT 实践基础课程的视频,在视频下方的留言区域,可以留言自己的笔记。登录后还可以进行概念题自测。

(2)通过自助装机了解计算机组成部分。

① 打开 https://www.jd.com/网站,找到电脑/办公类型的物品链接,进入后找到"装机大师",可以看到各种网站推荐的装机的方案,选择一款自己认为价格及用途比较合适的去看看,如实验图 1-4 所示。拖曳滚动条可以看到更多的电脑配件,每个配件都可以单击进入具体页面单独购买。

② 右击网页上任何地方,在快捷菜单中,可以看到"另存为"命令和"打印"命令,如实验图

实验图 1-4  查找需要的装机信息

实验图 1-5  保存网页

1-5 所示。这两个命令都可以把该网页上的信息保存到自己的盘中,前者可以保存为 html 格式,后者可以保存为 PDF 格式,请尝试分别保存到自己硬盘的某个文件夹中,然后对比它们的差异。

③ 将需要的计算机配件的图片保存下来,至少需要保存 CPU、主板和内存。右击网页上的图片,在快捷菜单中使用"图片另存为",可以把网页上的图片保存到自己的硬盘上。保存图片文件的格式一般是 jpg。

④ 完成选择后,可得到自己的装机方案。结果可以预览或提交到论坛,以便网友们共享。

## 三、实验内容

(1) 使用上海市高等学校计算机基础教学资源平台,选择三段感觉值得学习的视频,记录下视频链接的名称。

(2) 设计一套适合自己的装机方案(请下载自己装机涉及的图片和文档资料),并说明为何这样设计,价格是否合理,为什么是合理的?

# 实验 2  文件和文件夹操作

## 一、实验目的

（1）熟悉资源管理器的使用。

（2）掌握文件和文件夹的创建、复制、移动、删除和属性设置等操作。

（3）熟悉文件和文件夹的搜索，保存搜索条件。

（4）掌握快捷方式的创建方法。

## 二、范例

### 1. 范例环境

中文 Windows 10 操作系统。

### 2. 范例内容及步骤

（1）使用资源管理器的导航窗格，查看"C:\Windows"文件夹中的内容。

① 右击开始菜单，选择"文件资源管理器"。

② 在资源管理器左侧的导航栏中，单击"C:"磁盘符，展开左侧窗格中的 C 驱动器，然后找到"Windows"文件夹的图标后单击，右侧窗格中显示出该文件夹的所有内容。

③ 在菜单栏中切换到"查看"选项卡。在"布局"功能块中依次选择"超大图标"、"大图标"、"中图标"、"小图标"、"列表"和"详细信息"、"平铺"和"内容"等查看方式，观察查看方式的区别。

④ 单击位于选项卡右侧的"选项"按钮，在弹出的"文件夹选项"窗口中选择"查看"选项卡，单击切换"显示隐藏的文件、文件夹或驱动器"和"不显示隐藏的文件、文件夹或驱动器"，查看效果。如实验图 2-1 所示。

⑤ 在资源管理器右侧窗格的空白处右击鼠标，在弹出的快捷菜单中选择"排序方式"，依次选择"名称"、"修改日期"、"类型"、"大小"，如实验图 2-2 所示。

（2）文件和文件夹的创建、复制和重命名。

① 打开文件资源管理器，在左侧窗格中选择"C:"磁盘。

② 在右侧窗格的空白处右击，在弹出的快捷菜单中选择"新建/文件夹"命令，并将新建的文件夹命名为"SY2"。

③ 双击"SY2"文件夹，直接使用工具栏中的"主页/新建文件夹"命令，分别新建两个子文件夹，命名为"FL21"、"FL22"。

④ 双击打开"FL21"子文件夹，右击鼠标，在弹出的快捷菜单中选择"新建/文本文件"命

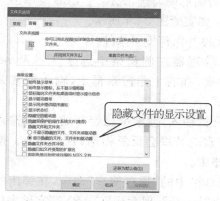

实验图 2-1　文件夹查看选项　　　　实验图 2-2　文件/文件夹排序方式

令,新建一个文本文件,命名为"data. txt"。类似地,再新建一个"BMP图像"文件,命名为"pic. bmp"。

⑤ 选中"data. txt"文件,使用工具栏中的"复制"命令,复制文件。

⑥ 在资源管理器中打开"C:\SY2\FL22"子文件夹,使用工具栏中的"粘贴"命令,将文件粘贴到此文件夹中。

(3) 文件和文件夹的移动和删除操作。

① 在文件资源管理器中打开"C:\SY2\FL21"子文件夹,选中"pic. bmp"文件,按〈Ctrl〉+〈X〉组合键,进行剪切。

② 打开"C:\SY2\FL22"子文件夹,按下〈Ctrl〉+〈V〉组合键,完成粘贴,图像文件被移到当前文件夹中。

③ 打开"C:\SY2\FL22"子文件夹,选中文件"data. txt",按下〈Delete〉键或使用工具栏中的"删除"命令,将文件删除到回收站。

④ 用同样的方法,将"C:\SY2\FL22"文件夹删除到回收站。

⑤ 双击桌面上的"回收站"图标,选中"FL22"文件夹,选中工具栏中的"还原选定的项目"按钮,恢复被删除的"FL22"文件夹。

⑥ 选中"C:\SY2\FL22"文件夹,按〈Shift〉+〈Delete〉组合键,在删除对话框中虚单击"是"按钮,彻底删除该文件夹。如实验图 2-3 所示。

实验图 2-3　彻底删除文件夹对话框

(4) 文件与文件夹属性的设置。

① 打开"C:\SY2\"文件夹,右击"FL21"文件,在快捷菜单中选择"属性"。

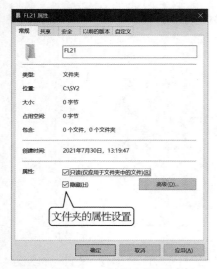

② 在属性对话框中勾选"只读"、"隐藏",单击"确定"按钮完成设置。如实验图2-4所示。

（5）搜索文件并保存搜索条件。

① 在资源管理器左侧窗格中选择"C：\Windows\System32"文件夹,在右上角搜索框上,输入搜索关键词"m？pai＊.exe"。

当关键字开始输入,搜索就已经开始,随着输入的关键字符增多,搜索的结果会反复筛选,直到完成。搜索结果显示在右窗格中。

② 单击工具栏中的"保存搜索"命令,在弹出的对话框中输入文件名"huatu",保存到"C：\SY2"文件夹中。如实验图2-5所示。

实验图2-4　文件夹属性设置

(1)

(2)

实验图2-5　搜索并保存搜索条件

（6）创建快捷方式。

① 在资源管理器左侧窗格中选择"C：\Windows\System32"文件夹，右侧窗格中选择画图工具的程序文件"mspaint. exe"，右击，在快捷菜单中选择"发送到/桌面快捷方式"命令。如实验图 2-6 所示。

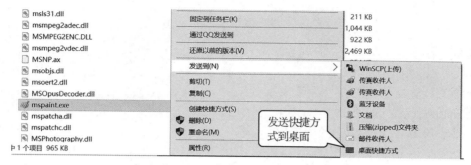

实验图 2-6　在桌面上创建快捷方式

② 单击任务栏右侧的"显示桌面"按钮，返回桌面。

③ 选中"mspaint. exe-快捷方式"后再次单击，将该快捷方式重命名为"画笔"。

## 三、 实验内容

（1）将"C：\Windows"文件夹窗口中的图标以"详细信息"方式显示，并按"大小"排列图标。

（2）在 C 盘建立一个"LX\ABC"的二级文件夹，在该文件夹下新建一个名为"stu. txt"的文本文件，其内容为"1006 李小明"。先删除"C：\LX"文件夹，再将其恢复。

（3）在"C：\LX\ABC"文件夹下建立一个名为"记事本"的快捷方式，快捷方式指向的程序文件为"C：\Windows\System32\notepad. exe"。

# 实验 3  常用软件使用

## 一、实验目的

（1）熟悉计算器的使用。
（2）熟悉画图工具的使用。
（3）熟悉压缩软件 WinRAR 的使用。

## 二、范例

### 1. 范例环境

（1）中文 Windows 10 操作系统。
（2）WinRAR 6.02 版本。

### 2. 范例内容及步骤

（1）使用"程序员"型计算器，将二进制"10011001"转换成十进制数。

① 在任务栏的搜索框中输入"计算器"，打开计算器工具。

② 在计算器的导航菜单中选择"程序员"，切换到"程序员"型计算器。如实验图 3-1所示。

实验图 3-1  程序员型计算器

实验图 3-2  输入二进制数值

③ 在"程序员"型计算器窗口中单击"BIN"选择二进制模式,输入"10011001"。如实验图 3-2 所示。

④ 单击"DEC"切换到十进制模式,得到数值结果为 153。

(2) 将"标准"型窗口保存到"配套资源\第 2 章\ FLJG3-2-1. bmp",存成 256 色位图。

① 打开"计算器"工具,并切换到"标准"型。

② 按下〈Alt〉+〈Print Screen〉组合键,拷贝窗口到剪贴板。

③ 打开"画图"工具,按下组合键〈Ctrl〉+〈V〉,将剪贴板内的图片粘贴到画图工作区。

④ 使用画图程序的"文件/另存为/BMP 图片",保存类型选"256 色位图",保存位置选择"配套资源\实验 3\",设置文件名为"FLJG3-2-1",扩展名默认。单击"保存"按钮。如实验图 3-3 所示。

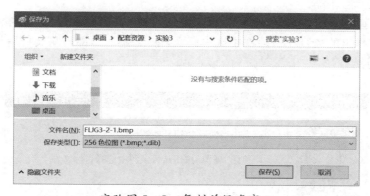

实验图 3-3  复制并保存窗口

(3) 使用压缩软件 WinRAR,将"配套资源\实验 3\"下的文件"L3-3-1. jpg"压缩到"配套资源\实验 3\JPG. rar"文件,设置压缩密码为"jpeg"。

① 打开"配套资源\实验 3\"文件夹,选中文件"L3-3-1. jpg",鼠标右击,在快捷菜单中选中"添加到压缩文件"命令。

② 在打开的"压缩文件名和参数"对话框中,设置文件名为"JPG. rar"。单击"设置密码"按钮,设置密码为"jpeg",单击"确定"按钮,即可开始压缩。如实验图 3-4 所示。

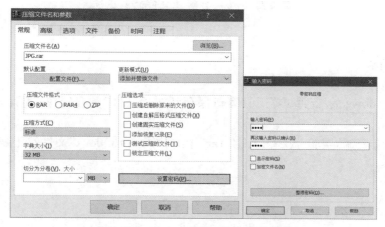

实验图 3-4  压缩文件并设置密码

（4）将上面创建的压缩文件"JPG. rar"文件解压缩到桌面。

选中"JPG. rar"文件，鼠标右击，在快捷菜单中选择"解压文件"，在弹出的"解压路径和选项"对话框中设置目标路径为桌面，输入密码"jpeg"，即可开始解压缩。

（5）将"配套资源\实验 3\"下的文件"L3－3－2. txt"和"L3－3－3. txt"压缩到"配套资源\实验 3\TEXT. exe"自解压格式压缩文件。并运行"TEXT. exe"文件，将其中的文件解压到桌面。

① 打开"配套资源\实验 3\"文件夹，按住〈Ctrl〉键，选中文件"L3－3－2. txt"和"L3－3－3. txt"，鼠标右击，在快捷菜单中选中"添加到压缩文件"命令。

② 在打开的"压缩文件名和参数"对话框中，设置文件名为"TEXT. rar"。勾选"压缩选项"中的"创建自解压格式压缩文件"，则文件名自动变成"TEXT. exe"。如实验图 3－5 所示。单击"确定"按钮开始压缩。

③ 打开"配套资源\实验 3\"文件夹，双击刚创建的"TEXT. exe"自解压格式压缩文件，文件开始运行。在弹出的"解压"对话框中选中桌面，单击"解压"，即可将文件解压缩到桌面。如实验图 3－5 所示。

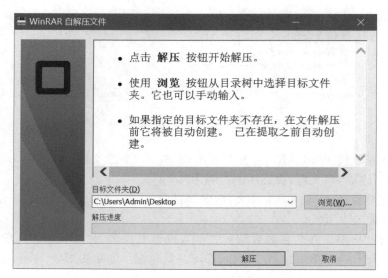

实验图 3－5　自解压文件的解压缩

## 三、实验内容

（1）将 Windows 的"记事本"工具窗口保存到图片文件"配套资源\实验 3\SYJG3－1－1. jpg"。

（2）将"配套资源\实验 3\L3－3－4. rar"中的"Network. docx"文件解压缩到"配套资源\实验 3\"中。

# 实验 4　打印机操作

## 一、实验目的

（1）熟悉打印机的安装。

（2）熟悉默认打印机的设置方法。

（3）掌握打印到文件的操作。

## 二、范例

### 1. 范例环境

（1）中文 Windows 10 操作系统。

（2）Word 2016 环境。

### 2. 范例内容及步骤

（1）安装 HP Deskjet 450 打印机驱动程序，并打印测试页到文件。

① 打开"控制面板"，在"硬件和声音"类别中，选择"查看设备和打印机"命令。

② 在"设备和打印机"窗口单击"添加打印机"。

③ 在弹出的"添加设备"窗口中选择"我所需的打印机未列出"。

④ 在接下来的"添加打印机"窗口，选择"按其他选项查找打印机"中的"通过手动设置添加本地打印机或网络打印机"，单击"下一步"按钮，如实验图 4－1 所示。

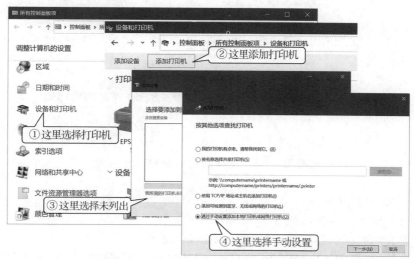

实验图 4－1　手动设置安装打印机

（2）安装打印机并设置端口为"打印到文件"。

① 在"选择打印机端口"中，选择"使用现有的端口"，并在下拉列表中选择"FILE:（打印到文件）"端口，如实验图 4-2 所示。

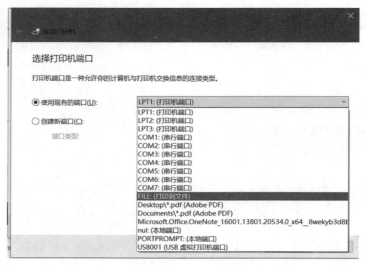

实验图 4-2　选择打印机端口

② 在接下来的"安装打印机驱动程序"窗口中选择厂商"HP"、型号"HP Deskjet 450"，单击"下一步"按钮，如实验图 4-3 所示。

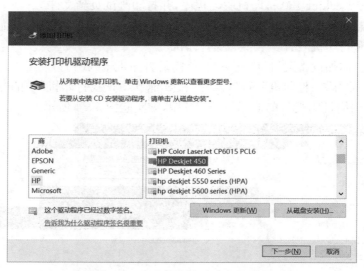

实验图 4-3　选择打印机驱动程序型号

（3）打印测试页到文件。

① 设置打印机名称为默认的"HP Deskjet 450"。

② 在安装成功的提示界面中选择"打印测试页"命令。

③ 在弹出的"将打印输出另存为"窗口中，设置文件目录、文件名，保存类型选择"打印机

文件(∗.prn)",单击"保存"按钮。如实验图4-4所示。

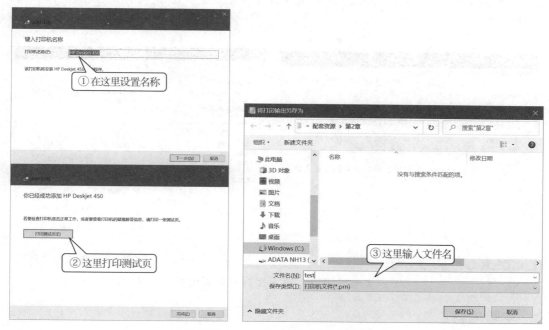

实验图4-4　打印测试页到文件

(4) 将打印机设置为默认打印机。

从"控制面板"中打开"设备和打印机"选项,在新安装成功的"HP Deskjet 450"图标上右击,选择"设置为默认打印机"命令。被设置为默认打印机的打印机图标上具有"✔"标记,是系统优先使用的打印机,如实验图4-5所示。

实验图4-5　设置默认打印机

(5) 将文本文件打印到文件。

打开"配套资源\实验4\ FL4-5-1.txt",范例(1)的第四步已经将新打印机的端口设置为"打印到文件",可以直接打印。

打印到文件除了在安装时设置,也可以在弹出的"打印"窗口中勾选"打印到文件"选项进行设置,如实验图 4-6 所示。点击"打印"按钮后,将文件打印到"配套资源\实验 4\ FLJG4-5-1. prn"。

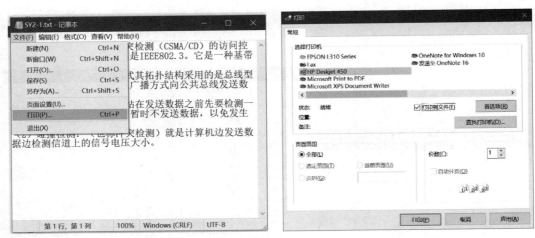

实验图 4-6  文本文件打印到文件

## 三、 实验内容

(1) 安装型号为"HP Officejet 6300 series"的打印机,设置端口为"打印到文件",并将其设置为默认打印机。

(2) 打开"配套资源\实验 4\SY4-2-1. doc,并将此文件打印到"配套资源\实验 4\SYJG4-2-1. prn"。

# 实验 5  文字处理基本功能

## 一、实验目的

（1）熟悉文档的创建、保存和关闭。

（2）熟练掌握编辑环境和编辑工具的使用。

（3）熟悉文本编辑的基本方法，熟练使用查找替换功能。

（4）熟悉查看和修改文档属性、多文档切换的方法。

（5）熟练设置字体和段落格式。

（6）熟练使用打印预览和打印设置。

## 二、范例

### 1. 范例环境

（1）中文 Windows 10 操作系统。

（2）Office 2016。

### 2. 范例内容及步骤

（1）文档的创建、保存和关闭。

① 新建一篇文档，输入三段内容：第一段是自己对本书第一章的掌握情况，第二段是希望教师做哪些改进，第三段是自己希望再学些什么。以文件名 word1. docx 保存在自己的 C 盘根目录中，然后关闭文档。

• 启动 Word，在默认打开的空文档窗口中输入自己的学习体会，每段完成后按回车键；

• 内容写完后利用"文件"选项卡"保存"或者"另存为"命令，在"另存为"对话框的"保存位置"下拉列表中选择 C 盘根目录，在"文件名"文本框中输入 word1，在"保存类型"下拉列表中选择默认的"Word 文档（＊. docx）"；

• 单击"文件"选项卡"关闭"命令关闭文档。

② 打开 word1. docx，给文档加标题"我的第一个 word2010 文档"，标题居中，以 PDF 格式保存在 C 盘根目录，文件名为 word2. pdf。

• 在 Word 窗口中选择"文件/打开"命令，找到并打开 C:\word1. docx；

• 将插入点光标定位在文章最左上角，按回车键插入一个空行，在该空行处输入"我的第一个 word 文档"，并单击"开始"选项卡"段落"组的"居中"按钮 ；

• 利用"文件"选项卡的"另存为"命令保存文件，文件名为 word2，保存类型选择"PDF（＊. pdf）"；

● 单击 Word 程序窗口的关闭按钮 ▨ X ▨，比较与通过"文件"选项卡"关闭"命令关闭有何不同；

● 通过"文件"/打开/最近"命令找到 word1. docx 并打开，尝试使用〈Ctrl〉＋W 或〈Ctrl〉＋F4 组合键关闭文档。

（2）编辑环境的设置和编辑工具的使用。

打开"配套资源\实验 5\FL5－1－1. docx"，以原文件名保存在自己的 U 盘中。最终结果如实验图 5－1 排版设计综合案例样张 1 所示，也可参见"配套资源\实验 5\FLJG5－1－1. docx"文件。

实验图 5－1　排版设计综合案例样张 1

① 打开 FL5－1－1. docx，打开、关闭标尺，将插入点放入任意段落中，拖曳标尺上的游标体会作用。

提示：可利用"视图"选项卡"显示"组中"标尺"命令，切换标尺的显示/隐藏状态。

② 通过状态栏上的按钮打开和查看"字数统计"对话框。

③ 拖曳状态栏上的显示比例滑块查看不同的显示比例效果；通过"视图"选项卡"显示比例"组上的命令按钮查看文档在"单页"、"多页"、"页宽"等不同状态的显示效果。

④ 用"开始/段落"中的 ↵ 显示和隐藏段落标记。

⑤ 通过状态栏上的视图切换按钮 ▭▭ ▤ ▤ 或"视图"选项卡"视图"组的命令按钮，查看文档在页面视图、阅读版式视图、Web 版式视图、大纲视图和草稿视图下的显示方式，了解不同视图的功能。

⑥ 将"文件"选项卡中的"打开"命令按钮和"插入"选项卡"文本"组的"艺术字"命令按钮添加到快速访问工具栏。

提示：对于功能区中的命令按钮可以直接通过右击命令按钮后在快捷菜单中选择"添加到快速访问工具栏"完成；"开始"选项卡也就是 Backstage 视图中的命令可以通过单击快速访问工具栏的"自定义快速访问工具栏"按钮 ▼，在下拉列表里选择相应命令完成。

⑦ 不使用鼠标，仅用键盘打开"导航"窗格。

提示：使用 Word 的新键盘快捷方式，利用〈Alt〉键完成。

（3）文本编辑和查找替换。

① 练习在 FL5－1－1. docx 中进行如下文本的选定：选定文章标题、选定第 3 段的 2～4 行、选定第二段、不使用鼠标选定第一段第 2 行、不使用鼠标选定第一段中的文字"Particulate Matter（颗粒物）"。

提示：键盘上的方向键和 Shift 键配合使用可实现不用鼠标选择字符和段落的功能。

② 将文章的第二、第三段合并，然后和第一段互换位置。操作完毕通过"撤消"按钮 ↩ 全部复原。

③ 将文章中除标题和最后一段以外的所有"PM"及其后任意两个字符格式设置为隶书、加粗、红色、20 号、突出显示。

● 单击"开始"选项卡"编辑"组的"替换"命令，打开"查找和替换"对话框，再单击"更多＞＞"按钮展开该对话框，在"查找内容"文本框中输入"PM"，单击"特殊格式"按钮，选择"任意字符"，在"PM"后将插入"^?"，然后再插入一个"^?"；

● 将光标定位在"替换为"文本框中，单击"格式"按钮中的"字体"命令，在"替换字体"对话框中设置题目要求的替换字体格式，单击"确定"按钮返回"查找和替换"对话框；

● 再单击"格式/突出显示"，如实验图 5－2 所示；

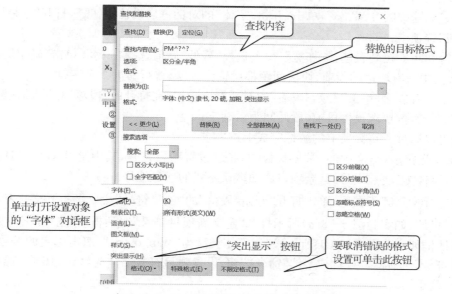

实验图 5－2 设置"查找和替换"对话框

- 单击"替换"以及"查找下一处"按钮可逐个观察文字的替换情况,单击"全部替换"则一次替换全部需替换的内容,还可以通过对"搜索选项"设置搜索方向为"全部"、"向上"或者"向下"搜索以及更多搜索条件。

提示:如果错把"替换为"的格式设置为"查找内容"的格式,将无法查找到结果,此时可以单击"不限定格式"按钮取消错误设置,重新操作。

(4) 查看和修改文档属性、多文档切换。

① 将所编辑的文档以原文件名保存在 C 盘根目录中。

提示:单击"文件"选项卡中的"另存为"命令,将保存位置改为 C 盘根目录后单击"保存"。

② 查看文档的字数、行数、页数、编辑时间总计等统计信息,了解本文档中是否含有早期版本的 Word 所不支持的内容,并将作者修改为自己的姓名。

- 利用"文件"选项卡中的"信息"命令,在"属性"中观察字数、大小、页数、编辑时间总计等信息,在"相关人员"中设法修改作者姓名;
- 单击"检查问题/检查兼容性"按钮,打开兼容性检查器,了解与低版本的兼容问题。

③ 打开前面中保存的 word1.docx 文件,将其与 FL5 - 1 - 1.docx 并排在窗口中同步滚动查看。

提示:利用"视图"选项卡"窗口"组的"并排查看"和"同步滚动"命令按钮实现。

(5) 字体和段落格式设置。

① 对 FL5 - 1 - 1.docx 文档进行编辑,设置标题字体为华文彩云、22 号,文本效果为快速文本效果库第 3 行第 1 列的效果,居中显示。

- 选定标题,通过"开始"选项卡"字体"组的字体和字号下拉列表框,选择设置题目所要求的"华文彩云、22 号",单击"文本效果和板式"按钮选择指定的快速效果;
- 单击"开始"选项卡"段落"组的"居中"命令按钮 ☰ ,将标题居中。

② 将标题中的"PM2.5"的间距加宽 5 磅,位置下降 10 磅。

- 选定标题中的"PM2.5",单击"开始/字体"的对话框启动器按钮 ☐ ,打开"字体"对话框,选择"高级"选项卡;
- 字符间距下拉列表选择"加宽",位置选择"降低"磅值选择"5 磅",单击"确定"。

③ 将文中所有段落的段前、段后间距都设置为 3 磅,首行缩进 2 个字符。

- 选定所有段落,单击"开始/段落"的对话框启动器,在打开的"段落"对话框中选择"缩进和间距"选项卡,按要求设置段前、段后间距后确定;
- 也可以通过调整标尺上的游标完成缩进要求。

④ 如样张所示,给文中的"常见颗粒物列表"设置项目符号,其中给"PM2.5"前加自定义项目符号,字体为红色 16 号,其余项目添加默认格式的项目编号。

- 选定"PM2.5"所在行,单击打开"开始/段落"的"项目符号"命令 ☷ ·下拉列表,选择"定义新项目符号",如实验图 5 - 3(a)所示打开"定义新项目符号"对话框,单击"符号"按钮,打开"符号"对话框如实验图 5 - 3(b)所示,选择字体类型为"Wingdings",双击选定的符号回到"定义新项目符号"对话框,再单击"字体"命令按钮,设置项目符号字体为红色、16 号,观察预览效果后单击"确定";
- 选定另外两个项目,单击"开始/段落"中的"编号"按钮 ☷ ·,添加默认项目编号。

⑤ 如样张所示,给第二自然段添加橙色、个性色 6,深色 25% 、3 磅的阴影边框。

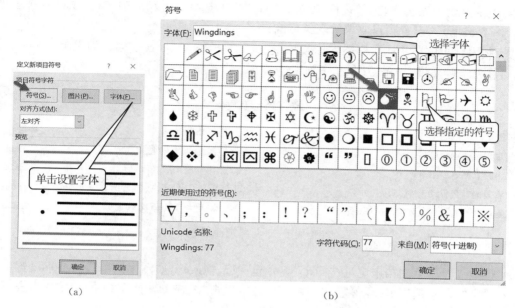

实验图 5-3  添加自定义项目符号

- 单击鼠标将插入点放入第二自然段任意位置；
- 选择"开始/段落"组的"边框"按钮 ⊞ 下拉列表中的"边框和底纹"命令，打开"边框和底纹"对话框如实验图 5-4(a)所示，根据题目要求设置"边框"选项卡的"阴影"、"颜色"和"宽度"并应用于段落后，单击确认。

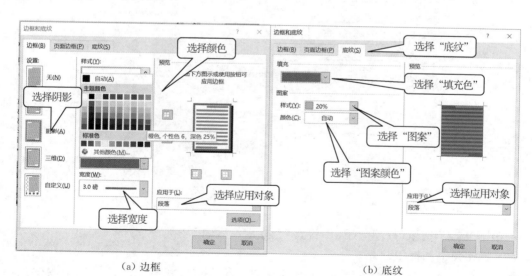

(a) 边框                    (b) 底纹

实验图 5-4  设置边框和底纹

⑥ 按样张所示给文章最后一段添加"橙色、个性色 6、深色 25%"填充色、"样式 20%、自动颜色"图案的底纹。

- 将插入点移至最后一段；

● 按上题的方法再次打开"边框和底纹"对话框中,选择"底纹"选项卡,按题目要求参照实验图 5-4(b)所示,设置题目要求的底纹后确定。

⑦ 利用制表位在文档后面插入如实验图 5-5 所示的文本,其中标题为隶书、18 号字体,字段名称为宋体 9 号,加粗,其余文字为宋体、9 号。

# 图书清单

| 书名 | 出版社 | 单价 |
|---|---|---|
| 《空气颗粒物污染与防治》 | 化学工业出版色 | 38.00 |
| 《洛杉矶雾霾启示录》 | 上海科技出版社 | 25.00 |
| 《我爱地球我行动:空气与污染》 | 河北少年儿童出版社 | 5.00 |
| 《室内空气质量对人体健康的影响》 | 中国环境科学出版社 | 25.50 |

实验图 5-5  制表位效果

● 将插入点移至文档末尾,按"回车"键另起一行,输入标题"图书清单",按要求设置字体。

● 单击"开始"选项卡"段落"的对话框启动器,单击"缩进和间距"选项卡中的"制表位"命令按钮,打开"制表位"对话框。

● 分别在 0.5 厘米、7.41 厘米、10 厘米和 15 厘米位置设置左对齐、竖线对齐、居中对齐和小数点对齐制表位,如实验图 5-6 所示。

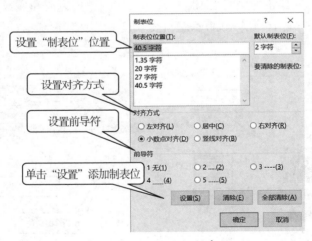

实验图 5-6  添加制表位

● 单击"确定"按钮,按键盘〈Tab〉键,将光标定位后输入相应的文字。

(6)打印预览和打印设置。

单击"文件"标签打开 Backstage 视图,选择"打印"命令,在右侧的预览栏中改变显示比例,查看打印预览效果;查看和练习设置页面属性和打印机属性;保存并关闭 FL5-1-1.docx。

## 三、 实验内容

打开"配套资源\实验 5\"中的 SY5－1－1.docx 文件,按下列要求操作,结果如实验图 5－7Word 实践样张 1 所示,也可参见 SYJG5－1－1.docx 文件。

地下 Water 污染(ground water pollution)主要指**人 类 活 动**引起地下 Water 化学成分、物理性质和生物学特性发生改变而使质量下降的现象。地表以下地层复杂,地下 Water 流动极其缓慢,因此,地下 Water 污染具有过程缓慢、不易发现和难以治理的特点。地下 Water 一旦受到污染,即使彻底消除其污染源,也得十几年,甚至几十年才能使 Water 质复原。至于要进行人工的地下含 Water 层的更新,问题就更复杂了。

由于矿体、矿化地层及其他自然因素引起地下 Water 某些组分富集或贫化的形象,称为"矿化"或"异常",不应视为污染。

地表以下地层复杂,地下 Water 流动极其缓慢,因此,地下 Water 污染具有过程缓慢、不易发现和难以治理的特点。地下 Water 一旦受到污染,即使彻底消除其污染源,也得十几年,甚至几十年才能使 Water 质复原。至于要进行人工的地下含 Water 层的更新,问题就更复杂了。

地下 Water 污染是由于人为因素造成地下 Water 质恶化的现象。地下 Water 污染的原因主要有:工业废 Water 向地下直接排放,受污染的地表 Water 侵入到地下含 Water 层中,人畜粪便或因过量使用农药而受污染的 Water 渗入地下等。污染的结果是使地下 Water 中的有害成分如酚(fēn)、铬(gè)、汞(gǒng)、砷(shēn)、放射性物质、细菌、有机物等的含量增高。污染的地下 Water 对人体健康和工农业生产都有危害。

实验图 5－7  Word 实践样张 1

(1) 将文档中除标题以外所有的"水"替换成楷体 11 号、蓝色、双曲蓝色下划线的"Water"。

(2) 对文档标题"地下水污染"设置格式为:蓝色、华文琥珀、二号,并设置阴影为"透视-右上对角透视",映像为"全映像,8pt 偏移量",居中显示。

(3) 设置文中的"酚、铬、汞、砷"格式为 16 号,添加拼音指南。

(4) 设置文章第一段中的"人类活动"4 个字格式为加粗、间距加宽 5 磅,位置提升 10 磅。

(5) 将正文所有段落设置为首行缩进 2 字符。

(6) 设置第三自然段左右缩进各 1 厘米。

(7) 给第三自然段添加如样张所示的自定义蓝色、3 磅边框;"深蓝 文字 2 淡色 80%"的底纹。

(8) 利用制表位给文章开始的目录添加如样张所示的制表位。

提示:包括一个在 8 字符处的左对齐制表位,和一个在 32 字符处的带前导符的右对齐制表位。

# 实验6　文字处理中的对象插入和编辑

## 一、实验目的

（1）学会自定义和修改样式的方法。

（2）熟练掌握表格的创建和编辑方法。

（3）熟练掌握图片、SmartArt、文本框、公式和符号、艺术字、音频和视频等对象的插入和编辑。

## 二、范例

### 1. 范例环境

（1）中文 Windows 10 操作系统。

（2）Office 2016。

### 2. 范例内容及步骤

打开配套资源"配套资源\实验6\FL6－1－1.docx"，按下列要求操作，以原文件名保存在自己的 U 盘中。最终结果如实验图6－1排版综合案例样张2所示，也可参见"实验6\FLJG6－1－1.docx 文件。

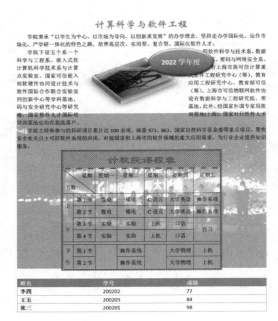

实验图6－1　排版综合案例样张2

（1）自定义和修改样式。

① 选定文档标题，设置字体为绿色、华文新魏、20 号、加粗；将此标题样式保存到快速样式库，并命名为"计软样式"。

- 利用"开始"选项卡"字体"组中的相关命令按钮为标题设置格式；

- 选定设置好格式的标题文本，在浮动工具栏上点击"样式"，选择快捷菜单中的"创建样式"，在随后打开的"根据格式设置创建新样式"对话框的"名称"一栏输入"计软样式"，单击"确定"。此时所创建的样式将出现在快速样式库中。

② 修改标题样式，为其添加"填充-橄榄色，着色 3，锋利棱台"的文本效果；更新样式库中的"计软"为最新的格式。

- 利用"开始"选项卡"字体"组中的"文本效果和版式"按钮将标题改为题目所要求的格式；

- 选定修改后的样式，在快速样式库中右击"计软标题"，在快捷菜单里选择"更新计软标题样式以匹配所选内容"。

（2）创建表格。

在文章结尾后建立如实验图 6-2(a)所示的表格：

| 星期<br>节数 | | 星期一 | 星期二 | 星期三 | 星期四 | 星期五 |
|---|---|---|---|---|---|---|
| 上午 | 第1节 | 数电 | 模电 | C语言 | 大学英语 | 操作系统 |
| | 第2节 | 数电 | 模电 | C语言 | 大学英语 | 操作系统 |
| | 第3节 | 实验 | 实验 | 上机 | 口语 | 自习 |
| | 第4节 | 实验 | 实验 | 上机 | 口语 | |
| 下午 | 第1节 | | 操作系统 | | 大学物理 | 上机 |
| | 第2节 | | 操作系统 | | 大学物理 | 上机 |

（a）表格样张　　　　　　　　　　（b）设置表格属性

实验图 6-2 添加表格

- 单击"插入"选项卡"表格"组的"插入表格"命令，设置好相应的行数和列数；

提示：放置"星期\节数"的单元格须由原本左对齐和右对齐的两个单元格合并而成。

- 选定"上午"、"下午"、"自习"等处，原有多个单元格，在自动显示的"表格工具"动态标签的中选择"布局"选项卡，利用"合并"组的"合并单元格"命令将其合并；

- "上午"、"下午"、"自习"三个单元格的垂直居中：利用"表格工具/布局/表"的"属性"命令，打开如实验图 6-2(b)所示的"表格属性"对话框，选择"单元格"选项卡，完成设置。

- 其中"节数\星期"单元格内的斜线可以利用"插入/表格/绘制表格"命令绘制。在 Word2016 中，有些版本没有表格橡皮擦，斜线最好是在整个编辑基本完成后再绘制，否则不易取消。

（3）表格编辑。

① 将表格中数据自动调整为适合数据内容的列宽，并在整个页面居中；

② 在表格上方插入新行，并输入标题"计软院课程表"；

③ 按样张将表格标题字体设置为绿色、22 号、加粗、隶书，标题所在单元格设置为"橄榄色个性 3 淡色 40％"填充、"15％、自动"图案的底纹；标题所在单元格下边框线设置为绿色、3 磅虚线；整个表格设置为样张所示的绿色、3 磅外边框。

● 选取整个表格，单击"开始"选项卡"段落"组的"居中"按钮；在"表格工具/布局/单元格大小"中并单击"自动调整/根据内容调整表格"命令；

● 选定表格第一行，单击"表格工具/布局/行和列"中选择"在上方插入"，选定新插入的行的所有单元格，右击鼠标，选择"合并单元格"。

● 选定表格标题单元格，输入标题"计软院课程表"，利用"开始"选项卡"字体"组的命令按钮设置标题字体；利用"表格工具/设计/表格样式/边框/边框和底纹"打开"边框和底纹"对话框，按题目要求的格式设置虚线下边框。再选定整个表格，用类似方法按题目要求设置整个表格的外边框，如实验图 6－3 所示。

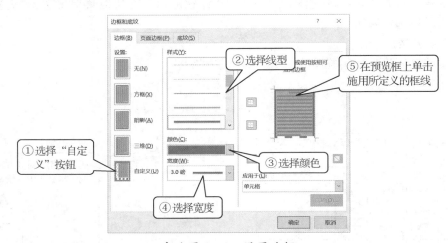

实验图 6－3　设置边框

④ 在表格下方输入一个空行后输入以下文本（每行文本以回车结束）：

　　姓名，学号，成绩

　　张三，200201，98

　　李四，200202，77

　　王五，200203，84

将上述文本转化为表格，并套用"浅色列表，着色 3"的内置表格样式。

⑤ 将转换后的表格按成绩由低到高排序。

● 输入并选定须转换为表格的文本内容，单击"插入"选项卡"表格"组"表格"按钮，选择"文本转换成表格"命令，在随后打开的"将文字转换成表格"对话框中，选择文字分隔位置为"逗号"。

● 选定转换后的表格，在"表格工具/设计/表格样式"组的快速样式库里选择套用"浅色列表，强调文字颜色 3"的内置表格样式后确定。

● 将插入点移入套用表格样式后的表格任意单元格，单击"表格工具/布局/数据/排序"命令，在"排序"对话框中，设置主要关键字为"成绩"，类型为"数字"，"升序"排列，有标题行，单击"确定"完成表格设置。

（4）图片操作。

① 插入图片文件\实验6\FL6-1-2.jpg,将图片大小调整为原来的25%,并按样张所示裁剪掉笔记本的屏幕。

• 单击"插入"选项卡"插图"组的"图片"命令按钮,打开"插入图片"对话框,找到指定素材文件后单击"插入"。

• 在自动显示的"图片工具"动态标签"格式"选项卡"大小"组中,单击打开对话框启动器,在如实验图6-4(a)所示的"布局"对话框"大小"选项卡中,将"缩放"修改为原始大小的"25%"后单击"确定"按钮。

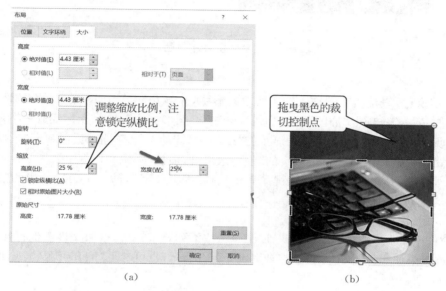

(a)　　　　　　　　　　　　(b)

实验图6-4　调整图片大小和裁剪

• 单击"图片工具/格式/大小"的"裁剪"按钮,拖曳图片上出现的裁剪控制点,如实验图6-4(b)所示,在文档空白处单击确定此裁剪操作。

② 修改图片颜色,重新着色为"橄榄色,深色",使用"预设10"的图片效果。

继续选定图片,单击"图片工具/格式/调整"组的"颜色"下拉列表中的"重新着色/橄榄色,个性色3深色",如图实验图6-5(a)所示。

• 单击"图片工具/格式/图片样式"组的"图片效果/预设/预设10",如图实验图6-5(b)所示。

③ 将图片与文字的环绕方式,改为"四周型环绕",然后根据样张所示移动图片位置。

• 在图片上右击,在快捷菜单中选择"环绕文字/四周型环绕";

• 鼠标指向图片,当鼠标指针变成四方向箭头时移动图片至样张所示位置。

④ 给图片添加图片水印,素材为\实验6\FL6-1-3.jpg,结果如样张所示。

• 插入素材图片,单击"图片工具/格式/调整"组的"颜色"下拉列表中的"重新着色/冲蚀"。

• 右击图片,在快捷菜单中选择"环绕文字/衬于文字下方"。

⑤ 联机图片操作,读者可自行尝试"插入/联机图片",寻找适合主题的图片插入,并进行

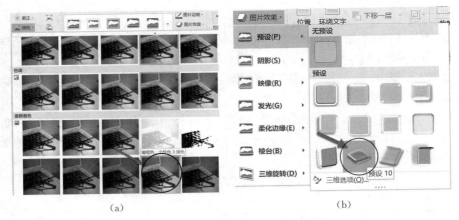

(a)　　　　　　　　(b)

实验图 6-5　设置图片颜色和效果

适当编辑。

⑥ 形状操作,表格右上角插入样张所示的形状,并输入 14 号、加粗的文字"2022 学年度"。

● 单击"插入"选项卡"插图"组的"形状/标注/椭圆形标注",鼠标光标变成十字形,拖曳鼠标如样张所示绘制形状;在随后自动显示的"绘图工具"动态标签"格式"选项卡"形状样式"组的形状样式库中选择最后一行第四个的"强烈效果-橄榄色,强调颜色 3"。

● 在所插入的形状上右击,在快捷菜单中选择"编辑文字",输入 14 号、加粗的"2022 学年度"。

设置完毕,保存并关闭当前文件。

打开"配套资源\实验 6\FL6-2-1. docx",按下列要求操作,以原文件名保存在自己的 U 盘中。最终结果如实验图 6-6 排版综合案例样张 3 所示,也可参见"配套资源\实验 6\FLJG6-2-1. docx"文件。

(5) SmartArt 操作。

利用素材文档中的图片 FL6-2-11、FL6-2-12、FL6-2-13、FL6-2-14,如样张所示组成 SmartArt,其中文字字体为宋体、12 号,更改颜色为"个性色 6-彩色填充"。

提示:单击"插入"选项卡"插图"组中的"SmartArt"按钮,打开"选择 SmartArt 图形"窗口,找到"图片"类的"六边形群集";将素材中的图片用"剪切、复制"的方法放入 SmartArt;直接在 SmartArt 中的文本占位符上输入题目要的文字,根据题目要求设置字号;通过"SmartArt 工具/设计/创建图形"组中的命令改变图形方向,用控制点调整大小。

(6) 文本框操作。

将文档中的"概览"如样张所示加入竖排文字文本框中,"基本信息"的所有字符加大 2 号,如样张所示排列,文本框效果为"强烈效果-橙色,强调颜色 6"。

提示:先选定需要放入文本框的内容,再单击"插入/文本框/绘制竖排文本框",适当调节文本框大小和位置如样张所示;字符大小通过"开始/字体"中的按钮实现;文字排列通过"开始/段落"中的按钮实现;效果通过"绘图工具/格式/形状样式/"中的快速样式库实现。

(7) 页面布局。

将文档左、右页边距调整为 2 厘米,第二自然段分成带分隔线的两栏,并给文档加入文字水印"Computer Center",效果如样张所示。

● 利用"布局"选项卡"页面设置"组"页边距"命令,选择"自定义页边距",按题目要求

计算中心于 1984 年在世界银行贷款下建立，是学校的公共计算机教学与实践基地，也是开展计算机应用技术的研究与开发基地。

计算中心面向全校公共计算机基础教育，拥有 1500 台教学用计算机和服务器近 50 台硬件软件环境，分布于闵行校区和中山北路校区，每年大约有 1000 余名研究生、3000 余名本科生在计算中心接受计算机应用基础的教育，同时每年为全校约 4500 名本硕学生提供教学服务机时约 240 万课时。

已经编写的系列教材《计算机应用基础教程》在 2011 年获得上海市普通高校优秀教材奖二等奖，《大学计算机》课程已入选 2013 年度上海市精品课程；2013 年获高等教育上海市级教学成果奖二等奖，2014年获华东师范大学教学成果奖一等奖；培训学生参加各类竞赛，获得国家和上海市奖项 60 多项。

亮点：

高性能计算公共平台：该平台性能优越可靠，属于曙光 5000 系列计算机和 IBM 高性能计算集群，拥有 552 个计算结点，运算峰值速度为 172Tflops（Floating-point operations per second）。其应用领域涉及计算物理、计算化学、分子动力学、地球物理、大气环境研究、材料设计、信息科学、密码学、并行符号计算、光谱学以及波谱学等重要学科。

$$F(\omega)=\sqrt[3]{\frac{1+a_1}{\sum_{n=1}^{3} a^n}}\int_{-\infty}^{\infty} f(t)e^{-j\omega t}dt$$

L4-5-7.WAV　　L4-5-8.AVI

2021-08-08

**实验图 6-6　排版综合案例样张 3**

设置。

- 选定第一自然段的内容，单击"布局/页面设置"中的"分栏"命令，选择"更多分栏"，按题目要求设置。

- 单击"设计/页面背景"中的"水印"命令，选择"自定义水印"，在打开的"水印"对话框中选择"文字水印"，水印颜色为"黑色，文字 1，淡色 35％"，按照题目要求完成设置。类似的，在"水印"对话框中选择"图片水印"，然后自行尝试用自己喜欢的图片做"图片水印"的效果。

（8）页眉、页脚和页码设置。

① 插入"运动型"页眉，内容为"计算机科学与软件工程学院"，字体为华文琥珀、20 号、橙色-个性色 6。

② 插入"空白型"页脚，插入素材文件夹的图片"FL6-2-15.jpg"，大小调整为原来的 10％，在页脚居中。

③ 插入页码，页码格式为"壹，贰，叁…"，位置在"页边距——普通数字——大型、右侧"。

提示：利用"插入/页眉和页脚"中的"页眉"、"页脚"和"页码"命令完成。

（9）符号与编号、艺术字、公式、日期和时间的插入和编辑。

① 在文中的"亮点"前插入样张所示的符号✌，并将格式设置为红色、加粗、20 号。

② 将标题设置为艺术字，采用艺术字库中"填充-黑色，文本 1，轮廓-背景 1，清晰阴影"的效果，字体为宋体、36 号，并将版式调整为"上下型环绕"。

③ 如样张所示在文档最后居中插入公式：

$$F(\omega) = \sqrt[3]{\dfrac{1+a_2}{\sum\limits_{n=1}^{5} a^n}} \int_{-\infty}^{\infty} f(t)e^{-j\omega t}\,\mathrm{d}t$$

④ 结尾处插入可以更新的系统时间。

提示：利用"插入/符号"组中的"符号"命令，添加自定义符号，符号字体为"Wingdings"；选定标题后，利用"插入/文本/艺术字"命令完成题目要求的艺术字；利用"插入/符号"组的"公式"按钮，插入新公式。时间可以用快捷键〈Alt〉＋〈Shift〉＋〈T〉插入，也可以用"插入/文本/日期和时间"完成。

（10）音频和视频的插入。

在公式后面插入音频和视频素材，文件为"配套资源\实验 6\FL6－2－16.wav 和"配套资源\实验 6\FL6－2－17.avi"。

- 单击"插入"选项卡"文本"组"对象"命令，在打开的"对象"对话框中选择"由文件创建"选项卡，单击"浏览"按钮，找到指定文件后单击"插入"，在"对象"选项卡里单击"确定"。

- 注意，在 Word 中插入音频和视频对象文档中仅出现对象图标，如实验图 6－7 所示，双击对象图标后将启动本地计算机上安装的默认媒体播放程序进行播放。

L4-4-7.WAV　　L4-4-8.AVI

实验图 6－7　音频和视频对象图标

## 三、实验内容

打开"配套资源\实验 6\"中的 SY6－1－1.docx 文件，按下列要求操作，以原文件名保存在自己的 U 盘中。最终结果如实验图 6－8 Word 实践样张 2 所示，也可参见 SYJG6－1－1.docx 文件。

（1）设置文档标题为艺术字，样式为"填充-红色，着色 2，轮廓-着色 2"，字体为宋体、36 号，居中对齐。

（2）在文档中插入素材文件 SY6－1－11.jpg，将原始背景删除后添加"顶部聚光灯-个性色 6"的预设渐变效果填充。

提示：右击删除背景后的图片，利用"背景消除"选项卡中的命令按钮"标记要保留的区域"，实现样张所示的结果。选择"设置图片格式/填充与线条"中的渐变填充，再做相应设置。

（3）插入如样张所示的横排文字文本框，将修改图

**计算机科学技术系**

实验图 6－8　Word 实践样张 2

片的文字环绕方式,适当调整大小后放入该文本框,改变文本框"形状样式"为"强烈效果-红色,强调颜色 2",适度调整大小后,在样张所示位置与文本混排。

(4)如样张所示插入 SmartArt,并更改样式为"优雅",输入文字"博士、硕士、本科、创新人才";"创新人才"的"形状填充"设置为"顶部聚光灯-个性色 6"的预设渐变效果填充;大小调整为高度和宽度都是 5.52 厘米,与文本混排。

(5)修改文末的表格格式,套用内置表格样式"清单表 4-着色 2",并使表格在页面居中。

(6)在文末利用艺术字和符号完成样张所示的效果。

(7)置左右页边距都为 2 厘米。

# 实验 7　文字处理高级功能

## 一、实验目的

(1) 熟悉目录、脚注和尾注的使用方法。

(2) 掌握邮件合并的方法，了解文档审阅的常用功能。

## 二、范例

### 1. 范例环境

(1) 中文 Windows 10 操作系统。

(2) Office 2016。

### 2. 范例内容及步骤

(1) 目录、脚注和尾注。

① 创建目录。

**范例 7-1**　打开"配套资源\实验 7\FL7-1-1.docx"，给文档创建如实验图 7-1(a)所示的目录，并思考如果要得到第 4 级目录，应该如何完成。以原文件名保存在自己的 U 盘中。最终结果参照"配套资源\实验 7\FLJG7-1-1.docx"。

根据实验图 7-1(a)所示目录，修改文档现有标题样式。其中一级标题"关于本市推动新一代人工智能发展的实施意见"设置为"标题 1"样式；"一、明确总体要求　二、拓展人工智能融合应用场景"等，设置为"标题 2"样式；"(一)指导思想、(二)发展目标"等三级标题，如样张所示，设置为"标题 3"样式。

注：可以用快捷键〈Ctrl〉+〈F〉打开如图实 7-1(b)所示的"导航"窗格随时观察样式的修改情况。

- 选择"引用"选项卡"目录"组"目录"命令下拉列表中的"内置——自动目录 1"命令，则在正文前方创建目录。

如果要生成第 4 级目录，则需通过"引用"选项卡"目录"组"目录"命令下拉列表中的"自定义目录"命令，在"目录"对话框自定义目录的显示级别。

② 脚注和尾注的插入和编辑。

- 将正文第一段对"新一代人工智能"的概要说明改为以"脚注"的形式插入在正文之后。

- 给文档标题添加尾注，内容为"本文摘自上海市经济和信息化委员会网站"。

提示：通过"引用"选项卡"脚注"组的相关命令完成操作。

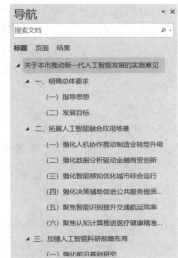

（a）目录样张　　　　　　　　（b）大纲导航

实验图 7-1  长文档综合案例样张

（2）邮件合并。

**范例 7-2**  打开"配套资源\实验 7\FL7-2-1.docx"和"配套资源\实验 7\FL7-2-2.docx"，完成邮件合并，最后结果合并为一个文档"发送会议通知.docx"。

提示：通过"邮件"选项卡相关命令完成。

（3）审阅文档。

**范例 7-3**  打开配套资源"配套资源\实验 7\FL7-3.docx"，按下列要求操作。最终结果参照"配套资源\实验 7\FLJG7-3.docx"。

① 校对和翻译。

● 利用"审阅"选项卡"校对"组的"拼写和语法"命令，打开"语法"窗格，查看文档中可能存在的错误并修改，如果没有错误，可以单击"忽略"。

● 通过"校对组"的"字数统计"命令查看文档统计信息。

● 利用"审阅"中的翻译工具将文档第一自然段翻译为英文。

提示：选定文档第一自然段内容，按住〈Alt〉键的同时单击鼠标，将打开如实验图 7-2 所示的"信息检索"对话框，设置翻译的源语言为"中文（中国）"，目标语言为"英语（美国）"，Word 将自动翻译出参考结果。

② 修订。
利用"审阅"中的修订功能完成将文件修订。

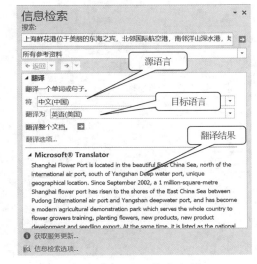

实验图 7-2  信息翻译

- 将文件另存为 FLJG7-3-1.docx，然后对该文件进行修订操作。
- 单击"审阅"选项卡"修订"组的"修订"按钮进入文档修订状态；修改第一段中"位于美丽的东海之宾"中的"宾"字为"滨"，删除"以花农培训、花卉的种植"中的"的"字，并对此添加批注，内容为"原文为'花卉的种植'，为行文流畅起见删除'的'字"。
- 保存文件后关闭。

③ 新旧文档比较。

比较修订前和修订后的文档。

- 启动 Word 后，选取"审阅"选项卡"比较"组的"比较——比较"，打开"比较文档对话框，分别选择原文档和修订的文档名后单击"确定"，Word 将弹出一个对话框要求确认，此时单击"确定"，即可出现如实验图 7-3 所示的比较文档状态。

实验图 7-3　修订前后比较

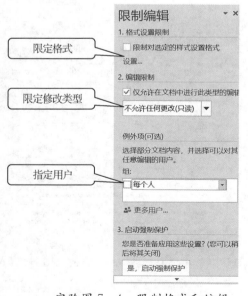

实验图 7-4　限制格式和编辑

- 需要确认修订则单击"审阅/更改"中的接受按钮。

提示：也可以通过"视图"选项卡"窗口"组的"并排查看"命令打开修订前和修订后的文档，单击"同步滚动"按钮后可以通过滚动鼠标滚轮同步滚动比较两个文档细节。

④ 文档保护。

如果不希望他人对文档进行修改，或者只能进行某种类型的修改，可以单击"审阅/保护"的"限制编辑"命令，打开如实验图 7-4 所示的"限制格式和编辑"对话框，完成文档保护。

## 三、实验内容

打开配套资源中的 SY7-1-1.docx 文件，按下列要求操作，以原文件名保存在自己的 U 盘中。最终结果参照"配套资源\实验 7"中的 SYYZ7 - 1 - 1. docx。

（1）设法为文档添加如实验图 7 - 5 样张所示的可自动更新的目录。

## 目录

实验图 7 - 5 目录样张

（2）为文档中"学术概况"中"真正创新性的核心课程体系"添加脚注，内容为"上海纽约大学本科学生需要修满 128 个学分才能毕业。课程涵盖通识教育核心课程、专业课程和选修课程三个部分"。

（3）在文档标题后添加尾注，内容为"摘自上海纽约大学官网 http：//shanghai. nyu. edu/cn"。

（4）将文档改为修订状态后，将文档标题字体改为红色、隶书、36 号、居中显示。

（5）将文档限定为仅允许添加批注后保存并关闭 Word。

# 实验 8　工作表处理基础

## 一、实验目的

(1) 熟练掌握工作簿的管理。

(2) 熟练掌握工作表的操作。

(3) 熟练掌握单元格的操作(单元格内容的输入编辑、批注的使用、格式的设置、单元格及区域的命名以及单元格格式的自动套用)。

## 二、范例

### 1. 范例环境

(1) 中文 Windows 10 操作系统。

(2) 中文 Excel2016 应用软件。

(3) 配套素材"实验素材\实验 8"文件夹。

### 2. 范例内容及步骤

(1) 工作表的管理。

① 打开文件配套素材"实验 8\FL_8-1-1. xlsx",并将工作表名改为"员工信息表"。

● 打开配套"实验素材\实验 8"中的"FL_8-1-1. xlsx"文件。

● 右击"Sheet1"工作表标签,在弹出的快捷菜单中选择"重命名"命令,输入"员工信息表"。

● 单击标题栏左侧的"快速访问工具栏"的"保存"按钮,或单击"文件"选项卡中的"保存"命令,双击"这台电脑",在弹出的"另存为"对话框中,选择保存文件的目录,类型以及文件名,如图实验图 8-1 所示。

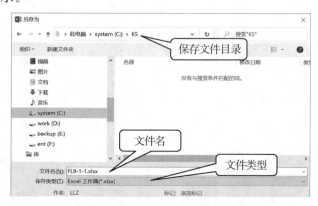

实验图 8-1　文件另存为方式

② 插入一个新的工作表"Sheet2"，复制"员工信息表"工作表到"Sheet2"，将新复制的工作表重命名为"复制信息表"，并将该工作表标签颜色改为"橙色"；然后删除"Sheet2"工作表，同名保存文件。

- 单击工作表标签区右侧的加号按钮即"新工作表(〈Shift〉+〈F11〉)"按钮，插入新的"Sheet2"工作表。

- 选中"员工信息表"工作表右击，在弹出的快捷菜单中选择"移动或复制"命令。在弹出的对话框中如图实验图 8-2 所示操作，按确定按钮结束操作。

- 选中新复制的"员工信息表(2)"工作表右击，在弹出的快捷菜单中选择"工作表标签颜色"命令，选择"标准色"中的"橙色"。

- 选中新复制的"Sheet2"工作表右击，在弹出的快捷菜单中选择"删除"命令。

- 单击"快速访问工具栏"的"保存"按钮。

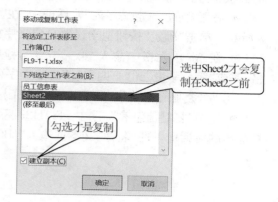

实验图 8-2　复制工作表

(2) 单元格数据的编辑。

① 单元格和区域的选取以及取消选中；在性别列前插入"籍贯"列，并输入内容，将籍贯列隐藏，同名保存文件。

- 选中 B2 单元格，拖到 D6 单元格，完成 B2:D6 区域的选取。再按〈Ctrl〉键，单击其他单元格或区域，在原已选取的区域基础上再多选中其他区域。单击任意单元格，取消前面的选取操作。

- 单击 C 列任意单元格，选择"开始"选项卡中的"单元格"组中的"插入"下拉列表中的"插入工作列表"命令，则原来 C 列的"性别"列开始的所有列向右移动一列，当前 C 列变成新列，随后输入内容。(提示：选中 C 列在弹出快捷菜单中选择"插入"命令也可。)

- 选中 C 列右击，在快捷菜单中选择"隐藏"命令。

- 单击"快速访问工具栏"中的"保存"按钮。

② 新建 Sheet3 工作表，并在 Sheet3 工作表中利用自动填充从 A2 单元格开始输入 4、7、10、13、16、19、22 等差数列；在 Sheet3 工作表中，从 A4 单元格开始至 G4 单元格输入"星期一"到"星期日"序列数据。

- 单击工作表标签区右侧的加号按钮插入新的"Sheet3"工作表。

- 单击 Sheet3 工作表标签，在 A2 和 B2 单元格内分别输入 4 和 7。

- 选中 A2 和 B2 两个单元格，拖曳 B2 单元格右下方的"自动填充柄"至 G2 单元格。

- 单击 A4 单元格，输入"星期一"，选中 A4 单元格，拖曳 A4 单元格右下方的"自动填充柄"至 G4 单元格。

③ 在 Sheet3 工作表中，在 A6 单元格输入"第一季"，然后选中该单元格后拖曳到 D6 单元格，观察显示的内容。在 A8 单元格输入"第一季度"，然后选中该单元格后拖曳到 D8 单元格，观察显示的内容。(提示：由于该序列数据不是系统自带的序列，需要先自行建立该序列)。

- 单击 Sheet3 工作表标签，在 A6 单元格输入"第一季"，然后选中该单元格后拖曳到 D6 单元格，分别显示的是"第一季度"、"第二季度"、"第三季度"、"第四季度"。

- 然后在 A8 单元格输入"第一季度"，然后选中该单元格后拖到 D8 单元格，则四个单元格都显示"第一季度"。

（提示：为什么会这样呢？由于"第一季度"序列数据不是系统自带的序列，需要先自行建立该序列，方法如下）

● 选择"文件"选项卡中的"选项"，在弹出的对话框中选择左侧的"高级"选项，在右面对应的面板中选择"常规"组中的"编辑自定义列表"按钮。

● 在弹出的"自定义序列"对话框中，在"输入序列"一栏内依次输入内容，如图实验图8-3所示。单击"确定"按钮退出设置自定义序列。

● 在A8单元格中输入"第一季度"，拖曳A8单元格右下方的"自动填充柄"至D8单元格，完成"第一季度"到"第四季度"自定义序列数据的输入。

④ 将"复制信息表"工作表中的基本工资区域定义为"JBGZ"，同名保存文件。

● 选中"复制信息表"，选中H3:H29区域右击，在弹出快捷菜单中单击"定义名称"菜单，在弹出的对话框中的"名称"文本框输入"JBGZ"，如图实验图8-4所示。

实验图8-3　自定义序列

实验图8-4　定义名称

● 单击"快速访问工具栏"中的"保存"按钮。

（3）工作表格式化。

打开配套"实验素材\实验8"素材中FL8-1-1.xlsx，按要求操作，结果参见实验图8-5。

① 将Sheet1工作表中数据表的标题字体设置为"华文行楷、标准色-绿色、18、加粗、跨列居中"；除标题外所有数据居中对齐；将各列宽调整为最适合的宽度，同名保存文件。

● 选中A1单元格，单击"开始"选项卡的"字体"组中的"字体"下拉列表，选择"华文行楷"，"字体颜色"下拉列表选择"标准色-绿色"、"字号"下拉列表选择"18"，单击"加粗"按钮；选中A1:J1，单击"开始"选项卡的"字体"组的对话框启动器，在弹出的"设置单元格格式"对话框中选择"对齐"选项卡，在"水平对齐"下拉列表中选择"跨列居中"，单击"确定"后退出，如实验图8-6所示。

● 选中A2:J29，单击"开始"选项卡的"对齐方式"组中的"居中"按钮。

● 选择A列至J列，单击"开始"选项卡"单元格"组中的"格式"下拉列表中的"自动调整列宽"命令。

● 单击"快速访问工具栏"中的"保存"按钮。

② 按实验图8-5给数据表加粗外框、双线内框；将单元格区域分别设置"标准色浅绿、标准色-黄色"；将基本工资的数值大于其平均值的数据标注为"浅绿色底纹、黄色、加粗文本"，同名保存文件。

| 公司员工基本信息表 | | | | | | | | | |
|---|---|---|---|---|---|---|---|---|---|
| 员工编号 | 员工姓名 | 性别 | 出生年月 | 入职时间 | 所在部门 | 职位 | 基本工资 | 奖金 | 实发工资 |
| 10019 | 左代 | 男 | 1980/7/5 | 2010/3/2 | 销售部 | 部门经理 | 15000 | | |
| 10021 | 王进 | 男 | 1981/6/15 | 2003/6/2 | 销售部 | 组长 | 7000 | | |
| 10016 | 杨柳书 | 男 | 1978/4/30 | 2006/7/2 | 销售部 | 部门经理 | 8400 | | |
| 10010 | 任小义 | 男 | 1975/10/12 | 2008/3/2 | 销售部 | 员工 | 6200 | | |
| 10015 | 刘诗琦 | 女 | 1983/7/5 | 2008/3/2 | 销售部 | 组长 | 7000 | | |
| 10009 | 袁中星 | 男 | 1972/9/1 | 2009/3/12 | 销售部 | 员工 | 6200 | | |
| 10011 | 邢小勤 | 男 | 1968/9/18 | 2010/3/14 | 销售部 | 组长 | 7000 | | |
| 10025 | 代敏浩 | 男 | 1980/7/9 | 2013/3/14 | 销售部 | 员工 | 6200 | | |
| 10012 | 陈晓龙 | 男 | | 2011/5/3 | 销售部 | 员工 | 6200 | | |
| 10013 | 杜春梅 | | 2009/3/2 | 销售部 | 员工 | 6200 | | |
| 10005 | 董弦韵 | | 2011/5/3 | 销售部 | 员工 | 6200 | | |
| 10003 | 白立 | | 2011/5/3 | 销售部 | 员工 | 6200 | | |
| 10008 | 陈君晓 | 男 | 1982/5/1 | 2012/6/13 | 销售部 | 员工 | 6200 | | |
| 10014 | 杨丽 | 女 | 1982/5/2 | 2006/5/1 | 行政部 | 部门经理 | 5500 | | |
| 10023 | 张键 | 男 | 1980/9/16 | 2007/6/3 | 行政部 | 员工 | 5000 | | |
| 10026 | 祝苗 | 女 | 1982/5/4 | 2012/6/13 | 行政部 | 员工 | 5000 | | |
| 10022 | 万邦舟 | 男 | 1983/2/15 | 2007/6/3 | 策划部 | 部门经理 | 12500 | | |
| 10024 | 薛敏 | 女 | 1980/7/1 | 2007/6/3 | 策划部 | 组长 | 10000 | | |
| 10020 | 刘雪 | 女 | 1981/12/4 | 2009/3/12 | 策划部 | 组长 | 10000 | | |
| 10006 | 何杰 | 男 | 1982/5/24 | 2008/3/2 | 策划部 | 员工 | 7500 | | |
| 10004 | 吕伟 | 男 | 1981/11/4 | 2012/6/13 | 策划部 | 员工 | 5400 | | |
| 10017 | 汪涛 | 男 | 1978/4/7 | 2012/6/13 | 策划部 | 员工 | 5400 | | |
| 10002 | 关文淑 | 女 | 1970/10/15 | 2000/6/14 | 财务部 | 部门经理 | 12000 | | |
| 10001 | 孙明明 | 女 | 1978/6/19 | 2013/3/2 | 财务部 | 员工 | 6000 | | |
| 10018 | 许宪 | 女 | 1976/5/16 | 2008/3/2 | 财务部 | 员工 | 6000 | | |
| 10007 | 杨云 | 女 | 1975/9/28 | 2008/3/2 | 财务部 | 组长 | 6500 | | |
| 10027 | 毛兴波 | 男 | 1983/8/26 | 2011/5/3 | 财务部 | 组长 | 6500 | | |

实验图 8-5　员工信息表工作表格式化结果

实验图 8-6　单元格设置跨列居中

- 选中 A1:J29 区域右击,在弹出的快捷菜单中选择"设置单元格格式"菜单,在弹出的对话框中选择"边框"选项卡,先选中粗线,单击外边框",再选中"双线",单击"内部",单击"确定"按钮。
- 选中 A1:B1、I1:J1,在选中区域右击,在弹出的快捷菜单中选择"设置单元格格式"菜单,在弹出的对话框中选择"填充"选项卡,背景色中单击"标准色-浅绿",单击"确定"退出。同样方法选中 A2:J2,将单元格底纹设置成"标准色-黄色"。
- 选中 H3:H29,选择"开始"选项卡的"样式"组单击"条件格式"下拉列表中"项目选取规则"中的"高于平均值"菜单,在弹出的对话框中,单击"设置为"下拉列表,单击"自定义格式",重新设置"字体"为加粗、黄色,"填充"为浅绿色。
- 单击"快速访问工具栏"中的"保存"按钮。

③ 按样张显示批注,将批注格式设置成红色、隶书、12 号大小的文字,文字在批注框中水

平、垂直居中对齐,批注框的背景色为金色,同名保存文件。

- 选中 B11 单元格右击,在弹出快捷菜单中选择"插入批注"菜单,在文本框中输入"优秀员工"。
- 选中 B11 右击,在弹出的快捷菜单中选择"显示/隐藏批注"菜单,选中批注框右击,在弹出的快捷菜单中选择"设置批注格式"菜单,在弹出的对话框中的"字体"选项卡中设置字体为红色、隶书、字号 12。
- 在"对齐"选项卡中将"文本对齐方式"分别设置水平居中、垂直居中。
- 在"颜色与线条"选项卡中,将"填充"设置为"金色"。
- 单击"快速访问工具栏"中的"保存"按钮。

④ 将 Sheet1 中的数据(不包含格式)复制到新建的 Sheet2 工作表中,然后套用表格格式中的中等深浅区的"表样式中等深浅 10",并转换成普通区域,同名保存文件。

- 单击工作表标签区右侧的加号按钮插入新的"Sheet2"工作表。
- 选择 Sheet11 中的 A1:J29 区域右击,单击快捷菜单中"复制"菜单,将光标停在 Sheet2 工作表中的 A1 单元格右击,单击快捷菜单中"粘贴选项"中的"值",如实验图 8-7 所示:
- 选择 Sheet2 工作表,选中 A2:J29 区域,选择"开始"选项卡中的"样式"组,单击"套用表格格式"下拉列表中的"中等深浅"区中的"表样式中等深浅 10",在弹出的"套用表格格式"对话框中选择默认项,单击"确定"按钮,这时的列的右侧都有下三角按钮。
- 光标停在已经套用表格格式的区域中,选择"表格工具/设计"选项卡中的"工具"组,单击"转换为区域"按钮,在弹出对话框中单击"是"按钮,如实验图 8-8 所示。

实验图 8-7　选择性粘贴

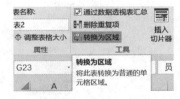

实验图 8-8　表格转换为区域

- 单击"快速访问工具栏"中的"保存"按钮。

（4）页面设置。

将工作表设置为页面水平、垂直居中放置;在页眉输入"员工信息表",在页脚输入制作日期;同名保存文件。

① 单击"页面布局"选项卡的"页面设置"组中的对话框启动器,弹出"页面设置"对话框,选择"页边距"选项卡,勾选居中方式中的"水平"和"垂直"复选框。

② 选择"页眉/页脚"选项卡,单击"自定义页眉"按钮,在"页眉"对话框中的"中"文本框中输入"员工信息表",单击"确定"按钮。

③ 再单击"自定义页脚",光标停在"页脚"对话框中的"中"文本框中,单击该对话框中第 4 个"插入日期"按钮,单击"确定"按钮。

④ 单击"快速访问工具栏"中的"保存"按钮。

## 三、实验内容

打开配套素材的 SY8-1-1. xlsx 文件，按下列要求操作，并同名保存。结果如图实验图 8-9 所示。

| | A | B | C | D | E | F |
|---|---|---|---|---|---|---|
| 1 | | | 食品销售表 | | | |
| 2 | 编号 | 名称 | 单位 | 单价 (元) | 销售量 | 销售额 |
| 3 | mb2033 | 法式面包 | 包 | ¥7.40 | 305,080.00 | ¥2,257,592.00 |
| 4 | mb2034 | 奶昔蛋糕 | 包 | ¥5.80 | 93,200.00 | ¥540,560.00 |
| 5 | mb2035 | 奶油夹心饼干 | 包 | ¥3.10 | 215,300.00 | ¥667,430.00 |
| 6 | mb2036 | 葱油饼 | 包 | ¥2.20 | 102,300.00 | ¥225,060.00 |
| 7 | mb2037 | 花生桃酥 | 包 | ¥3.80 | 130,000.00 | ¥494,000.00 |
| 8 | mb2038 | 巧克力饼干 | 包 | ¥4.50 | 119,800.00 | ¥539,100.00 |
| 9 | mb2039 | 果酱饼干 | 包 | ¥4.10 | 120,516.00 | ¥494,115.60 |
| 10 | mb2040 | 肉沫夹心饼 | 包 | ¥5.50 | 86,000.00 | ¥473,000.00 |
| 11 | mb2041 | 早餐饼干 | 包 | ¥2.30 | 104,500.00 | ¥240,350.00 |
| 12 | yl1322 | 矿泉水 | 瓶 | ¥0.90 | 65,000.00 | ¥58,500.00 |
| 13 | yl1323 | 可乐 | 瓶 | ¥3.50 | 10,200.00 | ¥35,700.00 |
| 14 | yl1324 | 冰咖啡 | 瓶 | ¥5.60 | 235,040.00 | ¥1,316,224.00 |
| 15 | yl1325 | 优果汁 | 瓶 | ¥3.50 | 130,500.00 | ¥456,750.00 |
| 16 | yl1326 | 奶茶 | 瓶 | ¥4.20 | 98,000.00 | ¥411,600.00 |
| 17 | gg0258 | 奶油瓜子 | 千克 | ¥6.10 | 105,000.00 | ¥640,500.00 |
| 18 | gg0259 | 五香瓜子 | 千克 | ¥8.50 | 150,000.00 | ¥1,275,000.00 |
| 19 | gg0260 | 白味瓜子 | 千克 | ¥8.20 | 132,000.00 | ¥1,082,400.00 |
| 20 | gg0261 | 麻辣花生 | 千克 | ¥9.00 | 120,500.00 | ¥1,084,500.00 |
| 21 | gg0262 | 麻辣瓜子仁 | 千克 | ¥9.50 | 98,000.00 | ¥931,000.00 |
| 22 | gg0263 | 薯条 | 千克 | ¥9.50 | 130,000.00 | ¥1,235,000.00 |
| 23 | gg0264 | 香酥爆米花 | 千克 | ¥10.00 | 125,800.00 | ¥1,258,000.00 |
| 24 | | | | | | |

实验图 8-9　食品销售表样张

（1）将 Sheet1 的工作表名修改为"食品销售表"，将该工作表复制为"食品销售表备份"新工作表，并将该工作表标签颜色改为"浅绿色"。

（2）在"食品销售表"中，将面包类食品的销售额数据区定义为"MBL"；将饮料类食品的销售额数据区定义为"YLL"；将零食类食品的销售额数据区定义为"LSL"；

（3）将工作表中的 C 列隐藏。将标题设置为"华文隶书"、"标准色-蓝色"、"28"号字、"粗体"，并将 A1:F1 区域合并居中，背景色为"主题颜色/金色，个性色 4，淡色 60％"。

（4）将数据表中的单价和销售额数据格式设置为人民币符号、两位小数。

（5）将数据表中的销售量格式设置为使用千分位分隔、两位小数的数值类型。

（6）调整工作表中各列宽度为最适合列宽，除标题外所有数据都居中对齐。

（7）将数据表添加颜色为"主题颜色/蓝色，个性色 1，深色 25％"的粗外框和双线内框。A、B 两列设置为单元格样式中的"主题单元格样式/40％-着色 5"。

（8）将销售额中的前 10 名设置为背景填充图案颜色为"主题颜色/橙色，个性色 2，淡色 60％"，图案样式为"25％灰色"，文本设置为深红色加粗。

（9）插入页脚，内容为当前工作表表名，隶书，居中放置。

# 实验 9 公式与函数应用

## 一、实验目的

(1) 熟练掌握公式与函数的应用。

(2) 熟练掌握单元格的引用与工作表的引用。

## 二、范例

### 1. 范例环境

(1) 中文 Windows 10 操作系统。

(2) 中文 Excel2016 应用软件。

(3) 配套素材"实验素材\实验 9"文件夹。

### 2. 范例内容及步骤

打开配套素材文件"实验 9\FL_9-1-1.xlsx",求出员工的平均基本工资;利用公式输入奖金(部门经理 3 000 元,组长 2 000 元,员工 1 500 元)后,再求出每个员工的实发工资,定义实发工资区域名称,并利用区域名称求出实发工资的平均值。同时在 A32 单元格计算出员工人数,B32 单元格计算出最高工资,C32 单元格计算出最低工资,D32 单元格计算出"策划部"员工人数,E32 单元格计算出"部门经理"工资的总额,F32 单元格计算出"杨柳书"工资在所有员工中的排名,计算每个员工的年龄,工龄以及退休日期。

(1) 选中 H30 单元格,单击该单元格编辑栏中的"$fx$"按钮,在弹出的"插入函数"对话框中选择函数"AVERAGE"并双击,在弹出的"函数参数"对话框中,单击第 1 行"Number1"文本框右侧的"切换 ▦"按钮,此时隐藏"函数参数"对话框的下半部分,鼠标拖选工作表 H3:H29 区域,再次单击"切换"按钮,恢复显示"函数参数"对话框的全部内容,单击"确定"按钮,在此单元格中显示结果,在编辑区显示公式"=AVERAGE(H3:H29)",也可以直接在 H30 单元格中输入"=AVERAGE(H3:H29)"回车确认,如实验图 9-1 所示。

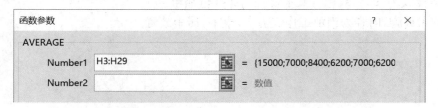

实验图 9-1 函数参数窗口

(2) 选中 I3 单元格,在编辑栏中输入"＝IF(G3＝"部门经理",3000,IF(G3＝"组长",2000,1500))",按回车,此时显示为 3000。

(3) 选中 I3 单元格,拖曳单元格右下角的自动填充柄到 I29 单元格,完成公式输入奖金。

(提示:此处也可使用单元格编辑栏中的"$fx$"按钮,在弹出的"插入函数"对话框中选择函数"IF"函数来输入)

(4) 选中 J3 单元格,在编辑栏输入"＝H3＋I3"按回车,求出一个员工的实发工资。再选中该单元格,拖曳单元格右下角的自动填充柄到 J29 单元格,完成所有员工的实发工资的计算。

(提示:此处也可使用单元格编辑栏中的"$fx$"按钮,在弹出的"插入函数"对话框中选择函数"SUM"函数来输入)

(5) 选中区域 J3:J29 右击,在弹出的快捷菜单中选择"定义名称"菜单,定义该区域的名称为 SFGZ,如实验图 9-2 所示。

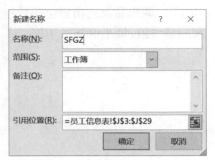

实验图 9-2 定义名称

(6) 选中 J30 单元格,在编辑栏输入"＝AVERAGE(SFGZ)"按回车,计算出所有员工的实发工资的平均值。

(7) 选中 A32 单元格,在编辑栏输入"＝COUNT(SFGZ)"按回车计算出员工人数。

(8) 选中 B32 单元格,在编辑栏输入"＝MAX(SFGZ)"按回车计算出最高工资。

(9) 选中 C32 单元格,在编辑栏输入"＝MIN(SFGZ)"按回车计算出最低工资。

(10) 单击"快速访问工具栏"的"保存"按钮。

(11) 选中 E32 单元格,在编辑栏输入"＝SUMIF(G3:G29,"部门经理",SFGZ)"按回车计算出"部门经理"工资的总额。

(12) 选中 F32 单元格,在编辑栏输入"＝RANK(J5,SFGZ,0)"按回车计算出"杨柳书"工资在所有员工中的排名。

(13) 选中 K3:K29 区域,将该区域设置为无小数的数值类型。选中 K3 单元格,在编辑栏输入"＝YEAR(TODAY())－YEAR(D3)"按回车,求出一个员工的年龄。再选中该单元格,拖曳单元格右下角的自动填充柄到 K29 单元格,完成所有员工的年龄的计算。

(14) 选中 L3:L29 区域,将该区域设置为无小数的数值类型。选中 L3 单元格,在编辑栏输入"＝DATEDIF(E3,TODAY(),"Y")"按回车,求出一个员工的工龄。再选中该单元格,拖曳单元格右下角的自动填充柄到 L29 单元格,完成所有员工的工龄的计算。

(15) 选中 M3:M29 区域,将该区域设置为日期类型。选中 M3 单元格,在编辑栏输入"＝EDATE(D3,IF(C3＝"男",60,55)＊12)"按回车,求出一个员工的退休日期。再选中该单元格,拖曳单元格右下角的自动填充柄到 M29 单元格,完成所有员工的退休日期的计算。本例嵌套了一个 IF(C3＝"男",60,55)函数,如果为男性,60 岁退休,如果为女性,55 岁退休。

(16) 单击"快速访问工具栏"的"保存"按钮。

## 三、实验内容

打开配套素材的 SY9-1-1.xlsx 文件,按下列要求操作,并同名保存。

（1）求出库存量（进货量－售出量），销售金额（单价×售出量），根据算出的库存量求出销售分析（库存量为 0 是"好"，小于 50 为"良好"，大于等于 50 为一般）。

（2）分别求出进货量、售出量、库存量和销售金额的平均值，在 I 列求出根据折扣率算出的打折后单价。

（3）分别定义食品类的销售金额数据区域为"SPL"，日用品类的销售金额数据区为"RYP"，调味品类的销售金额数据区为"TWP"，再利用名称做参数，分别求出这三类的销售金额的最大值，最小值和平均值。

# 实验 10　Excel 的数据管理

## 一、实验目的

(1) 熟练掌握单关键字、多重关键字的排序。

(2) 熟练掌握自动筛选的设置。

(3) 熟练掌握分类汇总的建立、删除和分级显示。

(4) 熟练掌握数据透视表的建立和编辑。

## 二、范例

### 1. 范例环境

(1) 中文 Windows 10 操作系统。

(2) 中文 Excel2016 应用软件。

(3) 配套素材"实验素材\实验 10"文件夹。

### 2. 范例内容及步骤

(1) 排序及筛选。

① 打开配套素材文件"实验 10\FL_10-1-1. xlsx",将 Sheet1 中的员工按照部门升序排列,若部门一样,则按照实发工资降序排列,同名保存文件。

● 选中 A2:J29,选择"开始"选项卡的"编辑"组中"排序和筛选"下拉列表中的"自定义排序"菜单。

● 在弹出的排序对话框中,设置"主要关键字"为"所在部门",次序设置为"升序",然后点击"添加条件"按钮添加次要关键字,设置"次要关键字"为"实发工资",次序设置为"降序",单击确定,如实验图 10-1 所示。

实验图 10-1　排序窗口

● 单击"快速访问工具栏"的"保存"按钮。

② 将 Sheet1 中的数据复制到新的 Sheet2 工作表中,筛选出女性,实发工资在 7 000 元到

9 000 元之间的员工；将 Sheet2 中的数据筛选出实发工资超过平均值的员工同名保存文件。

- 单击工作表标签区右侧的加号按钮，插入新的"Sheet2"工作表。

- 选中 Sheet1 的 A1:J29 区域右击，在弹出的快捷菜单中选择"复制"菜单，将光标移动到 Sheet2 的 A1 单元格右击，在弹出的快捷菜单中选择"粘贴"菜单。

- 将光标移动到 Sheet1 工作表的第 2 行任意单元格，选择"开始"选项卡的"编辑"组中"排序和筛选"下拉列表中的"筛选"菜单。

- 单击"性别"列名右侧下拉列表，在弹出的列表中勾选"女"；单击"实发工资"列名右侧下拉列表，在弹出的列表中选择"数字筛选"中的"介于"菜单，如实验图 10-2(a)所示，在弹出的对话框中如实验图 10-2(b)所示设置，筛选结果如实验图 10-2(c)所示。

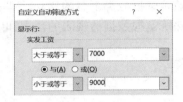

实验图 10-2(a)　自定义序列　　　　实验图 10-2(b)　自定义自动筛选

公司员工基本信息表

| 员工编号 | 员工姓名 | 性别 | 出生年月 | 入职时间 | 所在部门 | 职位 | 基本工资 | 奖金 | 实发工资 |
|---|---|---|---|---|---|---|---|---|---|
| 10007 | 杨云 | 女 | 1975/9/28 | 2008/3/2 | 财务部 | 组长 | 6500 | 2000 | 8500 |
| 10001 | 孙明明 | 女 | 1978/6/19 | 2013/3/2 | 财务部 | 员工 | 6000 | 1500 | 7500 |
| 10018 | 许宪 | 女 | 1976/5/18 | 2008/3/2 | 财务部 | 员工 | 6000 | 1500 | 7500 |
| 10015 | 刘诗琦 | 女 | 1983/7/5 | 2008/3/2 | 销售部 | 组长 | 7000 | 2000 | 9000 |
| 10014 | 杨丽 | 女 | 1982/5/2 | 2006/5/1 | 行政部 | 部门经理 | 5500 | 3000 | 8500 |

实验图 10-2(c)　自定义筛选结果

- 将光标移动到 Sheet2 工作表的第 2 行任意单元格，选择"开始"选项卡的"编辑"组中"排序和筛选"下拉列表中的"筛选"菜单。

- 单击"实发工资"列名右侧下拉列表，在弹出的列表中选择"数字筛选"中的"高于平均值"菜单，筛选结果如实验图 10-3 所示。

公司员工基本信息表

| 员工编号 | 员工姓名 | 性别 | 出生年月 | 入职时间 | 所在部门 | 职位 | 基本工资 | 奖金 | 实发工资 |
|---|---|---|---|---|---|---|---|---|---|
| 10002 | 关文淑 | 女 | 1970/10/15 | 2000/6/14 | 财务部 | 部门经理 | 12000 | 3000 | 15000 |
| 10022 | 万邦舟 | 男 | 1983/2/15 | 2007/6/3 | 策划部 | 部门经理 | 12500 | 3000 | 15500 |
| 10024 | 薛敏 | 女 | 1980/7/1 | 2007/6/3 | 策划部 | 组长 | 10000 | 2000 | 12000 |
| 10020 | 刘雪 | 女 | 1981/12/4 | 2009/3/12 | 策划部 | 组长 | 10000 | 2000 | 12000 |
| 10019 | 左代 | 男 | 1980/7/5 | 2010/3/2 | 销售部 | 部门经理 | 15000 | 3000 | 18000 |
| 10016 | 杨柳书 | 男 | 1978/4/30 | 2006/7/2 | 销售部 | 部门经理 | 8400 | 3000 | 11400 |

实验图 10-3　筛选结果

- 单击"快速访问工具栏"的"保存"按钮。

（2）分类汇总及数据透视表。

① 将 Sheet2 中的数据复制到新的 Sheet3 中，在 Sheet3 工作表中进行分类汇总，统计不同职位员工的基本工资和实发工资的平均值，以及各类职位的人数，同名保存文件。

- 单击工作表标签区右侧的加号按钮插入新的"Sheet3"工作表。
- 选中 Sheet2 中的 A1:J29 区域右击,单击快捷菜单中的"复制"菜单,将光标停在 Sheet3 工作表的 A1 单元格右击,单击快捷菜单中的"粘贴选项"中的"粘贴"菜单。
- 将光标停留在 Sheet3 定位在的数据表中 G2 单元格,选择"开始"选项卡的"编辑"组,单击"排序和筛选"下拉列表中的"升序"菜单。
- 单击"数据"选项卡的"分级显示"组中的"分类汇总"按钮,在弹出的对话框中设置,"分类字段"为"职位","汇总方式"为"平均值","选定汇总项"为"基本工资"、"实发工资"两个字段,其他默认,单击"确定"按钮,如实验图 10-4(a)所示。
- 单击"数据"选项卡的"分级显示"组中的"分类汇总"按钮,在弹出的对话框中设置,"分类字段"为"职位","汇总方式"为"计数","选定汇总项"为"职位"一个字段,取消对"替换当前分类汇总"多选框的勾选,其他默认,单击"确定"按钮,如实验图 10-4(b)所示,结果如实验图 10-4(c)所示。

实验图 10-4(a)　分类汇总选定汇总项

实验图 10-4(b)　再一次分类汇总

实验图 10-4(c)　分类汇总结果

- 单击"快速访问工具栏"中的"保存"按钮。

(提示:在数据表左侧有表格的折叠按钮(－),单击第 3 重明细的折叠按钮(－),即可隐藏明细数据,"－"变"＋",反之则显示明细数据。删除分类汇总是在"分类汇总"对话框中单击"全部删除"按钮)

② 将 Sheet2 工作表中的内容复制到新建的 Sheet4 工作表中，在 Sheet4 工作表中制作数据透视表。

- 单击工作表标签区右侧的加号按钮插入新的"Sheet3"工作表。选中 Sheet2 中的 A1：J29 区域右击，单击快捷菜单中的"复制"菜单，光标停在 Sheet4 工作表的 A1 单元格右击，单击快捷菜单中的"粘贴选项"中的"粘贴"菜单。

- 光标停在 Sheet4 数据表中任意单元格，选择"插入"选项卡的"表格"组，单击"数据透视表"下拉列表中的"数据透视表"，在弹出的对话框中，"选择区域"为当前工作表的 A2：J29，"选择放置数据透视表的位置"为"现有工作表"中的 B32，单击"确定"退出，如实验图 10-5(a)所示。

- 在弹出的"数据透视表字段列表"任务窗格将"性别"字段拖到行标签，将"职位"字段拖曳到列标签，将"基本工资"、"实发工资"拖曳到数值，再分别单击数值下拉列表中的"值字段设置"，计算类型都选择"平均值"，如实验图 10-5(b)所示。

- 选中数据区右击，在快捷菜单中选择"数字格式"，小数位为 0。

- 将光标停在数据透视表内，选择"数据透视表工具/设计"选项卡中的"布局"组，单击"总计"下拉列表中的"对行和列禁用"。

- 适当调整各列宽度、行高，结果如实验图 10-5(c)所示。

- 单击"快速访问工具栏"中的"保存"按钮。

实验图 10-5(a)　新建数据透视表

实验图 10-5(b)　数据透视表值字段设置

| 行标签 | 列标签 部门经理 | | 员工 | | 组长 | |
|---|---|---|---|---|---|---|
| | 平均值项:基本工资 | 平均值项:实发工资 | 平均值项:基本工资 | 平均值项:实发工资 | 平均值项:基本工资 | 平均值项:实发工资 |
| 男 | 11967 | 14967 | 6075 | 7575 | 6833 | 8833 |
| 女 | 8750 | 11750 | 5667 | 7167 | 8375 | 10375 |

实验图 10-5(c)　数据透视表

# 三、实验内容

打开配套素材的 SY10-1-1.xlsx 文件，按下列要求操作，并同名保存。

（1）按年龄降序排列，如果年龄相同，则将职称按"高级、中级、初级"排序。

（2）新建 Sheet2 工作表，将 Sheet1 工作表的内容复制到 Sheet2 工作表中，在 Sheet2 工作表中利用分类汇总的方法，求出各职称的平均年龄。

（3）新建 Sheet3 工作表，将 Sheet1 工作表的内容复制到 Sheet3 工作表中，在 Sheet3 工作表中筛选出"大学"学历姓"陈"的员工信息。

（4）新建 Sheet4 工作表，将 Sheet1 工作表的内容复制到 Sheet4 工作表中，在 Sheet4 工作表中的 A21 单元格中放置新建的数据透视表，并套用"中等深浅/数据透视表样式中等深浅23"的数据透视表格式，如图 10-6 所示。

| 平均值项:年龄 | 列标签 | | |
|---|---|---|---|
| 行标签 | 男 | 女 | 总计 |
| 大学 | 42 | 41 | 42 |
| 大专 | 47 | | 47 |
| 研究生 | 37 | 44 | 41 |
| 总计 | 42 | 42 | 42 |

实验图 10-6　实验结果图

# 实验 11 数据可视化

## 一、实验目的

(1) 熟练掌握图表的创建。

(2) 熟练掌握图表中对象的编辑,以及图表格式化。

## 二、范例

### 1. 范例环境

(1) 中文 Windows 10 操作系统。

(2) 中文 Excel2016 应用软件。

(3) 配套素材"实验素材\实验 11"文件夹。

### 2. 范例内容及步骤

打开配套素材文件"实验 11\FL_11-1-1. xlsx",在 Sheet1 的 L2:T29 区域创建如实验图 11-1 所示的图表;图表套用图表样式中的"样式 11";添加"策划部员工的基本工资和实发工资统计"的图表标题;将图表标题形状样式设置为"渐变填充-蓝色,强调颜色 1,无轮廓";将图例放置在右侧;将数值轴的单位刻度改成 1500;将图表中最大值的数据显示出来;同名保存文件。

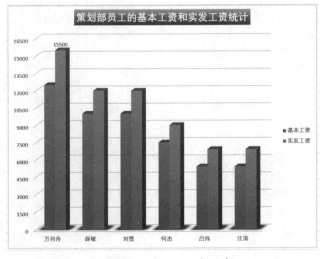

实验图 11-1　创建图表

(1) 选中 B2,B19:B24，H2,H19:H24，J2,J19:J24 区域，选择"插入"选项卡的"图表"组单击"推荐的图表"，在弹出的插入图表对话框中选择"所有图表"选项卡，选择"柱形图"组中的"三维簇状柱形图"如实验图 11－2 所示。

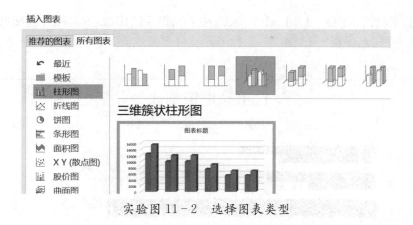

实验图 11－2　选择图表类型

(2) 选中刚建好的图表，拖曳到合适的位置，拖曳四边，调整大小。

(3) 选中刚建好的图表，选择"图表工具/设计"选项卡的图表样式组，在下拉列表中选择"样式 11"。

(4) 选中图表标题双击，输入"策划部员工的基本工资和实发工资统计"的文字。

(5) 选中图表标题，选择"图表工具/格式"选项卡的形状样式组，在下拉列表中选择"预设/渐变填充-蓝色，强调颜色 1，无轮廓"。

(6) 选中图表，单击"图表元素"按钮，单击"图例"右侧的三角，选择"右"，如实验图 11－3 所示。

(7) 选中图表左侧的纵坐标轴右击，在弹出的菜单中选择"坐标轴格式"，在右侧弹出的"设置坐标轴格式"窗格中，选择第四个"坐标轴选项"选项卡，将"单位"中的主要设置为 1500，如实验图 11－4 所示。

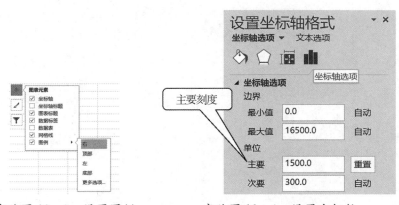

实验图 11－3　设置图例　　　实验图 11－4　设置坐标轴

(8) 选中最大数值的柱体，单击"图表元素"按钮，勾选"数据标签"选项。

（9）单击"快速访问工具栏"中的"保存"按钮。

## 三、实验内容

打开配套素材的 SY11-1-1. xlsx 文件，按下列要求操作，在 K3:R20 区域创建如图 11-5 所示的图表，并同名保存。

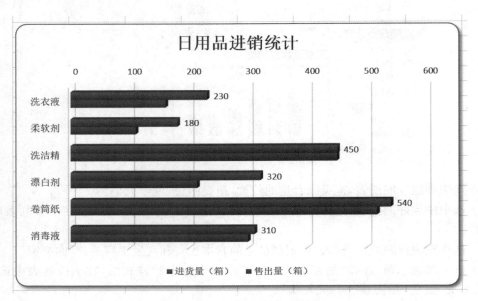

实验图 11-5　图表实验样张

在 K3:R20 区域创建"三维柱状条形图"，并将纵、横坐标的数据序列改成如图所示，套用图表样式，将图表设置为圆角，图表添加阴影"右下斜偏移"以及实线边框，添加图表标题，添加"进货量"的数据标签。

# 实验 12　演示文稿基本操作

## 一、实验目的

（1）掌握演示文稿的新建、打开、保存和退出的方法。
（2）掌握幻灯片的插入、复制、移动和删除的方法。
（3）掌握幻灯片中设置背景格式的方法。
（4）掌握幻灯片中使用图片、形状和 SmartArt 的方法。
（5）掌握幻灯片中使用表格和图表的方法
（6）掌握幻灯片中使用音频和视频的方法。
（7）掌握使用逻辑节的方法。
（8）掌握幻灯片的放映方法。

## 二、范例

### 1. 范例环境

（1）中文 Windows10 操作系统。
（2）中文 PowerPoint2016 应用软件。
（3）配套资源"实验素材\实验 12"文件夹。

### 2. 范例内容及步骤

（1）演示文稿的新建、保存和打开。
① 演示文稿的新建和打开。

● 启动 PowerPoint 应用程序,系统会自动新建一个仅包含一张"标题幻灯片"的空白演示文稿,单击"设计"选项卡中"自定义"组的"幻灯片大小"下拉列表,单击"自定义幻灯片大小"按钮,在打开的对话框中将幻灯片的大小设置为"全屏显示(16:9)",如实验图 12 - 1 所示。

实验图 12 - 1　设置幻灯片大小

● 在默认的第 1 张幻灯片空白处,单击"设计"选项卡中"自定义"组的"设置背景格式"按钮,在弹出的如实验图 12-2 所示的窗口中选择"图片或纹理填充",单击"文件"按钮,从素材文件夹中插入图片"FL12 - 1 - 1.jpg"作为该幻灯片的背景,单击"全部应用",使所有幻灯片都使用该背景。

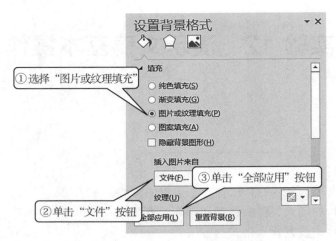

实验图 12-2　设置背景格式

- 在默认的第 1 张幻灯片的标题输入内容"北京故宫",在"开始"选项卡的"字体"组中设置格式为"微软雅黑、60 磅、深蓝色、加粗";在它下方的副标题框中输入内容"The Forbidden City",设置格式为"Arial、16 磅、深蓝色"。

② 演示文稿的保存。

单击"文件"选项卡,在出现的菜单中单击"保存"按钮,在弹出的"另存为"对话框中输入文件名为"FLJG12-1-1",保存类型为"PowerPoint 工作簿(*.pptx)",单击"保存"按钮进行保存。

(2) 幻灯片的插入、复制、移动和删除。

① 打开"实验素材\实验 12\FL12-2-1.pptx"文件,将其中所有的幻灯片复制到"FLJG12-1-1"的第 1 张幻灯片之后。

- 打开"FL12-2-1.pptx"文件,在"普通"视图的"幻灯片浏览"窗格中,通过按住〈Shift〉键加选的方法,选中所有幻灯片(使用快捷键〈Ctrl〉+〈A〉也可),单击"开始"选项卡"剪贴板"组中的"复制"按钮(使用快捷键〈Ctrl〉+〈C〉也可),所有幻灯片将被复制到剪贴板上,切换到"FLJG12-1-1.pptx"文件,在"普通"视图的"幻灯片浏览"窗格中,将光标定位在第 1 张幻灯片之后,单击"开始"选项卡"剪贴板"组中的"粘贴"按钮(使用快捷键〈Ctrl〉+〈V〉也可)完成粘贴。

- 关闭文件"FL12-2-1.pptx"。

② 删除第 2 张幻灯片。

在"普通"视图的"幻灯片浏览"窗格中右击第 2 张幻灯片,在弹出的快捷菜单中单击"删除幻灯片"按钮。

③ 在所有幻灯片之后添加一张新的"空白"版式幻灯片。

将光标置于最后一张幻灯片上,单击"开始"选项卡"幻灯片"组中的"新建幻灯片"下拉列表,选择"空白"版式新建幻灯片。

④ 移动幻灯片。

在"普通"视图的"幻灯片浏览"窗格中,通过鼠标拖曳将第 4 张幻灯片(主要建筑)移动至第 2 张幻灯片(故宫简介)之后。

⑤ 保存幻灯片。单击"快速访问工具栏"中的"保存"按钮。

（3）图片、艺术字和 SmartArt 的应用。

① 在"FLJG12－1－1.pptx"文件的第 2 张幻灯片文字下方添加素材图片"FL12－3－1.jpg"。

单击"插入"选项卡中"图像"组的"图片"按钮插入图片。插入完成后，适当调整图片的大小和位置，如实验图 12－3 所示。

实验图 12－3　插入图片

② 为最后 1 张幻灯片插入艺术字"谢谢观看"。

单击"插入"选项卡中"文本"组的"艺术字"下拉列表，在列表中选择第 3 行第 4 列的艺术字样式，在出现的艺术字编辑框中输入"谢谢观看"，设置艺术字的格式为"隶书、72 磅"，如实验图 12－4 所示。

实验图 12－4　插入艺术字

③ 插入 SmartArt 图形。

在第 3 张幻灯片（主要建筑）后，插入空白幻灯片，并单击"插入"选项卡"插图"组中的"SmartArt"按钮插入"垂直图片列表"图形；在"SmartArt 工具/设计"动态选项卡中，更改图形颜色为"彩色范围－个性色 5 至 6"，在图形中从上至下插入图片"FL12－3－2.jpg"、"FL12－3－3.jpg"、"FL12－3－4.jpg"，并输入文字，效果如实验图 12－5 所示。

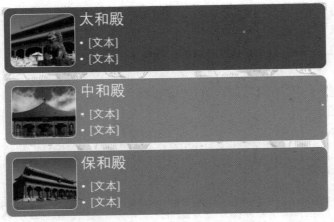

实验图 12-5　插入 SmartArt 图形

④ 单击"快速访问工具栏"中的"保存"按钮。

（4）音频和视频的应用。

为"FLJG12-1-1.pptx"文件的第 1 张幻灯片添加音频"FL12-4-1.mp3"，并设置为幻灯片放映时的背景音乐。

选中第 1 张幻灯片，单击"插入"选项卡"媒体"组中的"音频"下拉列表，单击"PC 上的音频"按钮，插入"FL12-4-1.mp3"。选中该音频，在"音频工具/播放"动态选项卡"音频选项"组中，设置"自动播放、跨幻灯片播放、循环放映和放映时隐藏"，如实验图 12-6 所示。

实验图 12-6　音频设置

（5）表格和图表的应用。

① 在"FLJG12-1-1.pptx"文件的第 5 张幻灯片（馆藏文物）后，添加一张空白幻灯片，并在其中添加表格，表格的内容在"FL12-5-1.xlsx"素材文件中，完成后的幻灯片内容如实验图 12-7 所示。

| 分类 | 珍贵文物代表 | 朝代 |
|---|---|---|
| 古书画 | 阎立本《步辇图》 | 唐朝 |
| | 张择端《清明上河图》 | 宋朝 |
| | 陆机《平复帖》 | 西晋 |
| 瓷器 | 鲁山窑花瓷腰鼓 | 唐朝 |
| | 定窑白釉孩儿枕 | 宋朝 |
| 铜器 | 三羊尊 | 商朝 |
| | 莲鹤方壶 | 春秋 |
| 玉器 | 玉螭凤云纹璧 | 战国 |
| 金银器 | 金瓯永固杯 | 清朝 |

实验图 12-7　插入表格

● 光标定位在新插入的幻灯片中，单击"插入"选项卡"表格"组中的"表格"按钮，在弹出的"插入表格"对话框中，插入一个 10 行 3 列的表格。

● 利用"FL12-5-1. xlsx"文件，将其中所有的内容复制后粘贴到新建的表格中。

● 选中整张表格，在"表格工具/设计"动态选项卡中，在"表格样式"组中套用"浅色样式2-强调1"的表格样式，为表格添加效果"外部阴影、右下斜偏移"，如实验图 12-8 所示；在"表格工具/布局"动态选项卡的"对齐方式"组中，设置文字的水平对齐和垂直对齐方式均为"居中"，如实验图 12-9 所示。

实验图 12-8　设置表格样式

实验图 12-9　设置对齐方式

② 在"FLJG12-1-1.pptx"文件的第 7 张幻灯片（参观信息）后，添加一张空白幻灯片，并在其中添加参观信息图表。

● 光标定位在新插入的幻灯片中，单击"插入"选项卡"插图"组中的"图表"按钮，在弹出的"插入图表"对话框中，选择"饼图"分类中的"饼图"，图表数据可以从实验图 12-10 中获取。

● 图表插入完毕后，单击饼图中任意部分选中整个饼图，右击后在弹出的快捷菜单中单击"添加数据标签"，在每个部分显示具体数据。

● 删除图表标题，然后设置饼图中所有文字的大小为 20 磅，最终效果如实验图 12-11所示。

|  | A | B |
| --- | --- | --- |
| 1 |  | 占比情况 |
| 2 | 30岁以下 | 40% |
| 3 | 30-40岁 | 24% |
| 4 | 40-50岁 | 17.5% |
| 5 | 50岁以上 | 18.5% |

实验图 12-10　图表数据

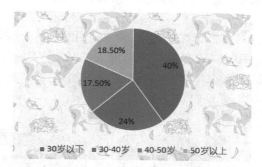

实验图 12-11　插入图表

③ 单击"快速访问工具栏"中的"保存"按钮。

（6）应用逻辑节的制作。

① 将"FLJG12-1-1.pptx"文件中所有的幻灯片分为 3 个逻辑节，名称分别是"开头"、"正文"、"结尾"。

● 在"普通"视图的"幻灯片浏览"窗格中，将光标定位在第 1 张幻灯片，右击该幻灯片，在弹出的快捷菜单中单击"新增节"按钮，并通过"重命名节"按钮将新增逻辑节改名为"开头"。通过类似的步骤分别在第 2 张幻灯片和第 9 张幻灯片处，增加"正文"节和"结尾"节，效果如实

实验图 12-
12 逻辑节

验图 12-12 所示。

• 在"普通"视图的"幻灯片浏览"窗格中,单击节名称前的三角形符号,可以折叠和展开节。

② 单击"快速访问工具栏"中的"保存"按钮。

(7) 幻灯片的放映和退出。

① 放映幻灯片。

单击"幻灯片放映"选项卡"开始放映幻灯片"组中的"从头开始"按钮(使用快捷键〈F5〉也可),即可从头开始放映幻灯片。

② 退出放映。

放映过程中右击鼠标,在弹出的快捷菜单中单击"结束放映"按钮(使用快捷键〈ESC〉也可)可以中断并退出放映。幻灯片全部放映完毕后,也会自动退出放映。

③ 保存并退出演示文稿。

• 单击"快速访问工具栏"中的"保存"按钮,保存演示文稿。

• 单击 PowerPoint 软件右上角的"关闭"按钮,退出 PowerPoint 软件并关闭演示文稿。

# 三、实验内容

(1) 打开配套资源"实验素材\实验 12\SY12-1-1.pptx"文件,按下列要求操作。

① 在第 1 张幻灯片前添加一张"标题幻灯片"版式的幻灯片,添加标题"长城"并转换为艺术字,艺术字样式为"填充-蓝色、着色 1、阴影"(第 1 行第 2 列),设置艺术字格式为"华文新魏、72 磅"。

② 将所有幻灯片的背景设置为渐变填充,预设渐变为"浅色渐变-个性色 1"、类型为"射线"。

③ 在第 3 张幻灯片的右侧占位符中插入图片"SY12-1-2.jpg",适当调整图片的大小和位置。

④ 在第 4 张幻灯片之后,插入空白幻灯片。在该幻灯片中插入 SmartArt 图形"图片题注列表",在图形中从左到右分别插入图片"SY13-1-3.jpg"、"SY13-1-4.jpg"、"SY13-1-5.jpg",输入对应的文字、设置文字的格式为"隶书、32 磅"、设置图形的"SmartArt 样式"为"白色轮廓",效果如实验图 12-13 所示。

实验图 12-13 插入图片题注列表

⑤ 在第 6 张幻灯片之后,插入空白幻灯片。在该幻灯片中添加表格,表格内容如实验图 12-14 所示,设置表格样式为"中等样式 1-强调 1"、表格文字的格式设置为"宋体、20 磅、居中显示"。

| 门票种类 | 旺季门票 | 淡季门票 |
|---|---|---|
| 普通成人票 | 40元 | 35元 |
| 普通优惠门票 | 20元 | 17.5元 |
| 老年人门票 | 20元 | 17.5元 |
| 未成年人门票 | 20元 | 17.5元 |

实验图 12-14　插入表格

⑥ 将该演示文稿以文件名"SYJG12-1-1.pptx"保存并进行放映观看。

（2）打开配套资源"实验素材\实验 12\SY12-2-1.pptx"文件，按下列要求操作。

① 在第 1 张幻灯片中设置标题的格式为"华文行楷、96 磅、蓝色"，将所有幻灯片的背景设置为"图片或纹理填充"，纹理为"蓝色面巾纸"。

② 在第 3 张幻灯片的右侧占位符中插入视频"SY12-2-2.mp4"，适当调整大小，并设置为"自动"开始播放。

③ 在第 4 张幻灯片的右侧占位符中插入图片"SY12-2-3.jpg"，适当调整图片的大小和位置。

④ 在最后 1 张幻灯片后添加一张空白幻灯片，并在其中添加图表显示唐诗三百首收录统计，数据详见实验图 12-15，设置图表标题的格式为"华文行楷、28 磅"，图表中其他文字的格式为"宋体、16 磅"，在图表上显示具体数据，最终效果如实验图 12-16 所示。

| | 收录数量 |
|---|---|
| 杜甫 | 38 |
| 王维 | 29 |
| 李白 | 27 |
| 李商隐 | 22 |

实验图 12-15　唐诗三百首收录统计

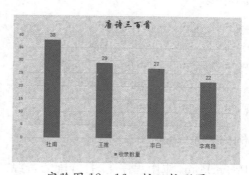

实验图 12-16　插入柱形图

⑤ 为演示文稿添加逻辑节：标题（第 1 张幻灯片）和内容（第 2—8 张幻灯片）。

⑥ 将该演示文稿以文件名"SYJG12-2-1.pptx"保存并进行放映观看。

# 实验 13　演示文稿设计

## 一、实验目的

（1）掌握应用主题的方法。

（2）掌握设置幻灯片版式的方法。

（3）掌握设置幻灯片母版、页眉和页脚的方法。

（4）掌握设置幻灯片切换效果的方法。

（5）掌握为幻灯片上的对象设置动画效果的方法。

（6）掌握设置对象动作和应用超链接的方法。

（7）学会设置幻灯片放映、自定义幻灯片放映等放映控制。

## 二、范例

### 1. 范例环境

（1）中文 Windows10 操作系统。

（2）中文 PowerPoint2016 应用软件。

（3）配套资源"实验素材\实验 13"文件夹。

（4）PowerPoint 中的主题 5 模板会随上网情况变化，如果实验指导中的指定的主题 5 模板没有出现，可以选择其他代替。

### 2. 范例内容及步骤

启动"PowerPoint 应用程序"。打开配套资源"实验素材\实验 13\FL13－1－1．pptx"文件，按下列要求操作，以文件名"FLJG13－1－1．pptx"进行保存，最终结果可参见" FLYZ13－1－1．pptx"。

（1）应用主题。

① 添加主题。

单击"设计"选项卡，在"主题"组中单击列表右下角的"其他"按钮，可以显示全部预设主题，单击列表中的"丝状"主题，则所有幻灯片都将应用该主题，如实验图 13－1 所示。

② 修改主题颜色。

单击"设计"选项卡，在"变体"组中单击列表右下角的"其他"按钮，单击列表中的"颜色"选项，在展开的颜色列表中选择"黄橙色"，则所有幻灯片的主题颜色都将改变，如实验图 13－2 所示。

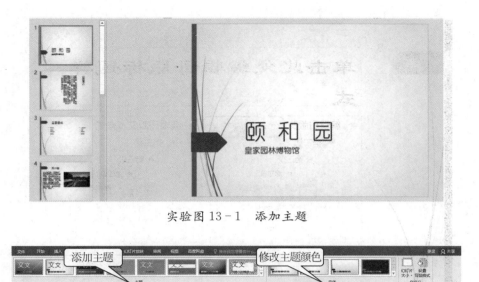

实验图 13-1 添加主题

实验图 13-2 修改主题颜色

（2）应用母版和版式。

① 操作幻灯片母版。

• 单击"视图"选项卡"母版视图"组中的"幻灯片母版"按钮，选择左侧的"两栏内容"版式（由幻灯片 4—11 使用），如实验图 13-3 所示。

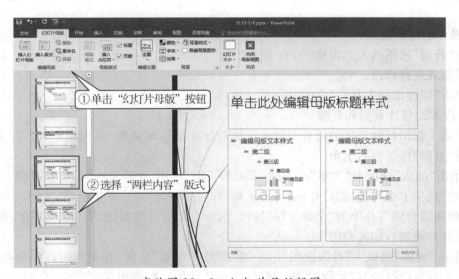

实验图 13-3 幻灯片母版视图

• 在该版式右下角插入图片"FL13-1-2.jpg"，适当调整位置，对该幻灯片版式的标题设置格式为"隶书、44 磅、深蓝色"。此时所有应用该版式的幻灯片都将插入图片、标题格式发生变化，效果如实验图 13-4 所示。

• 上述所有操作完成后，单击"幻灯片母版"选项卡"关闭"组中的"关闭母版视图"按钮，退出母版的编辑。

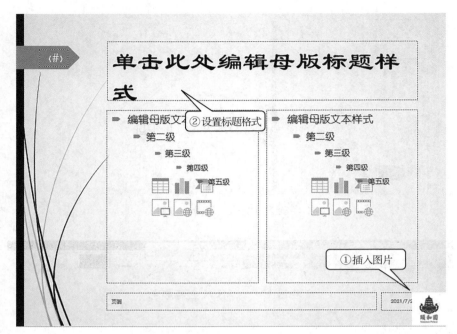

实验图 13-4　应用母版

● 单击"文件"选项卡,在出现的菜单中单击"另存为"按钮,在弹出的"另存为"对话框中输入文件名为"FLJG13-1-1",保存类型为"PowerPoint 工作簿(＊.pptx)",单击"保存"按钮进行保存。

② 操作幻灯片版式。

● 在"普通"视图的大纲窗格中,右击第 2 张幻灯片,在快捷菜单中选择"版式/标题和内容",对其版式进行修改。

● 单击"快速访问工具栏"中的"保存"按钮,保存演示文稿。

（3）设置幻灯片页眉和页脚。

为除第 1 张幻灯片之外的所有幻灯片添加幻灯片编号和页脚"颐和园介绍",并调整所有幻灯片的"页脚"位置到右上角。

① 单击"插入"选项卡"文本"组中的"页眉和页脚"按钮,在弹出的"页眉和页脚"对话框中的"幻灯片"选项卡中勾选"幻灯片编号"、"页脚"和"标题幻灯片中不显示"复选框,并输入页脚内容为"颐和园介绍",并单击"全部应用"按钮,为所有幻灯片添加(如果单击"应用"按钮,则仅为当前幻灯片添加),如实验图 13-5 所示。

② 单击"视图"选项卡"母版视图"组中的"幻灯片母版"按钮,在左侧幻灯片母版列表中,选中第 1 个母版(丝状幻灯片母版:由幻灯片 1—12 使用),在编辑窗口中将"页脚"占位符(内容为"颐和园介绍")调整大小并拖曳至右上角。幻灯片母版列表中该母版下的所有版式,也会随之自动改变"页脚"占位符的大小和位置,如实验图 13-6 所示。

③ 上述所有操作完成后,单击"幻灯片母版"选项卡"关闭"组中的"关闭母版视图"按钮,退出母版的编辑。

④ 单击"快速访问工具栏"中的"保存"按钮,保存演示文稿。

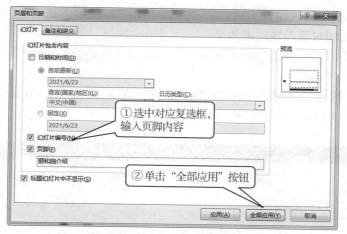

实验图 13-5 设置幻灯片页眉和页脚

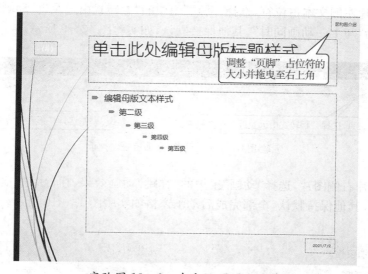

实验图 13-6 自定义页眉和页脚

（4）应用切换效果和动画效果。

① 为所有幻灯片添加自左侧"推进"的切换效果，切换时间持续"1.25 秒"。

• 在"切换"选项卡的"切换到此幻灯片"组中，单击"其他"按钮展开列表，在列表中选择"推进"切换效果，在"效果选项"下拉列表中选择"自左侧"按钮，在"计时"组中设置持续时间为"1.25 秒"，最后单击"全部应用"按钮，如实验图 13-7 所示。

实验图 13-7 应用切换效果

● 如果仅对当前幻灯片设置切换效果，则无需单击"全部应用"按钮，完成其他步骤即可。

② 为幻灯片上的对象设置动画效果。

● 选择第 4 张幻灯片，单击"动画"选项卡"高级动画"组中的"动画窗格"按钮，在编辑区右侧显示"动画窗格"。

● 选中幻灯片标题"苏州街"，选择"动画"组中的"浮入"动画效果，并设置"下浮"的效果选项，如实验图 13-8 所示。

实验图 13-8　应用动画效果

● 选中幻灯片左侧文本占位符，选择"动画"组中的"翻转式由远及近"动画效果，在计时选项卡，设置开始为"与上一动画同时"，其他保持默认，如实验图 13-9 所示。

实验图 13-9　设置动画开始时间

● 选中幻灯片右侧图片，选择"动画"组中的"弹跳"动画效果，在计时选项卡，设置开始为"上一动画之后"，其他保持默认，全部完成后动画窗格如实验图 13-10 所示。

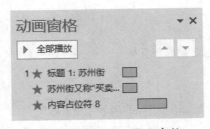

实验图 13-10　动画窗格

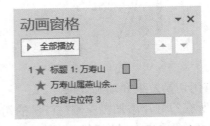

实验图 13-11　设置动画顺序

● 选择第 5 张幻灯片，参照上述步骤分别对幻灯片标题制作自左上部的"飞入"动画；对左侧文本占位符制作"缩放"动画；对右侧图片制作"3 轮辐图案"的"轮子"动画。这 3 个动画按顺序逐个执行，如实验图 13-11 所示。

● 单击"快速访问工具栏"中的"保存"按钮，保存演示文稿。

(5) 应用超链接和动作效果。

① 添加超链接。

● 选中第 3 张幻灯片，选中文字"苏州街"并右击，在弹出的快捷菜单中选择"超链接"按钮，弹出"插入超链接"对话框，在"链接到"列表中单击"本文档中的位置"按钮，选择第 4 张幻灯片,如实验图 13-12 所示。

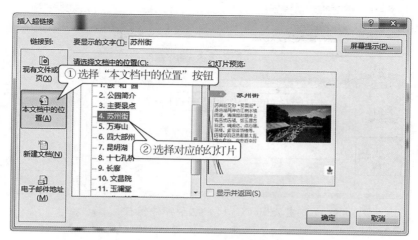

实验图 13-12　添加超链接

- 参考上述步骤,为其余景点添加超链接。
- 选中最后 1 张幻灯片,选中文字"官方网站"并右击,在弹出的快捷菜单中选择"超链接"按钮,弹出"插入超链接"对话框,在"链接到"列表中单击"现有文件或网页"按钮,在"地址"栏输入网址 http://www.summerpalace-china.com/,如实验图 13-13 所示。

实验图 13-13　链接到网页

- 选中文字"联系我们"并右击,在弹出的快捷菜单中选择"超链接"按钮,弹出"插入超链接"对话框,在"链接到"列表中单击"电子邮件地址"按钮,在"电子邮件地址"栏输入 bj_yiheyuan@163.com,如实验图 13-14 所示。
- ② 为第 4—11 张幻灯片添加链接到第 3 张幻灯片的动作按钮。
- 单击"视图"选项卡"母版视图"组中的"幻灯片母版"按钮,选择左侧的"两栏内容"版式(由幻灯片 4—11 张使用),选中母版右下方的图片并右击,设置该图片超链接到第 3 张幻灯片。

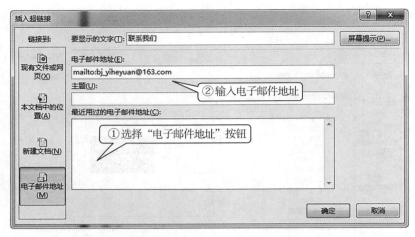

实验图 13-14　电子邮件链接

- 单击"幻灯片母版"选项卡"关闭"组中的"关闭母版视图"按钮,退出母版的编辑。退出母版编辑后,该版式对应的第4—11张幻灯片右下方的图片都将超链接到第3张幻灯片。
- 单击"快速访问工具栏"中的"保存"按钮,保存演示文稿。

(6) 幻灯片放映。

① 设置幻灯片放映。

单击"幻灯片放映"选项卡"设置"组中的"设置幻灯片放映"按钮,在弹出的"设置放映方式"对话框中勾选"循环放映,按〈Esc〉键终止"复选框,如实验图 13-15 所示。所有幻灯片放映完毕后,将重新播放第1张幻灯片。

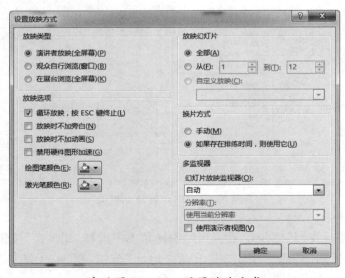

实验图 13-15　设置放映方式

② 自定义幻灯片放映。

- 单击"幻灯片放映"选项卡,在"开始放映幻灯片"组中单击"自定义幻灯片放映"下拉列表中的"自定义放映"按钮打开"自定义放映"对话框,单击"新建放映"按钮,打开"定义自定义放映"对话框。输入名称"精简"并按顺序添加第 1—3 张幻灯片和第 12 张幻灯片,然后单击"添加"按钮完成幻灯片的添加,单击"确定"按钮完成自定义幻灯片放映设置,如实验图 13 - 16 所示。

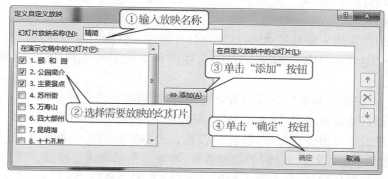

实验图 13 - 16 定义自定义放映

● 单击"自定义放映"选项卡"开始放映幻灯片"组中的"自定义幻灯片放映"下拉列表,单击"精简",将按照之前自定义方式播放幻灯片,如实验图 13 - 17 所示。

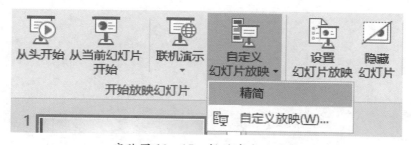

实验图 13 - 17 播放自定义放映

## 三、 实验内容

(1) 打开配套资源"实验素材\实验 13\SY13 - 1 - 1. pptx"文件,按下列要求操作。

① 为所有幻灯片添加"回顾"主题,适当调整图片和文字的位置。

② 将第 4 张幻灯片的版式设置为"两栏内容",将第 1 张幻灯片的标题字体设置为 96 磅。

③ 为每张幻灯片插入编号(标题幻灯片除外),将编号的字体设置为"宋体、16 磅、加粗、黄色"。

④ 为第 2 张幻灯片的文本设置超链接,"宝鸡擀面皮"链接到第 3 张幻灯片,"汉中米(面)皮"链接到第 4 张幻灯片,"秦镇米皮"链接到第 5 张幻灯片,"岐山擀面皮"链接到第 6 张幻灯片。

⑤ 在第 3—6 张幻灯片的右上角添加返回第 2 张幻灯片的动作按钮(后退或前一项)。

⑥ 对所有幻灯片设置"传送带"切换效果,并设置持续时间 1.75 秒。

⑦ 对第 6 张幻灯片进行动画设置,标题设置"飞旋"动画效果(更多进入动画);图片设置

自左侧"擦除"动画效果；正文设置"随机线条"动画效果，要求 3 个动画同时出现。

⑧ 将该演示文稿以文件名" SYJG13 - 1 - 1. pptx"保存并进行放映观看。

（2）打开配套资源"实验素材\实验 13\SY13 - 2 - 1. pptx"文件，按下列要求操作。

① 为所有幻灯片添加"离子会议室"主题，修改主题颜色为"黄绿色"，适当调整图片和文字的位置和大小。

② 为每张幻灯片插入编号和页脚（标题幻灯片除外），页脚内容为"蘑菇"。

③ 为第 2 张幻灯片右侧的 SmartArt 图形中的每个列表占位符插入超链接至对应的第 3—6 张幻灯片。

④ 为第 3—6 张幻灯片中的图片设置超链接，链接到第 2 张幻灯片。

⑤ 对所有幻灯片设置水平"随机线条"切换效果，并设置持续时间 1. 25 秒。

⑥ 对第 3 张幻灯片进行动画设置，标题设置自顶部"擦除"的动画效果；正文设置自顶部"飞入"的动画效果；图片设置"旋转"的动画效果，要求 3 个动画逐个出现。

⑦ 设置幻灯片循环放映，将该演示文稿以文件名" SYJG13 - 2 - 1. pptx"保存并进行放映观看。

# 实验 14　网络命令使用

## 一、实验目的

本实验主要学习网络常用命令的使用，包括 ipconfig 命令和 ping 命令。

## 二、范例

### 1. 范例环境

（1）中文 Windows 10 操作系统。
（2）能够连接互联网的网络环境。

### 2. 范例内容及步骤

（1）使用 ipconfig 命令查看计算机的 IPv4 地址和默认网关。

① 在搜索框中输入 cmd 进去命令提示符窗口（即 DOS 窗口）。

② 在盘符提示符中输入：ipconfig，按〈Enter〉键确定，查看本机 IPv4 地址和默认网关如实验图 14－1 所示。该计算机的 IPv4 地址为 222.204.254.216，默认网关为 222.204.254.254。

实验图 14－1　ipconfig 命令查看网络配置信息

（2）使用 ipconfig 命令查看计算机的主机名、IPv4 地址、网络号和主机号。

① 在搜索框中输入 cmd 进去命令提示符窗口（即 DOS 窗口）。

② 在盘符提示符中输入：ipconfig/all，按〈Enter〉键确定。参数/all 显示完整的网络配置信息，与不带参数的命令相比，显示的信息更全面。从实验图 14－2 中可知，该计算机的主机名为 stu217106，IPv4 地址为 222.204.254.216，子网掩码为 255.255.255.0。根据 IPv4 地址和子网掩码可知，计算机的网络号为 222.204.254，主机号为 216。

（3）使用 ping 命令查看百度服务器的 IP 地址。

① 在搜索框中输入 cmd 进去命令提示符窗口（即 DOS 窗口）。

② 在盘符提示符中输入：ping www.baidu.com，按〈Enter〉键确定。计算机对百度域名

```
C:\>ipconfig /all

Windows IP 配置

    主机名 . . . . . . . . . . . . . : stu217106
    主 DNS 后缀 . . . . . . . . . . . :
    节点类型 . . . . . . . . . . . . : 混合
    IP 路由已启用 . . . . . . . . . . : 否
    WINS 代理已启用 . . . . . . . . . : 否

以太网适配器 以太网 2:

    连接特定的 DNS 后缀 . . . . . . . :
    描述 . . . . . . . . . . . . . . : Realtek PCIe GBE Family Controller #2
    物理地址 . . . . . . . . . . . . : 94-C6-91-02-55-A7
    DHCP 已启用 . . . . . . . . . . . : 否
    自动配置已启用 . . . . . . . . . : 是
    本地链接 IPv6 地址 . . . . . . . . : fe80::90d8:ef0c:153e:d397%13(首选)
    IPv4 地址 . . . . . . . . . . . . : 222.204.254.216(首选)
    子网掩码 . . . . . . . . . . . . : 255.255.255.0
    默认网关 . . . . . . . . . . . . : 222.204.254.254
    DHCPv6 IAID . . . . . . . . . . . : 362071697
    DHCPv6 客户端 DUID . . . . . . . . : 00-01-00-01-24-77-BA-58-8C-16-45-91-9D-8D
    DNS 服务器 . . . . . . . . . . . : 202.120.80.2
                                        202.120.81.2
    TCPIP 上的 NetBIOS . . . . . . . . : 已启用
```

实验图 14-2   带 all 参数的 ipconfig 命令查看网络配置信息

执行 ping 命令，通过 DNS 服务器将域名转换成 IP 地址，如实验图 14-3 所示，百度的 IP 地址为 182.61.200.6。其中"字节＝32"表示发送的数据包大小为 32 字节，"时间＝28 ms"表示响应时间为 28 ms，时间越小，说明连接服务器速度越快。

```
C:\>ping www.baidu.com

正在 Ping www.a.shifen.com [182.61.200.6] 具有 32 字节的数据:
来自 182.61.200.6 的回复: 字节=32 时间=28ms TTL=44
来自 182.61.200.6 的回复: 字节=32 时间=28ms TTL=44
来自 182.61.200.6 的回复: 字节=32 时间=28ms TTL=44
来自 182.61.200.6 的回复: 字节=32 时间=28ms TTL=44

182.61.200.6 的 Ping 统计信息:
    数据包: 已发送 = 4，已接收 = 4，丢失 = 0 (0% 丢失)，
往返行程的估计时间(以毫秒为单位):
    最短 = 28ms，最长 = 28ms，平均 = 28ms
```

实验图 14-3   带 all 参数的 ipconfig 命令查看网络配置信息

## 三、 实验内容

（1）新建文本文件，命名为"net_info.txt"，查看本机的主机名、IPv4 地址和子网掩码保存在该文件中。

（2）新建文本文件，命名为"ip_info.txt"，将腾讯服务器 IP 地址保存在该文件中。

# 实验 15　搜索引擎的使用

## 一、实验目的

本实验主要学习搜索引擎的使用,包括使用语法编写搜索语句和应用高级搜索进行网络信息搜索。

## 二、范例

### 1. 范例环境

(1) 中文 Windows 10 操作系统。
(2) 能够连接互联网的网络环境。

### 2. 范例内容及步骤

(1) 如果你希望自学 photoshop 图像处理,想在百度搜索引擎中查找 photoshop 图像处理方面相关的电子文档,请分别利用搜索语法和高级搜索进行查找,提高查准率。

① 在浏览器中打开百度搜索引擎(http://www.baidu.com),在搜索框中输入:title:(photoshop | 图像处理) filetype:pdf。

② 在百度主页中点击右上角的"设置",然后点击"高级检索",设置如下:包含任意关键词:photoshop 图像处理;文档格式:Adobe Acrobat PDF (.pdf);关键词位置:仅网页标题中,如实验图 15-1 所示。

实验图 15-1　高级搜索示例 1

(2) 在百度搜索引擎中查找新浪网上有关无人驾驶汽车的内容,请分别利用搜索语法和高级搜索进行查找,提高查准率。

① 在浏览器中打开百度搜索引擎(http://www.baidu.com),在搜索框中输入:site:(sina.com.cn) title:"无人驾驶"汽车。

② 在百度主页中点击右上角的"设置",然后点击"高级检索",设置如下:包含完整关键词:无人驾驶;包含任意关键词:汽车;关键词位置:仅网页标题中;站内搜索:sina.com.cn,如实验图 15－2 所示。

实验图 15－2　高级搜索示例 2

## 三、 实验内容

(1) 莫言是中国第一位获得诺贝尔文学奖的作家,你知道莫言是哪里人吗? 在哪一年获得诺贝尔文学奖的? 有什么代表作品吗? 请在百度搜索引擎中查找莫言的相关资料并回答以上三个问题。

(2) 利用百度搜索引擎查找网页标题中包含关键词"祝融"和"火星",并且检索最近一年的网页。

(3)《红楼梦》是中国古典四大名著之一,请在百度搜索引擎查找一本介绍《红楼梦》中诗词及注解的电子书。

# 大学信息技术模拟卷

（本试卷考试时间 45分钟）

**一、单选题(本大题 25 道小题,每小题 1 分,共 25 分)**

1. 以下选项中,_____不属于现代信息技术的内容。
   A. 信息获取技术　　B. 信息传输技术　　C. 信息营销技术　　D. 信息处理技术

2. 计算机系统是由_____组成的。
   A. 主机和外部设备
   B. 主机、键盘、显示器和打印机
   C. 系统软件和应用软件
   D. 硬件系统和软件系统

3. 关于计算思维,错误的描述是_____。
   A. 具有计算机学科的许多特征
   B. 在计算机科学中得到充分体现
   C. 有些内容与计算机学科没有直接关联
   D. 是计算机学科的专属

4. 区块链是指通过去中心化和去信任的方式集体维护一个可靠数据库的技术方案,实现从信息互联网到_____的转变。
   A. 数据互联网　　B. 货币互联网　　C. 信用互联网　　D. 价值互联网

5. 在信息社会的道德伦理建设方面,_____不是行之有效的措施。
   A. 完善技术监控
   B. 控制学生上网时间
   C. 加强法律和道德规范建设
   D. 加强网络监管

6. 机械硬盘采用_____作为存储介质。
   A. 磁性碟片　　B. 光盘　　C. U 盘　　D. 网盘

7. 在 Windows 操作系统中,如果卸载一款应用程序,不可以_____。
   A. 在控制面板的"卸载程序"窗口中,选中程序后单击工具栏中的"卸载"按钮
   B. 在控制面板的"卸载程序"窗口中,选中程序右击鼠标,在菜单中选择"卸载"命令
   C. 选中程序图标,直接按〈Delete〉键
   D. 使用文件名为"Uninstall.exe"的卸载程序

8. 在 Windows 的任务管理器中,单击"_____"选项卡,可以查看 CPU 和内存的详细使用情况。
   A. 用户　　B. 进程　　C. 性能　　D. 服务

9. 在 Windows 操作系统中,_____属于桌面主题。
   A. 窗口图标　　B. 桌面背景　　C. Dock 栏　　D. 磁贴

10. 信息、数据、信号、信道是数据通信中的常用术语,其中_____是数据在传输过程中的表示形式。
    A. 信息　　B. 数据　　C. 信号　　D. 信道

11. TCP/IP 协议的参考模型共分四层,其中最高层是_____。
    A. 应用层　　B. 表示层　　C. 会话层　　D. 网络层

12. "_____127.0.0.1"命令用于确认本机 TCP/IP 协议是否被正确安装和加载。
    A. ping　　B. ipconfig　　C. config　　D. cmd

13. 射频识别网络是物联网海量数据的重要来源之一,而_____是读取数据信息的关键器件。

A. Excel 表格 　　　　　　　　　　　B. RFID 阅读器

C. Windows Defender 　　　　　　　　D. OneDrive

14. 按照防火墙应用部署位置,可将防火墙分为_____防火墙和个人防火墙。

A. 边界 　　　　　　B. 应用代理型 　　　　　　C. 软件 　　　　　　D. 芯片级

15. 在 Word 中,要插入目录,可使用"_____"选项卡目录组中的命令。

A. 引用 　　　　　　B. 视图 　　　　　　C. 插入 　　　　　　D. 页面布局

16. 在 Excel 中,创建数据透视表时,可以选择_____放置透视表的位置。

A. 在新工作表 　　　　　　　　　　　B. 在新工作簿

C. 在外部数据文件 　　　　　　　　　D. 在另一个数据透视表

17. 在 PowerPoint 中,在_____选项卡下设置幻灯片的背景。

A. 插入 　　　　　　B. 开始 　　　　　　C. 设计 　　　　　　D. 动画

18. _____是流媒体技术的基础。

A. 数据展示和缓存技术 　　　　　　　B. 数据存储和数据压缩技术

C. 数据检验和数据播放技术 　　　　　D. 数据压缩技术和缓存技术

## 二、是非题(本大题 5 道小题,每小题 1 分,共 5 分)

1. 知识创新是信息素养的重要体现,信息素养已成为信息时代创新人才必备的知识结构和知识技能。

2. Windows 操作系统的文件和文件夹组织结构是属于网状结构。

3. IPv6 中规定了 IP 地址长度最多可达 36。

## 三、操作题

所有的样张和素材都在"配套素材\模拟卷"文件夹中,以下简称"配套素材",完成以下题目前,先创建 C:\KS 文件夹。

注意:样张仅供参考,相关设置按题目要求完成即可。由于显示器颜色差异,部分题目做出结果可能与样张图片存在色差。

(一)文件管理(共 6 分)

(1) 在 C:\KS 中新建文件夹 KA,在 KA 文件夹中创建文件夹 KC;在 C:\KS 文件夹中创建一个名为 BFW. txt 的文本文件,其内容为"经常备份是确保数据安全的有效手段";将配套素材中的 YS. rar 文件中的所有文件以密码 123 解压到 C:\KS 中。设置解压得到的图片 22. jpg 的文件属性为"只读";将解压得到的文件 1. txt 内容中的文字"管理员"全部替换为"Admin"。

(2) 在 C:\KS 文件夹中创建一个名为 WT 的快捷方式,该快捷方式指向 C:\Windows 文件夹,并设置运行方式为"最大化",快捷键为〈Ctrl〉+〈Shift〉+〈K〉。在 C:\KS 文件夹中创建名为 JX 的快捷方式,指向 http://www.wyj.com,并设置其快捷键为〈Ctrl〉+〈Alt〉+〈J〉。

(二)数据处理(共 20 分)

1. 电子表格处理(12 分)

打开配套素材中的 JExcel. xlsx 文件,请按要求对各工作表进行编辑处理,将结果以原文件名保存在 C:\KS 文件夹中(计算必须用公式或函数,否则不计分)。

(1) 将 Sheet1 中的数据复制后转置粘贴到 Sheet4 中 A1 单元格起始的位置,使其行列互换。在 Sheet1 中,将 A2:A16 区域格式设置为"03/14/12"式样,将日期列设置自动调整列宽,内容全部居中对齐。在 B 列相应单元格位置,计算累计确诊人数(统计方法为:前一天累计确诊＋当天新增确诊)。在 C17 单元格中,计算新增确诊人数的最大值。在 E 列相应单元格位置,计算每天的死亡率(死亡率＝累计死亡人数/累计确诊人数),用百分数显示,并保留 2 位小数。在 F 列相应单元格位置,分析判断死亡率等级:死亡率超过 2.5％,为"一级",死亡率小于等于 2.2％,为"三级",其他为"二级"。

(2) 在 Sheet1 的 C8 单元格,插入批注"峰值"并显示批注。所有单元格区域套用"表样式浅色 9",取消筛选按钮。使用条件格式,设置"累计确诊人数"列为"红-黄-绿色阶"样式。将新增确诊人数大于 60 的单元格设置为标准色-红色字体、黄色填充格式。

(3) 参考样张,在 Sheet1 中的 G1:M17 区域制作带数据标记的折线图,标题为"疫情数据折线图",显示新增确诊人数的数据标签,并设置累计确诊人数显示在次坐标轴。在 Sheet2 中,按照主要关键字"系列"、次要关键字"型号"升序排列,然后按"系列"分类汇总销售数量总和与销售金额总和,汇总结果显示在数据下方。在 Sheet3 中,A21 单元格开始的区域建立数据透视表,以"系列"为行标签统计销售单价的最大值。

EXCEL 样张:

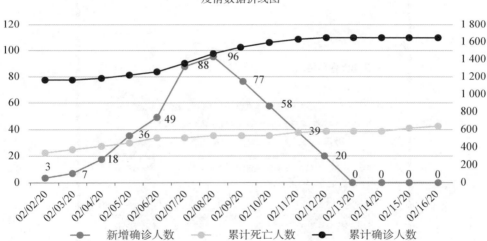

疫情数据折线图

2. 文字信息处理(8 分)

打开配套素材中的 JWord. docx 文件,请参照样张,按要求进行编辑和排版,将结果以原文件名保存在 C:\KS 文件夹中。

(1) 将正文中所有"天安门"的格式替换为华文琥珀、加着重号。在文章起始位置创建"自动目录 2"样式的目录。为正文中的 3 个二级标题设置项目符号"?"(提示:Wingdings 字体),并设置为标准色-红色。将最后一段分为等宽的两栏,并添加分隔线。将标题"百年大会转播"转为繁体。为正文最后一段设置首字下沉,下沉 2 行,并加深色网格图案、标准色-红色的文字底纹。为页面添加页面边框:图案为"🍦"的艺术型方框。

(2) 在页面底端插入"圆角矩形 3"样式的页码,设置页码编号格式为"A,B,C…",起始页码为"C"。使用 C:\素材\BN. jpg 图片,制作图片水印,并设置为"冲蚀"。插入"空白"型页眉,内容为自动更新的日期,其格式参考样张。在正文第一段("7 月 1 日……热血沸腾")插入脚注,内容为"百年华诞",脚注位置：页面底端。在文末左侧插入"五角星"的形状,并设置其高度宽度均为 4 厘米,使用配套素材中的 BN. jpg 图片填充,"四周型"环绕。在文末右侧插入 SmartArt 图形循环类别中的"分段循环",参考样张调整其大小并修改文本,更改颜色为"彩色轮廓-个性色 2",样式为"粉末"。

（三）网络应用基础(共 4 分)

（1）打开配套素材中的网页 J. html,将该网页以 PDF 格式保存在 C:\KS 文件夹中,文件名为 WYJ.pdf;并将文中"新闻"图片保存在 C:\KS 文件夹中,文件名为 WYTP. png。

（2）在 C:\KS 文件夹中创建 IP. txt 文件,将当前计算机的以太网适配器 DHCP 是否已启用、自动配置是否已启用、IPv4 地址的信息粘贴在内,每个信息独占一行。请使用地址 127.0.0.1 测试本机的网络连通是否正常,将命令窗口截图保存在 C:\KS 文件夹中,文件名为 WLLJ.jpg。

Word 样张：

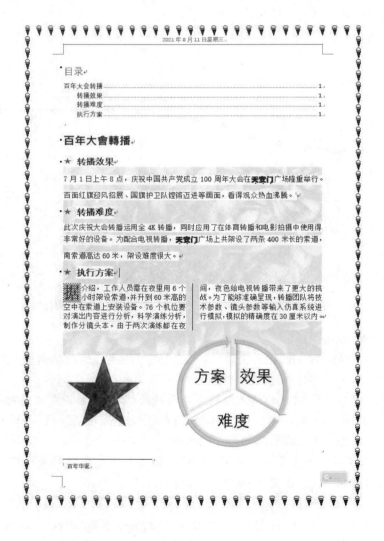

# 参考文献

[1] 高建华.徐方勤,朱敏.大学信息技术[M].2版.上海:华东师范大学出版社,2020.

[2] 高建华.计算机应用基础教程(2015版)[M].上海:华东师范大学出版社,2015.

[3] 朱敏.计算机应用基础实验指导(2015版)[M].上海:华东师范大学出版社,2015.